LES

CHEVAUX DE COURSES

EN 1889

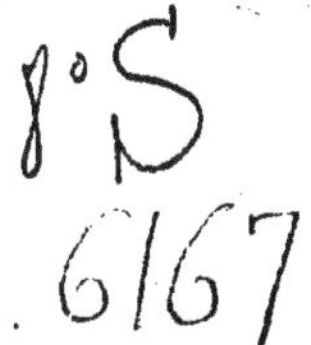

OUVRAGES D'ÉDOUARD CAVAILHON

DÉJA PARUS :

CHEZ PAUL LIBÉRAL

Le Cirque Fernando. — Etudes sportives *(épuisé et non réimprimé)*.

CHEZ DENTU

Chants d'artistes et Chants d'amour. — Poésies *(épuisé)*.
Impressions du moment. — Poésies. . . . . fr. 1
Artiste et Grand Seigneur. — Proverbe en deux actes et en prose. . . . . » 3
Les Sportsmen pendant la Guerre. — Roman historique avec une préface d'Armand Silvestre. . . . . » 3.50
Portraits en Sonnets. . . . . » 3
La Fascination magnétique, avec une préface de Donato. *(épuisé)* . . . . » 3.50
Les Courses et les Paris . . . . » 3
Les Haras de France. — 1er volume, 10e édition. . . . . » 3.50
Les Chants d'un Gaulois . . . . » 3.50

CHEZ MARPON ET FLAMMARION

La Créole Parisienne. — Roman de mœurs actuelles . . fr. 3.50

CHEZ LÉON VANIER

Les Chants du Cavalier. — Poésies. . . . . fr. 3.50

A L'IMPRIMERIE BALITOUT ET Cie

7, rue Baillif, 7

Le Seize Mai hippique. . . . . fr. 1
La **France Ferrycide.** . . . . » 1
Les Parisiennes fatales. — Série de romans de mœurs actuelles. . . . . » 3.50

POUR PARAITRE PROCHAINEMENT :

Les Haras de France, 2e volume, contenant une étude très complète sur le haras du Pin et les origines des différentes familles de pur sang en Angleterre et en France.

Paris.—Imp. de G. Balitout et Ce, 7, rue Baillif.

STUART

Morlaye le 20 juillet 1888.

à mon compatriote et ami
E. Cavailhon
Tristan Lacroix

LES

CHEVAUX DE COURSES

EN 1889

Par ÉDOUARD CAVAILHON

Tous les renseignements désirables sur les chevaux, qui doivent courir en 1889, se trouvent dans ce volume

Dessins de TRISTAN LACROIX, COTLISON, DESMOULINS

PARIS

EN VENTE CHEZ TOUS LES LIBRAIRES

1889

Rendons à César, ce qui est à César.

Ce livre doit sa naissance au jeune et très actif directeur du journal **Auteuil-Longchamp** *et à son principal aide de camp. L'idée vient de leur sollicitude incessante à bien renseigner le public des courses.*

Voilà pourquoi j'ai le devoir de le leur dédier.

EDOUARD CAVAILHON.

À la mémoire
de mon père mort trop jeune
À l'avenir de mes enfants.

Edouard Cavailhon

LES CHEVAUX DE COURSES

EN 1889

A AVERMES (près Moulins)

M. LE BARON DE SOUBEYRAN

Entraîneurs : Th. Carter et Willy Carter
Jockeys : Bridgeland, J. Watkins, Sanders, Charrett, A. Childs

CHEVAUX A L'ENTRAINEMENT :

Chevaux de cinq ans

Cat, jt baie, par Hermit et Cat's Paw. (Page 16.)
Vice Roi, ch. al., par Saint Louis et Victoria Alexandra. (Page 16.)

Chevaux de quatre ans

Adamis, pn al. doré, par Frontin et Andrella. (Page 20.)
Chérif, pn al., par Saltéador et Queen of the Chase. (Page 19.)
Io, pche b., par Silvio et Juliana. (Page 20.)
Petite, pche bb., par Silvio et Peelite. (Page 21,
Saint Gall, pn b., par Saltéador et The Garry. (Page 17.)

Chevaux de trois ans

Alexander, pn al., par Saltéador et Victoria Alexandra. (Page 22.)
Anita, pche b., par Silvio et Andrella. (Page 27.)
Carmaux, pn b., par Farfadet et La Cloche. (Page 26.)
Carolus, pn bai, par Silvio et La Créole. (Page 21.)
Damoclès, pn b., par Frontin et Dart. (Page 26.)
Dandy, pn al., par Silvio et Dentelle. Page 24.)
Fréjeville, pn b., par Zut et Fée des Grèves. (Page 24.)
Gavotte, pche al., par Faugh a Ballagh et Gentille Dame. (Page 28.)
Géant, pn b., par Frontin et The Garry. (Page 21.)

Poulains et Pouliches de trois ans

Rurick, pn b., par Silvio et Repose. (Page 40.)
Syrienne, pche al., par Little Duck et Sathaniel. (Page 35.)
Tiflis, pn bb., par Silvio et Tea Rose. (Page 41.)
Valdurenque, pche b., par Bay Archer et Varlette. (Page 35.)
Victoria II, pche al., par Little Duck et Victoria Alexandra. (Page 33.)

Anglo-Arabes

Liban, ch. bb., 4 ans, par Bay Archer ou Castillon et Liza. (Page 30.)
Bamin, pn bb., 3 ans, par Ladislas et Bayadère. (Page 31.)
Emissaire, pn bb., 3 ans, par Frontin et Emérite. (Page 31.)
Noceur, pn al., 3 ans, par Castillon et Nassime. (Page 31.)
Esneu, pche n., 2 ans, par Saltéador et Emérite. (Page 31.)

L'établissement d'entraînement où le baron de Soubeyran est Dieu et M. Th. Carter son prophète, se trouve situé au seuil du faubourg de Moulins.

M. le Baron de SOUBEYRAN

Naguère il y avait là une auberge, spécialement ouverte aux rouliers et aux entrepreneurs de transports.

Lorsque M. Édouard Fould, de très justement regrettée mémoire, voulut quitter Chantilly pour faire entraîner ses chevaux dans un endroit plus calme, il choisit les environs de Moulins pour deux raisons : la première, c'est qu'il possédait un haras à proximité de la ville ; la seconde, c'est que ses chevaux se trouvaient ainsi qualifiés pour prendre part à toutes les courses de la division du Midi.

Le baron de Soubeyran, sous ses dehors un peu froids de lutteur parisien, a trop de cœur pour trouver mauvais qu'au début de cette étude je rende hommage à ses anciens associés, MM. Édouard Fould et le duc de Castries, morts en pleine bataille hippique.

Le grand nom de Fould est inscrit au livre d'or des plus anciens propriétaires de chevaux en France. M. Achille Fould, ministre d'État, était passionné d'élevage et de courses. C'est à lui que la plaine de Tarbes est redevable de la très marquante amélioration de ses chevaux qui, grâce à cette bonne impulsion, ont pu triompher sur les hippodromes du Nord comme sur les champs de courses plus modestes de la région du Midi.

M. Achille Fould mourut le 5 octobre 1867. Il avait eu le plaisir de gagner l'Omnium en 1865 avec son cheval Mignon. Son œuvre ne fut pas abandonnée. M. Adolphe Fould, son fils aîné, eut une écurie de courses dans le Midi ; ses chevaux furent entraînés à Ibos, près de Tarbes, en même temps qu'il en envoyait quelques-uns chez Henri Jennings.

D'un autre côté, M. Édouard Fould forma en 1867 une association avec le baron de Soubeyran, dans laquelle le baron avait la plus grosse part. Les chevaux furent confiés à Th. Carter. Le succès ne se fit pas attendre : Bachelette gagna la Poule des Produits ; Minotaure arriva deuxième dans la Grande Poule des Produits, puis troisième dans le prix du Jockey-Club, puis deuxième dans le Grand Prix de Paris, derrière la terrible Sornette.

La funeste guerre de 1870 vint tout déranger. Les chevaux

furent vendus, mais l'écurie fut reconstituée en 1872. Le baron de Soubeyran tint à avoir la moitié des actions plus une, pour que son avis fût prépondérant. Il possédait le haras de Saint-Hilaire, où il avait placé un homme à lui; M. Édouard Fould avait le haras de la Flandrie. Dès 1874, l'association eut l'immense satisfaction de remporter le Derby français avec Saltarelle, et le prix Royal-Oak avec Mignonnette. En 1877 parurent Saxifrage et Chassenon; vers la fin de cette année 1875 l'établissement fut transporté à Moulins. En 1879, Saltéador fut battu d'une tête par Nubienne dans le Grand Prix de Paris; j'ai toujours cru qu'il aurait dû gagner.

L'implacable destin vint frapper M. Édouard Fould en pleine maturité d'homme utile à son pays, et c'est après sa mort très regrettable qu'apparurent sur le turf les couleurs du duc de Castries; voici dans quelles conditions :

Le baron de Soubeyran et le comte Hallez-Claparède avaient formé une Société au capital d'un million, dans laquelle le baron apportait neuf cent mille francs et le comte cent mille francs.

Le duc de Castries, apprenant cela, demanda à entrer dans la combinaison pour la somme de trois cent mille francs; on remboursa cent mille francs au baron de Soubeyran, et le capital se trouva ainsi élevé à douze cent mille francs.

Les chevaux coururent sous le nom et les couleurs du duc de Castries, parce qu'il avait mieux le temps et le goût de se déplacer pour aller voir l'établissement de Moulins et le haras de Saint-Georges.

On voit que le baron de Soubeyran a toujours eu le plus grand goût pour l'élevage et le sport hippique. Alors même que les chevaux ne couraient pas sous son nom, il était le plus gros commanditaire. Aujourd'hui, il n'est pas étonnant qu'il veuille se donner le plaisir d'avoir son haras auprès de Paris et ses chevaux à l'entraînement à portée de son coup-d'œil du maître.

En 1883, Frontin gagna pour la nouvelle écurie le Prix du Jockey-Club et le Grand Prix de Paris; en 1884, Little-Duck triompha dans les deux mêmes grandes épreuves, mais dame Fortune, qui avait comblé de ses extraordinaires faveurs le duc de Castries, le trahit un peu jusqu'au jour de la catastrophe ; le duc mourut au mois d'avril 1886.

J'apportai comme suit mon obole de regrets à la mémoire de ce grand homme de sport dans l'*Entraîneur* du 21 avril 1886 :

« Le duc de Castries entre dans la sérénité de la vie éternelle, à l'âge de quarante-huit ans. Il succombe à la maladie de cœur qui le faisait cruellement souffrir depuis longtemps. C'est la mort des artistes et des natures d'élite.

» Honneur à la vaillance chevaleresque déployée par lui, lorsqu'il se mit à la tête d'une poignée de volontaires de l'escadron Franchetti, pour aller chercher le glorieux corps de Néverlée au milieu d'un état-major prussien.

» La France hippique perd en lui un véritable grand seigneur qui, dès son apparition sur le turf était devenu justement populaire. Il était gentilhomme de cœur et d'aspect. Personne n'avait moins de morgue que lui. Tous ses serviteurs l'adoraient, comme aux vieux jours des dévouements. Il était si affable et si accueillant, malgré sa haute distinction native !

» Hommage à sa mémoire, et paix à son âme, faite de tendresse et de grandeur. »

***

Dans le traité d'association, la mort du duc de Castries était prévue. Le duc avait voulu que son œuvre lui survive.

La Société ne fut pas dissoute et l'œuvre ne périclita pas. La noble et distinguée duchesse de Castries pour qui les choses de sport sont de recherchées distractions, continua à s'y intéresser. Le baron de Soubeyran, habitué à parer tous les coups du sort, et le comte Hallez Claparède, un vrai sportsman d'élite, relevèrent haut et droit le drapeau dont la hampe venait d'être brisée et prirent la direction de l'écurie d'une façon effective.

Ce doit être une consolation pour l'âme sportive du duc de Castries.

Par déférence et pendant quelque temps, les chevaux de

l'écurie coururent sous le nom et les couleurs de l'entraîneur Carter; puis un beau jour ils se présentèrent sur le vert gazon de la piste à Longchamp sous le nom du baron de Soubeyran, qui avait toujours agi comme nn associé chaleureux et dévoué à la grande cause de l'élevage. Je ne saurais en donner une preuve plus marquante qu'en citant un fait personnel :

Au mois d'octobre 1887, M. Giraldès, un des plus actifs sportsmen de la République Argentine, m'avait fait prier par l'intermédiaire d'Édouard Teisset, très fort connaisseur parisien en chevaux de pur sang, de demander quatre saillies de Silvio pour des poulinières, qui devaient retourner quelques mois après à Buenos-Ayres. Les saillies devant avoir lieu en temps de plein repos pour l'étalon, j'avais cru pouvoir réclamer une réduction de prix, et j'offris 15.000 fr. au lieu de 20.000 fr. pour les quatre.

Je m'étais adressé au comte Hallez-Claparède, pour obtenir cette faveur. Le comte consentit à en parler, mais le baron de Soubeyran répondit sans hésiter :

— Je crois que le duc de Castries eut pleinement raison en payant Silvio 175.000 fr. à lord Falmouth. Sous aucun prétexte, je ne veux diminuer le prix de la saillie; ce serait faire à Silvio une injure qu'il ne mérite pas.

Superbe réponse dans la bouche d'un calculateur. Mais avant tout, nous l'avons dit et nous ne saurions trop le répéter, le baron de Soubeyran est homme de cheval, il ne lésine pas en courses et il nous en a donné une nouvelle preuve dans l'année qui vient de finir, en établissant nettement qu'il n'est pas un bourreau de chevaux, Saint-Gall a été victime d'un léger accident; il l'a fait mettre complètement au repos, alors qu'il aurait pu le faire présenter quand même sur les hippodromes, ainsi que ont d'autres propriétaires dont les noms sont au bout de ma plume.

La pouliche May-Pole fut atteinte d'un jardon menaçant; elle aurait quand même gagné plusieurs courses. Le baron n'a pas voulu tenter l'aventure, par respect pour le public, qui a dans ses chevaux une juste confiance.

De tels faits se passent de tout commentaire. Il n'y a qu'à saluer leur auteur, en le remerciant au nom de la loyale cause du turf.

Les succès de second plan, remportés par l'écurie du baron de Soubeyran en 1888, se chiffrent par 478.000 fr. Elle se trouve placée en première ligne, malgré la grosse part que le phénoménal Stuart a faite à M. Pierre Donon.

Un tel résultat est concluant.

* * *

Il va y avoir en 1890 séparation d'intérêts hippiques entre le baron de Soubeyran et le vicomte d'Harcourt. Ah ! par ma foi, tant mieux. Nous aurons deux grandes et sérieuses écuries d'élevage et de courses, au lieu d'une seule. Le sport de haute lice ne peut qu'y gagner, et notre élevage français sera dès lors représentée par deux dans les grandes luttes internationales au lieu de l'être par un seul.

Quant aux courses réservées aux seuls champions de France, le public sera assuré de voir des deux côtés une vaillante troupe de rivaux se mesurant à armes courtoises, franches et loyales.

Le vicomte d'Harcourt doit établir son quartier général au haras de Saint-Georges ; il aura pour aide de camp James Cunnington, et ses premiers yearlings, au nombre de dix-sept, vont être mis au dressage vers le mois d'août prochain.

Les occupations politiques et financières retiennent forcément à Paris le baron de Soubeyran. Malgré cela, il désire pouvoir suivre par lui-même le travail quotidien de ses chevaux et voir de temps à autre ses élèves au haras. Voilà pourquoi il est en train de faire installer un établissement d'élevage à toute proximité de Paris ; l'emplacement est des mieux choisis. Dans les environs, les herbages sont excellents, et la flore parfaite pour élever de bons chevaux. Ce haras est situé à Jouy-en-Josas, à dix minutes de Versailles, tout près de la halte de Vauboyen, sur le chemin de fer de Grande Ceinture.

Un établissement d'entraînement sera créé aussi dans les meilleures conditions, non loin de l'œil du maître.

Le baron de Soubeyran tient essentiellement à ce que ses jockeys montent ses chevaux à l'exercice, pour qu'ils puissent connaître à fond le caractère, les défauts, les caprices, les qualités, les habitudes, les monomanies, les plus minutieuses propensions de chacun d'eux.

C'est à la fois de la bonne administration et de la prudence.

L'entente la plus cordiale existe entre le baron de Soubeyran et son excellent entraîneur T. Carter. Il y a sympathie et estime de la part du maître, et dévouement de la part du serviteur, qui est considéré comme un ami de la maison.

T. Carter

Mes lecteurs reconnaîtront que T. Carter a bien mérité cette estime et cette affection, s'ils veulent se donner la peine de lire attentivement les détails biographiques suivants.

T. Carter arriva en France au mois d'avril 1849, c'est-à-dire qu'il est chez nous depuis bientôt quarante ans. Il entra comme jockey chez son oncle Thomas Carter senior, le doyen de la dynastie des Carter dans notre pays. Thomas Carter était alors établi à La Morlaye; il entraînait pour le baron de Rothschild et pour M. Reiset; il avait en outre quelques chevaux à lui. Le jeune neveu demeura pendant trois ans et demi chez son oncle.

En 1849, il gagna sa première course en France, dans le *prix du Cadran*, où il montait Nanetta; cette course, comme presque toutes celles de l'époque, était de minime valeur.

Il remporta la *Poule d'Essai* et le *prix du Jockey-Club*, en montant Expérience, qui appartenait à l'oncle Carter.

Il fut vainqueur dans le *Prix National,* devenu aujourd'hui le *prix Gladiateur;* il montait Dulcamara. L'épreuve était disputée sur 4,000 mètres en partie liée. Il fallut courir trois manches, parce que Dulcamara avait subi une défaite dans l'une des premières épreuves, et que, pour avoir le prix, le même cheval devait remporter deux victoires.

Sauf le *prix du Jockey-Club*, ces diverses courses avaient lieu sur le terrain du Champ-de-Mars.

En 1850, Th. Carter, le patriarche de la famille devenue si française, eut de très mauvais chevaux et n'était pas souvent de bonne humeur, parce qu'il n'aimait pas du tout à avoir le dessous en course.

En 1851, T. Carter gagna la *Poule des Produits* en montant Illustration. Il pilota Annette dans le *prix de Diane*, où il la fit arriver bonne seconde derrière Hervine.

En 1852, il gagna la *Poule d'Essai* et le *prix de Diane,* en étant en selle snr Bounty. Il fit triompher Quality dans le *Grand Saint-Léger,* qui était alors disputé à Moulins; dans cette épreuve, il battit Porthos, le gagnant du *Prix du Jockey-Club,* et Echelle qui devait être, quelques mois plus tard, la gagnante de l'*Omnium.*

Au printemps de cette même année 1852, il avait battu Fight-Away à M. Aumont, en montant Illustration. L'épreuve était dénommée *Prix Extraordinaire*. Il y eut une première arrivée tête à tête. On recourut, et l'énergie de T. Carter donna la victoire à Illustration. La distance était de 4.500 mètres.

T. Carter quitta son oncle à la fin de 1852, parce qu'il devenait trop pesant pour continuer le métier de jockey, et il entra comme entraîneur chez M. Mosselmann, à Verberie, mais il avait très peu de chevaux à entrainer.

En 1853, il gagna plusieurs courses avec Agar, la mère de Bois Roussel.

En 1854, il eut le plaisir et l'honneur de préparer Allez y Gaiement, qui battit Monarque et Ronzi dans une poule à Chantilly. Allez y Gaiement avait gagné le *Critérium* à Moulins, mais il ne fut pas heureux dans son année de trois ans.

En 1856, il eut Monsieur Henry, qui gagna le *Derby de Gand* et l'*Omnium*.

En 1867, la première année où le *Grand Critérium* fut disputé, Th. Carter le gagna à Paris avec Tonnerre des Indes. Le même cheval remporta ensuite une poule importante pour l'époque, à Chantilly.

T. Carter prétend que Tonnerre des Indes était le meilleur cheval de deux ans qu'il ait jamais entraîné, et pourtant il peut dire qu'il a préparé à la victoire plusieurs excellents pur-sang, dans sa longue et brillante carrière d'entraîneur de haute lignée.

En 1859, il donna ses soins à Bakaloum, avec lequel il remporta la *Poule d'Essai*, mais ce cheval était fort difficile à entraîner, et Carter ne put le conduire plus loin.

En 1860, il eut La Baleine, qui devint la mère de Bachelette, Rien du Tout, Bras d'Acier, Bête à Chagrin.

T. Carter demeura neuf ans au service de M. Mosselmann, mais après 1860 ce propriétaire n'eut presque plus de chevaux.

Au printemps de 1855, M. Mosselmann avait transféré son écurie de Verberie à La Croix-Saint-Ouen, où il avait fait construire l'établissement occupé aujourd'hui par les chevaux de

M. Lupin. C'est ainsi que T. Carter fut le premier entraîneur qui ait fait galoper des chevaux dans les allées de la forêt de Compiègne.

En 1861, M. Mosselmann renonça à faire courir ; T. Carter demeura inoccupé pendant une année.

Au mois d'août 1862, il quitta la France pour l'Italie, où il eut à entraîner les chevaux de la Société piémontaise. A la tête de cette Société se trouvaient le marquis de la Marmora et le comte de Sambuy, qui font partie aujourd'hui de la Société du Haras de San-Salva, où Pythagoras fut importé d'Angleterre avant de venir glaner plusieurs belles victoires en France.

La Société piémontaise fut dissoute en 1864, et T. Carter revint dans notre pays pour entrer chez le comte de Lagrange le 1er décembre 1864. Il habita Royallieu pendant trois ans, jour pour jour, car il sortit de chez le comte de Lagrange le 1er décembre 1867, pour devenir l'entraîneur des chevaux de M. Edouard Fould et du baron de Soubeyran, à Chantilly. Il s'établit alors dans le local occupé aujourd'hui par W. Planner.

Presque tout d'abord il obtint de bons résultats, car il gagna la *Poule des Produits* avec Bachelette, et s'il n'avait pas rencontré sur sa route une aussi bonne jument que Sornette, il aurait triomphé dans les plus grandes épreuves de 1870 au lieu d'arriver second avec Minotaure.

Pendant la funeste guerre de 1870 et 1871, les chevaux de M. Adolphe Fould retournèrent à Tarbes, et ceux de M. Edouard Fould au Haras de la Flandrie.

Au mois de mars 1871, T. Carter vint chercher les chevaux de l'association Fould, pour les faire vendre au Tattersall de Londres. Il quitta Paris l'avant-veille de la Commune, après un mois de séjour assez pénible. D'après le conseil de M. Edouard Fould, il revint en France au mois d'octobre 1872 et se remit à entraîner, mais il eut peu de chance en 1873. L'année 1874 devait bien le récompenser, car il gagna le prix du Jockey-Club avec Saltarelle, placée seconde dans le Grand Prix de Paris. La même année, Mignonnette gagna pour lui le prix Royal-Oak ;

en 1875, il eut le plaisir d'entraîner Saxifrage et Chassenon et d'aller créer un bel établissement à Moulins.

Depuis cette époque tout a marché pour lui à souhait. Il a triomphé dans toutes les grandes épreuves; il a eu dans La Flandrie une triomphatrice invincible à deux ans; il a gagné deux années de suite le prix du Jockey-Club et le Grand Prix de Paris; il voit presque toujours ses chevaux arriver en tête des listes relatant les triomphes de l'année, et vous jugerez par la suite de ce travail que l'avenir ne devra pas se trouver en contradiction avec le passé. Il y a à Moulins des poulains et pouliches de trois ans, des produits de deux ans et des yearlings dignes d'être sous la maîtrise de T. Carter. Et puis, il y a Saint-Gall !

A la fin de ce travail je vous montrerai combien T. Carter est aidé avec tact et intelligence, dans la surveillance et la direction des chevaux, par son fils Willy Carter et par son jockey Bridgeland.

Par les détails biographiques que je viens de relater sur la carrière si dignement remplie de T. Carter, il est facile de comprendre qu'un véritable entraîneur est digne d'estime et de respect, et qu'il n'obtient pas sans le mériter son bâton de maréchal, après être parti simple soldat dans une écurie d'entraînement.

Chevaux de cinq ans

1° *Ary*, par Silvio et Andrella, bai avec une étoile en tête, deux balzanes par devant. L'épaule est belle, le garot élevé, le rein solide, mais l'ensemble manque de longueur et l'arrière-train laisse à désirer.

Ce fils de Silvio rend de grands services dans les différentes manœuvres d'entraînement. Excellent maître d'école, il marche en tête de ses camarades comme un doux chef de file, et pour guider les jeunes produits dans leurs galops, il se montre auxiliaire précieux. Ce travail quotidien ne l'a pas empêché de fournir douze courses en 1888. Il était un peu fatigué en se présent tant à la fin sur le turf, et cela explique qu'il ait remporté seulement deux victoires.

Ary ne courut pas bien dans le prix de Lutèce, au Bois-de-Boulogne, sur 2.200 mètres en terrain lourd, ni dans le prix de la Seine, sur 2.400 mètres, en bon terrain, ni dans le prix Rieussec, sur 4.000 mètres en terrain lourd, ni dans le Handicap sur 2.200 mètres en bon terrain.

A Chantilly, dans le prix des Ecuries, sur 2.400 mètres en bon terrain, il gagna de deux longueurs, battant treize chevaux et portant 58 kil. 1/2 ; dans le Grand Prix du Conseil général, à Lyon, sur 2.600 mètres en terrain très llourd, il fut battu d'une longueur et demie par Nanie, à laquelle il rendait vingt-trois livres. Il fut grand favori dans l'Omnium, au Bois-de-Boulogne, sur 2.400 mètres en bon terrain, mais il n'arriva que cinquième; son jockey se plaignit d'avoir été gêné plusieurs fois pendant la course. Il courut mal à Saint-Ouen, sur 2.000 mètres, parce que les nombreux tournants de la piste le contrariaient dans son action et, peut-être bien aussi, gênaient son jockey autant que lui. Au Bois-de-Boulogne, sur 3.200 mètres en terrain lourd, Ary fut vainqueur; il rencontrait comme adversaires deux juments de M. Aumont, qui lui étaient réputées supérieures ; le succès d'Ary parut surprenant, mais il me fut expliqué paradoxalement par mon compatriote et mon ami Dubut de Laforest, qui plantait alors les jalons de son *Homme de Joie* :

« Ary, me dit-il, est très beau mâle, comme tous les fils de Silvio. Les faiblesses chevalines doivent ressembler aux décadences humaines. Les juments de M. Aumont ne manquent pas de qualité, mais elles sont laides et leur plastique laisse à désirer. Pendant la course, elles ont certainement flirté avec Ary, comme c'est l'usage des bourgeoises un peu disgraciées de la nature, lorsqu'elles se trouvent en contact avec un gentilhomme, et les minaudières, tout à leur coquetterie, l'ont laissé passer. Voilà pourquoi le séduisant fils de Silvio a triomphé. »

Cette manière d'expliquer une course a un mérite incontestable, c'est celui de l'originalité. Au point de vue technique, il y a peut-être à redire; je doute même qu'elle soit adoptée comme classique.

Dans le prix Gladiateur, sur 6.200 mètres, Ary arriva troisième et le champ se composait de trois partants. A Chantilly, dans le prix d'Enghien, sur 3.600 mètres en bon terrain, il courut mal. A Marseille, sur 4.000 mètres, il fut battu par Bouvreuil II.

L'impression qui se dégage des courses fournies par Ary est qu'un cheval ne peut rendre des services dans les galops d'exercice et les différents travaux de dressage, sans compromettre sa chance de gagner des courses sur les hippodromes. Le métier

Cat

2° *Cat*, par Hermit et Cat's Paw, baie avec une étoile en tète et une lice se prolongeant vers la narine droite, une balzane à la de maître d'école est fort méritoire; jamais il n'a été brillant (1). jambe gauche de derrière. Cette grande jument est forte de partout; le développement de ses hanches est remarquable. Son origine lui donne un prix élevé comme poulinière, et elle devra se montrer splendide reproductrice lorsque le repos du haras aura modifié son aspect, en faisant descendre les chairs.

Elle a couru treize fois en 1888 pour remporter six victoires, dont cinq en province, et une seule au Bois de Boulogne dans un prix où elle n'avait à battre que Palatine et Lionne.

Cat est en splendide condition. Elle a pris du corps et de la force musculaire. Ses dernières courses valent mieux que celles du début; elle doit rendre des services à son écurie cette année.

3° *Vice-Roi*, par Saint-Louis et Victoria-Alexandra, alezan doré, avec une étoile en tête. Il a le rein un peu bas, mais tout le reste du corps offre un aspect herculéen; il n'est pas étonnant que dans les luttes finales ce fils de Saint-Louis donne jusqu'à son dernier souffle. Quel magnifique étalon pour l'Administration des Haras!

En 1888, il a débuté par une victoire au Bois de Boulogne, sur 3.000 mètres en terrain lourd. Les 2.000 mètres du prix de Bagatelle, sur une piste détrempée par la pluie, étaient trop courts pour lui; il n'arriva que troisième, derrière Empire et Dauphin. Dans le prix du Prince de Galles, sur 2.400 mètres en terrain dur, il fut battu d'une courte tête par Brisolier. A Chantilly, dans le handicap libre, sur 3.000 mètres en terrain dur, il ne put arriver que second derrière Charvet, auquel il rendait douze livres. Il fut battu dans le grand prix de la Ville de Lyon, mais la victoire échut à Chérif, son camarade d'écurie. A Beauvais, sur 3.500 mètres en bon terrain, il battit Pic au tout petit galop. Au Mans, sur 3.000 mètres, il se promena devant Arlay et Don Gigadas. A Dieppe, sur 2.500 mètres en bon terrain, il

(1) Ary vient d'être vendu et est parti pour Buenos-Ayres.

ne fut pas placé. A Bordeaux, sur 4.000 mètres en bon terrain, il termina l'année par un succès, comme il l'avait commencée par une victoire.

Vice-Roi est le type du cheval utile et honnête ; il vaut pas mal d'argent comme étalon, soit que l'administration des haras veuille l'acheter, soit que l'on demande à l'acquérir pour l'expédier à Buenos-Ayres, l'eldorado de nos pur-sang.

Chevaux de quatre ans

1° *Saint-Gall*, par Saltéador et The Garry, bai zain.

Celui-là, c'est un mâle et un vrai, un solide. Saluez-le, lecteurs ; jamais vous n'avez pu voir pareille robustesse, ni semblable vigueur en si belle harmonie de formes. C'est le modèle de l'étalon pouvant produire aussi bien et aussi longtemps que le petit Dollar, d'immortelle mémoire. Édouard Teisset vient, au nom de M. Giraldès, d'offrir plusieurs centaines de mille francs pour pouvoir exporter Saint-Gall au pays des chauds soleils. Le flot d'or a été repoussé par le baron de Soubeyran comme il l'avait été par M. Pierre Donon pour Stuart et par M. Lupin par Galaor. Ainsi que me le dit le très distingué médecin-vétérinaire, M. Garcin, en sortant de chez M. Donon, auquel il avait offert 600.000 francs de Stuart, en prévenant qu'il pouvait aller beaucoup plus haut. « Puisque nous avons en France des éleveurs aussi inaccessibles à la question d'argent, nous gagnerons désormais le Grand Prix de Paris quinze fois sur vingt. »

Par conséquent, nos principaux éleveurs sont tous dans la meilleure voie. Il ne reste plus qu'à forcer les commissaires des courses à marcher vers le progrès. Pour mon compte, je ne cesserai de m'en occuper.

Ce fils de Saltéador est dans un état resplendissant. Le rein a une force sans pareille, les cuisses sont musclées, les avant-bras ressemblent à des biceps de boxeur, la profondeur de poitrine est immense ; dans ce beau corps, merveilleusement équilibré, on rencontre la vigueur idéale.

L'excellent entraîneur de Saint-Gall a toujours dit : « Mon

petit cheval est assez bon pour faire galoper n'importe quel adversaire, dans n'importe quelle année. Pour que Stuart ait pu le battre aussi facilement qu'il l'a battu. il faut que ce cheval de M. Donon ait une qualité phénoménale. »

Il serait fort intéressant de revoir Saint-Gall lutter contre Stuart. Nous sera-t-il donné d'assister à ce tournoi dans le prix du Cadran ?

Si Stuart se présente de nouveau dans une course, c'est qu'il aura chance de gagner. La lutte entre Saint-Gall, fort amélioré, et Stuart, ayant souffert d'une blessure, mais remis en condition suffisante, devra donc présenter le plus haut intérêt.

Saint-Gall, lui aussi, eut, l'année dernière, un accident, mais aucun membre ne fut lésé, et aujourd'hui il peut être présenté en plein état de bataille ardente.

Après avoir gagné très facilement de cinq longueurs le prix Hocquart, au bois de Boulogne, sur 2 500 mètres en bon terrain, et le Trente et unième Prix Biennal sur 2.000 mètres, il trouva la distance de la Poule d'Essai trop courte et n'arriva que second à trois quarts de longueur de Reyezuelo. Dans le prix Daru, sur 2.100 mètres en bon terrain, il fut battu au petit galop par Stuart. Dans le prix du Jockey-Club, sur 2.400 mètres en terrain très dur, il fut battu d'une longueur par Stuart, qui manquait de travail et avait eu un accident dans la grande Poule des Produits. Dans le Grand Prix de Paris, sur 3.000 mètres en terrain dur, il n'arriva que troisième, loin de Stuart, qui, ayant pu se remettre à l'exercice, a gagné de tout ce que son jockey a voulu.

En résumé, Saint Gall est un excellent cheval ; sa construction paraît plus solide que celle de Stuart; malheureusement pour lui, il rencontre sur son chemin un cheval extraordinaire, comme son grand-père Vertugadin avait rencontré Gladiateur. Sera-t-il débarrassé de Stuart plus tôt que Vertugadin ne fut débarrassé de Gladiateur? Nous le saurons bientôt, et, si cela arrive, Saint Gall, j'en ai la conviction, deviendra le premier cheval de son année au lieu d'en être le second, car il a toujours battu Galaor, bien que la haute qualité de ce dernier ne fasse doute pour personne ; mais je ne vois aucune raison, après long examen de Saint Gall avec la plus grande attention, pour que le fils de Saltéador ne se retrouve pas en 1889 à la place qu'il occupait en 1888.

2° *Chérif,* par Saltéador et Queen of the Chase, alezan, avec une étoile en tête, a été un peu sacrifié à l'exercice pour faire travailler Saint Gall, et s'en est ressenti dans ses courses. C'est le plus beau modèle d'étalon que l'on puisse rêver. Sa confor-

Chérif

mation est telle qu'il vaut, en même temps, tous les prix comme cheval de courses d'obstacles.

Second dans le prix du Cèdre, au Bois de Boulogne, sur 2.200

mètres en terrain dur, Chérif partit dans le Grand Prix de Paris pour mener le train en faveur de Saint Gall; sa tache fut terminée aux deux tiers de la course. A Fontainebleau, sur un terrain sablonneux et malaisé, en 2.200 mètres, il remporta une facile victoire. Il gagna aisément de trois longueurs le Grand Prix de Lyon, sur 2.600 mètres en terrain lourd. A Moulins, il remporta une victoire négative, puisqu'il ne rencontrait, dans le prix de la Société d'Encouragement, que Sarabande, sa compagne d'écurie. Il se fit battre le lendemain à Moulins, sur 2.400 mètres, par Visière II, à poids égal; cette défaite est un peu humiliante pour lui, mais Visière II venait d'être transformée par Henri Jennings, qui s'est révélé, à plus d'une reprise, véritable magicien de pur-sang. La course de Chérif à Vichy ne compte pas, puisqu'il n'y avait en ligne que deux chevaux, appartenant à l'honorable écurie du baron de Soubeyran. Sur le même hippodrome, il ne fut pas placé dans le Grand Prix de Vichy, en 2.500 mètres. Au Bois de Boulogne, dans le prix de Cheffreville, sur 2.400 mètres en terrain lourd, il arriva troisième derrière Bocage et Polyeucte.

3° *Adamis,* par Frontin et Andrella, alezan avec une étoile en tête et une lice prolongée jusqu'au milieu des narines, deux balzanes à gauche.

Ce très beau cheval ressemble énormément à son glorieux père, mais il a les membres beaucoup plus forts et l'arrière-train mieux viandé. Il n'a jamais paru sur le turf à cause d'une maladie, qui a nécessité une opération hardie faite par M. Garcin, l'excellent praticien dans lequel le baron de Soubeyran et le classique entraîneur Carter ont une légitime confiance. Si cette opération finit par réussir, comme il y a lieu de l'espérer, M. Garcin aura rendu un grand service à plus d'un bon cheval de l'avenir. Pour l'instant, je ne puis dire qu'une chose, c'est que cet Adamis va bien à l'exercice. En octobre dernier, il servit de compagnon d'ouvrage au vaillant Vice Roi.

4° *Io,* par Silvio et Junana, baie, avec un C dessiné sur le front, manque de tempérament et ne vaut pas grand chose pour tenir la distance. Sur les douze courses fournies par elle en 1888, elle en a gagné quatre, dont trois sur de petits parcours à Paris ou à Vincennes, et une en province.

5° *Petite*, par Silvio et Peelite, baie brune, ne peut gagner que des prix à réclamer ou des handicaps avec un tout petit poids. Il ne faut pas se fier à son nom; sa taille est au-dessus de la moyenne.

Poulains nés en 1886

1° *Géant*, par Frontin et The Garry, bai un peu rubican, avec une étoile en tête, descendant en raie blanche à gauche jusque sur les lèvres.

Ce demi-frère de Saint-Gall est un très fort poulain. Il n'y a absolument que la place d'une petite selle sur le rein, les membres sont à toute épreuve et l'aspect général a très grand air. C'est un véritable champion de Derby. Comme son père Frontin et comme Little-Duck, il a été réservé pour courir à trois ans. Lorsque son entraîneur le mettra sérieusement au travail, il ne devra pas avoir peur de le claquer. Tout est solide chez Géant.

2° *King Georges*, par Silvio et Kiss, bai zain. En voyant cet admirable poulain, on regrette très fort la perte de sa jeune mère qui mourut en mettant bas son second produit. Impossible de rencontrer des lignes plus aristocratiques, en même temps qu'une vigueur plus accentuée. C'est la grâce dans la force. On a bien fait de le réserver pour les grandes épeuves de trois ans; il devra y bien figurer, et dès à présent je n'hésite pas à dire que les trois écuries pouvant mettre en ligne les prétendants les plus sérieux au prix du Jockey-Club appartiennent l'une au baron de Soubeyran, l'autre à M. Edmond Blanc, et la troisième à M. Michel Ephrussi.

3° *Carolus*, par Silvio et La Créole, bai avec un tout petit point blanc au front.

Bien qu'il soit fort poulain et bien proportionné, ce poulain n'a pas été heureux dans ses courses de deux ans; il me semble qu'il devra mieux faire en prenant de l'âge.

Il arriva second, derrière Amazon, à Deauville, dans le prix de

Villers, sur 900 mètres en bon terrain, puis, sur 1.400 mètres en terrain lourd, il fut troisième derrière Le Cordouan et Fligny. Non placé sur 800 mètres à Châteauroux, nous le retrouvons troisième à Chantilly, sur 1.000 mètres en terrain dur. A Bordeaux, dans le Criterium, sur 1.500 mètres en bon terrain, il courut mal, mais trois jours après il arriva second, derrière Au Petit-Bonheur, un bon cheval appartenant à M. Guestier ; la distance était de 1.500 mètres et le terrain assez bon.

4° *Alexander*, par Saltéador et Victoria-Alexandra, alezan, avec une étoile en tête et une lice allant jusqu'au chanfrein, deux balzanes par derrière.

Cet énorme poulain a la tête un peu commune et les oreilles trop longues, mais tout son être annonce beaucoup de puissance galopante. Il ressemble à plusieurs produits du haras de M. Aumont, tels que Sauterelle, Sibérie, etc. Le baron de Soubeyran et son entraîneur ont eu raison de le laisser tranquille jusqu'à ce jour, pour ne le présenter sur les hippodromes qu'au moment où il sera tout à fait développé. S'il tourne au bien, il devra être fort dangereux pour ses adversaires.

A son aspect, on ne peut s'empêcher de regretter que l'étalon Saltéador ait été délaissé pendant quelques années par ses maîtres. Saltéador est le propre frère de Saxifrage ; ses courses furent bien meilleures que celles de Saxifrage, et sa qualité était bien supérieure à celle de l'étalon qui appartient aujourd'hui à M. Aumont ; il aurait du gagner le Grand Prix de Paris, où il ne fut battu que d'une tête par Nubienne, tandis que Saxifrage fut un simple raccrocheur de prix en province. J'aimerais mieux payer un prix élevé une saillie de Saltéador, que d'accepter, même à bon marché, celle d'un étalon donnant des produits aussi communs et aussi fantasques que ceux de Saxifrage.

5° *Nick*, par Beauminet et Négresse, bai, avec quelques poils blancs sur le front, a un rein superbe et une bonne arrière-main ; son devant vaut mieux que celui des produits ordinaires de Beauminet ; je le crois cheval solide, et utile au second plan.

Il débuta à Moulins en gagnant le prix d'Avermes, sur 900 mètres en bon terrain. Dans le Grand Critérium, à Vichy, sur

850 mètres en bon terrain, il arriva troisième derrière May-Pole, sa compagne d'écurie, et Christiania. A Deauville, dans le prix de Villers, sur 900 mètres en bon terrain, il fut quatrième ; puis il gagna sur la même piste et sur 1.200 mètres le prix de La Toucques. Troisième derrière Amazon et Gevraise, sur 1.100 mètres dans le sable de Fontainebleau, on le retrouve encore bon troisième à Vincennes, sur 1.000 mètres en bon terrain, derrière Tantale et Chopine, et troisième aussi, à Chantilly, sur 2.000 mètres en terrain dur, derrière Prophète et Volcan. A Marseille, sur 1.600 mètres, il termina l'année par un succès, comme il l'avait commencée.

En 1889, Nick devra se bien comporter en courses, comme il l'a fait en 1888.

Nick

6° *Dandy,* par Silvio et Dentelle, alezan avec une petite étoile en tête, trois balzanes.

Ce demi-frère de Blonde et de Darwin est fort séduisant et mérite bien de porter l'élégant nom qu'on lui a donné. L'épaule est admirable, le rein très court et les cuisses très descendues. Il n'y aurait rien d'étonnant à ce qu'il fasse sensation en paraissant sur un hippodrome.

7° *Lift,* par Silvio et Linotte, bai avec une étoile en tête, a l'aspect d'un joli et bon petit cheval de qualité moyenne, mais il pourra gagner des courses parce qu'il a l'air d'avoir un bon tempérament et d'être facile à mettre sur le pied de guerre, c'est-à-dire en condition de lutte hippique.

Non placé à Fontainebleau, sur 1.100 mètres en piste sablonneuse, il arriva second, derrière Vendredi II, au Bois de Boulogne, sur 1.600 mètres en bon terrain. A Saint-Ouen, sur 1.100 mètres en bon terrain, il ne fut qu'au troisième rang derrière Hélyette et Fercoq, parce qu'il avait eu un mauvais départ et qu'un tel désavantage est fort difficile à réparer sur une piste où les tournants sont raides et nombreux. A Tours, il courut mal sur 1.500 mètres. Dans le Premier Prix d'automne, au Bois de Boulogne, sur 1.600 mètres en terrain très lourd, il gagna facilement. A Bordeaux, sur 1.500 mâtres en bon terrain, il fut battu par Saint-Martial et Au-Petit-Bonheur, auxquels il rendait quatre livres.

8° *Fréjeville,* par Zut et Fée-des-Grèves, bai zain, est très beau poulain. Chez lui, la force se trouve bien répartie ; le devant et le derrière ont beaucoup de vigueur et de muscles.

Il débuta en gagnant d'une encolure le prix de Bayonne sur 1.200 mètres. Sur la même piste, en 1.200 mètres, il fut battu par le Rieutort, qui lui rendait seulement dix livres pour l'année. A Auch, sur 1.200 mètres, il gagna d'une courte tête. A Agen, sur 1.200 mètres, il arriva bon second.

9° *Volcan,* par Silvio et Vigogne, bai zain, a grandi et s'est mis bien en chair ; son état actuel est splendide. C'est un bien beau poulain, admirablement taillé en vainqueur de courses et très facile à entraîner. Il gagnera, j'en suis certain, de belles et bonnes épreuves.

Il débuta dans le Grand Prix de Dieppe, sur 1.000 mètres en bon terrain; il ne fut pas placé, mais le prix fut gagné par May-Pole, sa compagne d'écurie ; dans le Grand Critérium, au Bois de Boulogne, sur 1.600 mètres en bon terrain, il arriva bon troisième derrière May-Pole et Reine-des-Prés ; je crois qu'il aurait pu gagner si May-Pole avait eu une défaillance. Dans le prix de la Salamandre, à Chantilly, sur 1.400 mètres en bon terrain, il arriva quatrième derrière Tantale, Reine-des-Prés et Ventrebleu. Dans le prix de Condé, sur 2.000 mètres en terrain dur, il fut second derrière Prophète.

Volcan

10° *Rayssac,* par Commandant et La Risle, bai, est demi-frère de La Rencontre, qui galopait assez bien ; élevé chez le comte de

Lastours, il est très fort et admirablement bâti pour faire un bon cheval de courses d'obstacles. A signaler à M. Sieber, qui possède son demi-frère Rabastens.

11° *Carmaux,* par Farfadet et La Cloche, bai, est un fort poulain, un peu arqué, mais le rein est bon et l'arrière-train a beaucoup de puissance.

12° *Oscar,* par Silvio et Olive Branch, bai zain, est plus commun que les autres produits de Silvio, mais il est excessivement fort de partout. C'est un véritable cob de pur-sang.

Dans le prix d'Avermes, sur 900 mètres, il fut second derrière Nick, son camarade d'écurie. A Aix-les-Bains, sur 1.000 mètres, il gagna aisément. A Périgueux, sur 1.000 mètres, il battit Au-Petit-Bonheur en lui rendant quatre livres. Sur la même piste, il remporta une nouvelle victoire en 1.500 mètres.

13° *Damoclès,* par Frontin et Dart, bai, avec une petite étoile en tête, est de structure assez légère, mais devra se montrer bon petit cheval si on ne le surclasse pas. Il est facile à tenir prêt à courir. Il a pris part à deux courses en 1888 sans être placé.

14° *Mob,* par Silvio et Mademoiselle, bai zain, ressemble énormément à son père et à Chevalier II. Il est très fort dans son devant comme dans son arrière-main ; le rein est solide.

15° *Roland II,* par Saint-Louis et Rival, bai brun avec deux balzanes par derrière, est un fort joli petit poulain. Les pur-sang de ce modèle trouvent toujours à gagner leur avoine. Il ne fut pas placé à Saint-Ouen, sur 1.100 mètres en bon terrain ; à la Brède, sur 1.600 mètres en bon terrain, il arriva troisième derrière Mlle de Capeyron et Citron.

16° *Little Nabob,* par Saltéador et Little Nell, bai zain, a de très forts avant-bras, un bon rein et le garrot élevé ; il est un peu commun et trop lourd dans les épaules. La mère appartient à M. Du Temple.

Pouliches nées en 1886

1° *Savane,* par Saltéador et Swirling Water, alezane avec une étoile en tête et une lice prolongée jusqu'aux lèvres, deux balzanes par derrière, est un peu faible sur son devant ; l'épaule est belle, le rein solide et l'arrière-train fort bien disposé pour donner un galop facile.

2° *Miss Gipsy,* par Saltéador et Mistress-Gillam, alezane avec une étoile en tête et une ligne blanche se prolongeant jusqu'au chanfrein, est grande et forte pouliche. Le devant est un peu faible, mais l'arrière-main a beaucoup de force. Cette demi-sœur de Girandole devra avoir beaucoup de fond, et gagner plus d'une course.

3° *Infante,* par Silvio et Miss-Ida, baie, avec une étoile en tête, une petite balzane à gauche, a beaucoup de longueur aux bons endroits, et présente tout l'aspect d'une bonne jument de courses.

4° *Anita,* par Silvio et Andrella, baie avec une petite étoile en tête allant vers la droite, est très bien faite pour couvrir beaude terrain et bien lutter à l'arrivée. Les membres, devant comme derrière, sont très forts, eu égard au peu de chair qu'ils ont à porter.

Elle n'a couru qu'une fois dans le prix de Saint-Firmin, à Chantilly, sur 1.200 mètres en terrain dur ; elle a gagné facilement de deux longueurs. C'est une bonne recommandation ; Jeanne d'Albret, qui était seconde, a certainement de la qualité, et la sérieuse écurie Delamarre comptait gagner ce prix avec Cléodore, qui est son meilleur produit et qui ne put arriver que troisième. Plusieurs adversaires de classe se trouvaient dans le lot des battus, entre autres Achille, au duc de Feltre, et Sultan II, à M. Pierre Donon.

5° *Varsovie,* par Saltéador et Virginie, alezane avec une étoile en tête et une lice prolongée en pointe jusque entre les naseaux, une balzane à la jambe droite de derrière.

Cette pouliche est fortement construite en galopeuse ; la vigueur éclate partout, mais elle semble plutôt faite pour triompher en prenant de l'âge que pour briller dans les courses de deux ans. Aussi son entraîneur ne l'a-t-il fait courir que deux fois en 1888 ; elle n'a pas été placée.

6° *Gavotte,* par Faugh a Ballagh et Gentille Dame, alezane avec une étoile en tête et une petite lice étroite allant jusqu'au chanfrein, trois balzanes, est un peu haute sur pattes, mais bien construite pour fournir une bonne carrière de courses. Le rein est large ét bien musclé, les jambes de devant et les jarrets peuvent supporter toutes les fatigues et tous les efforts. Elle vaudra beaucoup d'argent plus tard en vue des courses d'obstacles.

7° *Risette*, par Kisber et Repose, baie un peu pâle avec de petits poils blancs au front, est forte pouliche et a bon rein, mais l'ensemble manque de ce grand air que doivent avoir les pur-sang de haute lignée. Bien qu'il soit très bon de croiser les meilleurs sangs, il me semble que la saillie d'un de nos étalons étalons de France vaut mieux que celle de Kisber. Les poulinières que l'on envoie aux reproducteurs étrangers font de très gros frais et ne donnent pas souvent de bons produits ; heureux lorsqu'elles ne reviennent pas vides.

8° *Thyra,* par Frontin et Tea Rose, alezane avec une petite étoile en tête, a une belle épaule, est très large par derrière, a de forts jarrets, des cuisses bien musclées, des avant-bras puissants et une bonne profondeur de poitrine. C'est une admirable jument de chasse et une très belle poulinière de l'avenir, mais dans les courses elle ne devra pas dépasser la moyenne des prix à réclamer. Elle n'en est pas moins fort belle, et le cavalier qui l'aurait comme jument de selle ne serait pas malheureux. Elle n'a couru qu'une fois, à Deauville, sur 900 mètres en bon terrain ; elle ne fut pas placée.

9° *May-Pole*, par Silvio et Merry May, baie avec une étoile en tête, est tout à fait construite en jument de courses ; l'épaule est superbe, les avant-bras sont forts, eu égard au peu de pesanteur de son corps bâti à la Sarah Bernhardt ; l'arrière-train a autant de puissance que Ténébreuse, et May Pole est bien meilleure dans son devant que la jument de M. Aumont. Sa légèreté de sylphide la rend très facile à entraîner ; par conséquent, l'enflure du petit jardon qui l'a empêchée de prendre part aux dernières courses de 1888, ne lui nuira pas beaucoup en 1889 ; son entraîneur l'a mise au repos en temps utile, elle a besoin de peu de travail pour être prête à bien courir, et le vésicatoire qui lui a été appliqué a fait bon effet. J'aurais préféré lui voir mettre le feu aux deux jarrets, mais son entraîneur est bien meilleur juge que moi. Je crois que May Pole, sans être une jument d'un ordre aussi supérieur qu'on aurait pu l'espérer, remportera de beaux succès en 1889.

Elle a couru quatre fois l'année dernière et a remporté trois victoires. Sa défaite à Deauville ne sera jamais acceptée comme exacte par son honorable propriétaire et par son excellent entraîneur. De même qu'il n'est pas de bonheur sans nuages, il y a

May Pole

peu de chevaux qui ne puissent se trouver en faiblesse, et il n'y a pas de règle sans exception.

A Vichy, sur 850 mètres, May-Pole gagna facilement. A Deauville, sur 1.200 mètres en bon terrain. elle ne fut pas placée. A Dieppe, sur 1.000 mètres en bon terrain, elle remporta une victoire très aisée ; au Bois de Boulogne, sur 1.600 mètres en bon terrain, elle gagna sans peine, après avoir perdu plusieurs longueurs au dernier tournant, par suite d'une bousculade. Son écurie a en elle une confiance assez bien justifiée.

10° *Riscle,* par Bay Archer et Rédemption, baie avec une étoile en tête, a bien le cachet des produits de Bay Archer, est très forte, mais paraît d'autant plus commune qu'elle est affublée de grandes oreilles comme une mule du Poitou ; les cuisses sont puissantes. Elle a couru trois fois. A Deauville, dans le prix de Honfleur, sur 900 mètres en bon terrain, elle ne fut pas placée, ni au Bois de Boulogne, dans le deuxième prix d'Automne, sur 1.600 mètres en terrain très lourd ; à Vincennes, dans le prix de Consolation, sur 900 mètres en bon terrain, elle arriva quatrième derrière Lugano, Confiance et Carmosine.

11° *Queen of the Ray,* par Frontin et Queen of the Chase, alezane, avec une étoile en tête et une lice descendant à gauche sur le nez, une balzane à la jambe droite de derrière, est petite, mais pas mal faite ; les avant-bras sont forts et les cuisses sont faites en bons leviers.

Demi-sœur de Chérif par sa mère, cetle pouliche ne devra pas être à charge à son écurie.

Chevaux anglo-arabes

1° *Liban*, 4 ans, par Bay Archer ou Castillon et Liza, bai brun, avec une étoile en tête, a gagné 17.250 de prix en 1888.

Non placé à Pau, sur 2.200 mètres en bon terrain, il arriva premier à Aurillac sur 2.200 mètres et remporta deux prix à Limoges sur cette même distance de 2.200 mètres ; il fut battu par Bolivar au Dorat, puis il remporta quatre victoires de suite, la première à Bayonne, la seconde à Auch, la troisième à Agen, la quatrième à Vic-Bigorre; à Maubourguet, il fut battu d'une encolure par Alerte, à laquelle il ne put rendre dix livres.

Nous ferons ressortir tout à l'heure le peu de valeur de ces épreuves pour chevaux anglo-arabes, et leur compléte inutilité.

2° *Emissaire*, par Frontin et Emérite, 3 ans, bai-brun, avec une étoile en tète et trois balzanes.

Beaucoup de pur-sang anglais n'ont pas de plus belles lignes; malgré cela on voit aisément qu'on n'est pas en présence d'un animal de race bien confirmé. Emissaire est très beau, mais jamais il n'aura l'endurance d'un racer anglais.

3° *Bambin*, par Ladislas et Bayadère ; trois ans, bai zain, est superbe de plastique et a conservé assez bien le cachet de la race de Hampton, qu'il tient de son père Ladislas.

4° *Noceur*, par Castillon et Nassime, alezan, une étoile et une lice allant jusqu'à la lèvre gauche, une balzane à la jambe gauche de devant et une balzane à la jambe droite de derrière, est plus courtaud que ses camarades, a le rein creux et fait mauvaise figure dans la collection du baron de Soubeyran. Il est vrai que cette collection sort de l'ordinaire, et dans une écurie moyenne ce fils de Castillon pourrait avoir plus de chance d'être pris au sérieux.

5° *Esneh*, 2 ans, par Saltéador et Emérite, noire avec une étoile en tête, une balzane à la jambe gauche de derrière, ferait une jument de selle et de manège.

L'on a vu plus haut que, dans ces courses réservées aux anglo-arabes, Liban a pu gagner, en 1888, 17,250 fr., tandis qu'un très grand nombre de pur-sang anglais, pouvant rendre plus de trente livres à Liban et le battre de loin, n'ont gagné rien du tout.

Puisque le Ministère de l'Agriculture cherche des économies à réaliser, il en a là une toute indiquée.

Le pur-sang anglais n'est autre chose qu'un anglo-arabe, amélioré depuis deux siècles et approprié à nos climats d'Europe. Les expériences faites à l'école de Saumur et à l'Ecole de guerre prouvent que le pur-sang anglais est le meilleur des chevaux de troupe et de service ; par conséquent, les courses pour anglo-arabes, auxquelles sont admises seulement quelques régions de la France, sont fort inutiles et devraient être supprimées.

La preuve que ces anglo-arabes, faits suivant la formule surannée des Haras, ne valent pas les pur-sang anglais, c'est que jamais ils n'oseraient se mesurer avec eux, surtout dans les longs parcours. Ils courent de préférence sur 2,200 mètres, et très rarement sur une distance supérieure à 3,000 mètres.

Ne pas vouloir adopter invariablement dans toutes les régions de France les étalons de pur-sang anglais, comme les meilleurs reproducteurs, équivaut à dire : « L'éclairage au gaz et à la lumière électrique doit être considéré comme nul et non avenu, il ne faut pas s'en servir ; mieux vaut retourner aux lampions fumeux de nos ancêtres. »

Le pur-sang anglais représente en élevage le progrès fixé et acquis par le temps ; l'anglo-arabe est un retour vers la routine du passé.

M. le baron de Soubeyran et tous les éleveurs vraiment dignes de ce nom seront de mon avis, j'en suis assuré. Le baron a eu pleinement raison en profitant des allocations fournies par l'Administration des Haras, qui a peur des colères méridionales et ne maintient les encouragements aux anglo-arabes, qu'en raison de cette peur, mais le propriétaire de Silvio, de Little-Duck, de Frontin et de Saltéador sait fort bien que c'est là une erreur administrative.

Il ne faut pas protéger quelques maniaques et quelques rétrogrades, amoureux des décadents anglo-arabes, au préjudice du budget de la France, et dans notre siècle de progrès il faut savoir faire les réformes imposées par le progrès.

Pouliches nées en 1887

1° *La Caussade,* par Beaurepaire et La Cloche, baie brune, avec une étroite pelote en tête, deux balzanes, est une très jolie petite pouliche, bien faite en tout point. Elle sera solide au poste, surtout le jour où le baron de Soubeyran lui aura signé son autorisation d'entrer dans la carrière des courses d'obstacles. Elle est née chez M. de Lastours, dans la région du Midi.

2° *Naurouze,* par Bay-Archer et Nicoline, baie zain, vient aussi de chez M. de Lastours. La tête est commune; c'est un défaut fréquent chez les produits de Bay-Archer, mais à côté de cela on trouve chez Naurouze les qualités qui donnent à la descendance de l'étalon Tarbais beaucoup d'endurance et de cœur à l'ouvrage. Elle devra avoir pas mal de vitesse, et remporter plus d'une victoire sur les petites distances.

3° *Ariane*, par Silvio et Madame Angot, baie zain, est beaucoup plus grande que les produits ordinaires du beau Silvio. Sa longueur aux bons endroits est remarquable; le rein est bon et le garrot très saillant pour une pouliche; l'arrière-train a beaucoup de puissance.

Cette Ariane devra se bien comporter sur les champs de courses et y glaner plus d'un succès.

4° *Victoria II,* par Little-Duck et Victoria Alexandra, alezane avec une étoile en tête, se trouve en retard comme entraînement, lorsqu'on examine ses compagnons de travail qui déjà ont l'apparence de soldats prêts à vaincre. Elle a été mise au dressage un peu tard parce qu'on voulait lui donner le temps de se développer. Le propre d'un bon entraîneur comme T. Carter, et d'une écurie bien tenue comme celle du baron de Soubeyran, est de traiter ses pensionnaires suivant leur nature et d'étudier leur tempérament, au lieu de les soumettre à une règle routinière et uniforme.

Victoria II a le rein très fortement attaché et les jarrets solides; avec cela, l'on a grande chance de briller dans les courses. Ce qui m'a le plus frappé en elle, c'est son grand air aristocratique. Little-Duck ne fait pas commun, bien qu'il légue sa force à ses produits.

5° *Fidès*, par Frontin et Frugality, alezane rubicanée avec une étoile en tête et une lice prolongée jusque sur les lèvres, une balzane à la jambe gauche de derrière, est une grande et belle pouliche; on doit saluer chez elle la suprême grâce du gentilhomme

Frontin, mais une grâce développée en vigueur et en force.

Cette demi-sœur de Frégouze semble tout indiquée pour réussir plus tard dans les grandes courses d'obstacles, si sa carrière de courses plates n'est pas marquante, mais il me semble qu'elle saura se faire un nom dans le sport légitime, et qu'elle évitera ainsi la condamnation aux sauteries.

6° *Bérénice,* par Foxhall et Black-Corrie, baie brune, avec une toute petite marque au front. Son poil est très fin. L'épaule est très remarquable ; la force est bien répartie, les membres paraissent inclaquables.

Une aussi belle et aussi solide pouliche doit fournir une bonne carrière de courses, mais quand bien même elle serait malheureuse sur le turf, elle vaudrait un grand prix comme poulinière. Sa mère est par Sterling.

J'avais déjà admiré des produits de Foxhall chez le baron de Rothschild. Bérénice me confirme dans mon opinion sur les reproducteurs de taille moyenne, comme Dollar, Monarque, Consul, Plutus, etc. ; ils font plus grand et meilleur que les Rayon-d'Or et autres haut perchés.

7° *Rose d'Or II,* par Little-Duck et Rival, baie avec une balzane à la jambe droite de derrière, est venue tard à l'entraînement par la même raison que sa demi-sœur Victoria II. Elle est très forte par devant et par derrière ; son rein est bien fait et très musclé. Elle a tout à fait le cachet de puissance galopante, qui distingue le père.

8° *Nazli,* par Border Minstrel et Négresse, baie un peu rubicanée. Cette demi-sœur de Nick m'a semblé très bonne. Elle est beaucoup mieux soudée que Nick ; ce n'est point étonnant, car Border Minstrel est autrement bâti en étalon que ne l'était ce grand Flandrin de Beauminet.

La mère, Négresse, est par Monarque ou Mortemer, c'est-à-dire de première origine. T. Carter l'acheta, suitée de Nick, pour 2.500 fr. ; en plus, Négresse était pleine ; elle a donné la bonne pouliche dont nous venons de parler.

Je ne crois pas que jamais le baron de Soubeyran ait fait meilleure affaire.

9° *Valdurènque,* par Bay-Archer et Varlette, baie avec une étoile en tête, une balzane à la jambe gauche de derrière, vient de chez M. de Lastours. Elle devra briller dans les courses de deux ans ; son entraînement est très facile.

10° *Syrienne,* par Little-Duck et Sathaniel, alezane avec une étoile en tête et deux balzanes par derrière, est très forte pouliche. Le rein a beaucoup de vigueur musculaire, et les membres sont remarquables. L'union du jeune étalon Little-Duck avec la vieille Sathaniel, qui produisit Stathouder, un assez bon cheval arrivé troisième dans le prix du Jockey-Club, est très bien combinée. Syrienne devra amplement gagner son avoine.

11° *Gemmy,* par Insulaire et Gem-Royal, baie brune avec une marque blanche sur la narine et la lèvre droite, deux balzanes par derrière, est assez ordinaire. Placée dans un milieu aussi relevé que celui où elle se trouve, elle ne peut briller, mais dans une écurie moyenne elle tiendrait son rang.

12° *Danaé,* par Bay-Archer et Desdémone, baie zain, est la propre sœur de Gyp, qui a bien gagné sa vie dans la carrière de courses fournie par lui. Il lui passe trop d'air sous le ventre, mais elle doit galoper aisément et peut être bonne sur les courtes distances.

13° *Aissé,* par Frontin et Andrella, baie avec une marque blanche tenant tout le front et une lice descendant jusqu'aux lèvres, trois balzanes, est bonne pouliche, très bien soudée. L'épaule est un peu trop chargée, le rein est court et l'arrière-main excellente. L'œil a de la vivacité et de la douceur ; il annonce une vigueur calme. C'est de bon augure pour les luttes d'hippodromes.

14° *Magali,* par Thurio et Moll Davis, noire zain, a pour elle l'excellente origine de sa mère, proche parente de Robert the Devil. Après examen, on ne saurait se prononcer encore ni en bien ni en mal.

Poulains nés en 1887

1° *Master Gillam,* par Frontin et Mistress Gillam, alezan avec une étoile et une lice en tête, est un peu droit sur son devant, mais le rein a beaucoup de force et l'arrière-train aussi. Ce poulain, né chez M. Du Temple, devra fournir de bonnes courses, surtout dans les longues distances. à l'exemple de sa demi-sœur Girandole.

2° *Fantoche*, par Saltéador et Florence, bai avec une étoile en tête et une lice prolongée jusqu'au bas de la narine gauche, a le grand cachet des pur sang nés pour galoper. Il est un peu léger, mais il a la force placée aux bons endroits. M. Du Temple, qui l'a élevé, devra être content de ses courses.

3° *Fantasio*, par Silvio et Frolicsome, bai avec une étoile en forme de C, une légère marque blanche sur la narine gauche, est tout petit, mais vraiment bien fait, comme le fantaisiste Hassan chanté dans le joyeux poème de *Namouna* par le grand poète Alfred de Musset.

Ce demi-frère de Frontin manque de taille pour pouvoir prétendre triompher dans les grandes épreuves, où son aîné fut invaincu, mais quel beau cheval ! Il est probable qu'il grandira; s'il est en retard pour le moment, c'est que la mère avait peu de lait et qu'il a souffert pendant ses premiers mois.

4° *Alaric*, par Little Duc et Aluté, bai avec une étoile en tête et une balzane à la jambe droite de derrière, est un fort et grand poulain. Il a tout à fait l'aspect du père, mais apparaît d'un modèle plus léger, plus aristocratique, plus affiné. C'est un vrai galopeur.

Voulez-vous, sur son compte, l'opinion de M. Garcin, le vétérinaire parisien qui aime et connaît bien les pur sang ? En le voyant, l'excellent praticien s'est écrié : « Toi, jeune ami, tu n'auras jamais besoin de mes soins, à moins d'un accident extraordinaire. Bien que tu doives être un mauvais client, je te salue, et si j'avais de belles poulinières à faire saillir, je les enverrais à ton père ! »

5° *Messidor*, par Frontin et Mademoiselle, alezan doré, avec une étoile en tête et une balzane à la jambe droite de derrière.

Il porte un nom tout ensoleillé, et je crois qu'il apparaîtra sur le turf comme un inéluctable moissonneur de courses.

Vrai portrait du père, en plus gros; un Frontin développé en muscles; même élégance et plus de force.

L'épaule est splendide, les avant-bras sont déjà aussi solidifiés que la tour Eiffel, les jarrets ressemblent à des leviers de première force; les cuisses paraissent avoir une puissance de projection exceptionnelle; le rein est court et large.

L'œil a la fierté calme des forts et des vainqueurs.

Sa mère, la belle Mademoiselle, qui, grâce à Messidor, devra devenir la grande Mademoiselle, est le premier produit de Mondaine, l'une des juments les plus ardentes à la lutte que l'élevage français puisse revendiquer. Mademoiselle n'a jamais couru, et par conséquent peut avoir produit très beau dès la pre-

Messidor

mière fois, par la raison qu'elle n'a pas été fatiguée par les dures épreuves de l'entraînement et les luttes sur les hippodromes.

Les épreuves des courses, sans lesquelles il est impossible de bien choisir les étalons dignes de devenir pères, sont beaucoup moins utiles pour les femelles que pour les mâles. Elles peuvent devenir nuisibles aux femelles, lorsqu'on abuse de leur vaillance comme l'on avait abusé du grand cœur de Mondaine.

Si M. Lupin a eu, jusqu'à présent, des déceptions avec Mondaine, qu'il acheta un grand prix, c'est parce que Mondaine avait subi une carrière de courses horriblement pénible. A deux reprises différentes, elle arriva tête à tête et dut recommencer la lutte pour aboutir au même résultat négatif, mais fatal.

Dans ces duels à outrance, ses adversaires, deux illustres, furent Nougat, à Fontainebleau, sur 2.800 mètres, et Saint-Christophe, au Bois de Boulogne, sur 3.200 mètres. Mondaine était montée par Hunter, un jockey énergique et ayant le plus de souffle de tous ceux que j'ai vu lutter sur nos hippodromes français ; je ne veux pas dire pour cela que le très honnête et très méritant Hunter soit un cavalier de premier ordre, mais aucun de ses rivaux, pas même Carver, ne pouvait déployer plus d'énergie que lui, par la raison que Hunter est tout à fait taillé pour la course de longue haleine.

M. Lupin ne doit pas désespérer de voir Mondaine lui donner un produit digne d'elle, bien que, jusqu'à ce jour, elle se soit montrée poulinière médiocre. Il faut longtemps pour réparer le tort, que ses rudes tournois sur l'hippodrome lui ont porté, mais M. Lupin est en droit d'attendre mieux, puisque Mademoiselle, la première fille de Mondaine, a mis au jour un aussi rayonnant poulain que Messidor. Chez Mondaine, bon sang finira par ne pas mentir.

Messidor ! Ce nom seul projette des rayons de soleil victorieux. C'est mon excuse pour lui adresser le sonnet qui va suivre. Quelques imbéciles et quelques décadents pourront m'appeler poète de cheval. Ils ne me feront que plaisir, et je ne regrette qu'une chose, c'est de ne pas avoir assez de talent pour bien mériter ce titre. Baste ! je fais ce que je puis.

En Messidor le franc soleil
Donne ses baisers à la terre,
Qui prospère
Et ne songe plus au sommeil.

Je crois au succès sans pareil
De ce fier poulain gentilhomme,
Que l'on nomme
Messidor, dans un grand éveil.

Il y a de l'or dans sa robe.
Ses triomphes, par tout le globe,
Devront surgir et rayonner.

D'Etreillis voudrait qu'on l'adore.
Cotlison peut le dessiner,
Comme un durable météore.

6° *Le Glorieux*, par Frontin et The Garry, alezan, avec une forte marque blanche sur le front et une lice rubicane prolongée jusque sur la narine droite, une balzane à la jambe gauche de devant et une balzane à la jambe droite de derrière.

Voilà un admirable poulain, plus fort et plus grand que son demi-frère Saint-Gall, aussi remarquable par plus d'un point que son propre frère Géant, dont nous avons parlé plus haut dans le courant de cette étude. Il est taillé en véritable prétendant au Derby et aux épreuves les plus élevées ; le rein est très court et très puissant ; l'arrière-main vaut mieux que le devant. C'est un imposant lutteur des grandes courses, mais j'entrevois un point noir dans son avenir.

Il n'y a pas d'exemple que la même poulinière ait produit sans désemparer, et je suis tenté de dire sans se recueillir dans une sorte de repos mérité, trois chevaux de haute lice. Or, The Garry a donné Saint-Gall en 1885, Géant en 1886, il serait tout à fait extraordinaire qu'en 1887 elle ait pu se répéter dans l'extra bien, mais il y a des grâces d'état, et le nombre trois est un nombre aimé des dieux.

Je n'ai, du reste, aucune autre objection à faire à la qualité de Le Glorieux, qui sera grande si l'on s'en rapporte aux apparences.

7° *Boabdil*, par Silvio et Bonny Girl, alezan, avec une petite étoile en tête, assez bon cheval. Il est près de terre, le rein a un peu de creux, mais paraît large et fort, les avant-bras sont vigoureux, les jarrets puissants et les cuisses faites pour gagner beaucoup de terrain. Son demi-frère Bonbon sautait admirablement, et je crois que l'accouplement de Bonny Girl avec Silvio a donné de meilleurs résultats que l'union de la même poulinière avec Salvator, d'où est sorti un Bonbon de qualité bourgeoise au lieu d'être aristocratique.

8° *Rurick* par Silvio et Repose, bai, sans autre marque que de virils poils noirs aux jambes, a toute la silhouette d'un dur joûteur de courses ; le rein est court et bien musclé, les jarrets sont bas et la longueur des cuisses est extraordinaire. Il devra être facile à entraîner, parce qu'il n'a pas de lourdeur gênante, et il pourra dire à ses adversaires : garde-toi, je me garde.

9° *Joel*, par Little-Duck et Jocosa, alezan avec une étoile et une lice prolongée jusqu'aux lèvres, est un très fort poulain, mais pas commun du tout. En l'examinant avec attention, l'on se rend bien compte que Little-Duck donne sa force à ses produits, mais non pas sa lourdeur, et que ses descendants devront être beaucoup plus faciles à entraîner qu'il ne l'a été.

10° *Cadi*, par Silvio et La Créole, bai brun zain.

Ce propre frère de Chevalier II est loin de ressembler à Silvio, comme son aîné. Il ne tient ni de son père, ni de sa mère, qui est par Dollar et Ninon de Lenclos, par Cossack. Il doit remonter à quelque ancêtre excessivement robuste. C'est un énorme poulain ; il aurait beaucoup trop de viande à porter, si la nature n'avait paré à cet inconvénient, en le dotant de membres excessivement forts. Son entraînement ne sera pas facile, mais il est taillé pour la résistance et rendra ce qu'on exigera de lui.

11° *Rhésus*, par Silvio et Riga, fille de Dollar, bai avec une marque blanche entre les deux narines. Le rein est trop long, comme celui de la mère, qui n'avait pas le meilleur de la race Dollar. Il a quelques défauts des Dollar. Aura-t-il pris leurs qualités ? Je le souhaite.

12° *Cœlio*, par Silvio et Cremona, bai zain, est le premier produit de Cremona, qui aurait été une jument extraordinaire sur le turf, si l'on n'avait été trop sévère pour elle dans un essai. Elle fit ce qu'on lui demandait en cette occasion, mais elle s'en ressentit toujours et ne put retrouver complètement ses moyens. Instruits par ce fait, les propriétaires de Cremona en ont profité; ils ne font plus subir à leurs chevaux des essais trop pénibles. Les épreuves, trop dures à l'exercice, sont très dangereuses; on peut y perdre bien des courses futures.

L'épaule de Cœlio est magnifique ; les avant-bras sont musculeux, les membres très forts par devant comme par derrière, les jarrets et les cuisses ont une puissance remarquable. Cœlio réunit la force à l'élégance, et par cela même réalise l'idéal du pur-sang

13° *Dacis,* par Silvio et Dart, bai, avec une petite trace de balzane à la jambe gauche de derrière, a beaucoup de longueur en dessous et devra se montrer assez bon cheval de courses; son rein laisse un peu à désirer.

14° *Tiflis*, par Silvio et Tea Rose, bai brun, demi-frère de Thyra, a bien le cachet que Silvio imprime à sa descendance. Je le crois apte à rendre des services utiles à son propriétaire. Dans des écuries de l'importance de celle du baron de Soubeyran, il faut aussi de modestes serviteurs.

Les étalons du haras de Saint-Georges

1° *Silvio*, par Blair Athol et Silverhair, né en 1874, en Angleterre, bai zain, est un hercule gracieux. Sa taille atteint un mètre soixante centimètres à peine, mais c'est plus que suffisant dans une plastique aussi parfaite. Dollar n'avait pas plus d'un mètre cinquante-huit ; il a créé une race immortelle, la race Lupin. Monarque avait un mètre soixante-un ; il a produit Gladiateur et toute une descendance de chevaux hors ligne. Consul était tout petit, il a fait Archiduc, qui est grand et fort. Le Destrier ne mesure qu'un mètre soixante ; ses produits ont tous de la taille et de la force ; il a donné Stuart, qui est un phénoménal galopeur.

La carrière de courses fournie par Silvio en Angleterre est des plus remarquables. Il est vrai qu'il eu la chance d'être débarrassé de Chamant, blessé la veille du Derby, mais il gagna avec beaucoup de facilité le Derby et le Saint-Léger, où il battit d'autres animaux presque aussi bons que Chamant.

Comme étalon, Silvio avait commencé par produire trois bons chevaux : Jupin, Viennois et Firmament. En 1889, May Pole,

Silvio

Volcan, Anita et King George gagneront beaucoup de prix et placeront le nom de leur père Silvio aux premiers rangs des reproducteurs.

Le baron de Soubeyran a la plus grande confiance dans l'étalon acheté à Lord Falmouth, par le regretté duc de Castries ;

il est incontestable que tous les produits de Silvio possèdent un mérite appréciable et sont, en outre, faciles à entraîner. On n'est pas obligé de leur donner trop d'ouvrage et de risquer de les claquer à l'exercice ; avec quelques galops, ils sont en état de bien courir. Silvio peut créer une famille de pur-sang en France ; on la reconnaîtra aisément, comme l'on reconnaît les descendants de Dollar.

2° *Frontin,* par George Frederick et Frolicsome, alezan doré, a le grand air d'un gentilhomme chevalin. C'est un prince parmi les pur-sang. Il fut invaincu sur le turf. Sa production s'annonce si bien que plusieurs devront être invincibles comme lui. Ils portent tous son cachet, mais les meilleurs ont plus de

Frontin

force, tout en ayant conservé la haute distinction paternelle.

Frontin était un peu haut sur pattes, et avait ce qu'en termes du métier on appelle *le cul d'oie ;* il s'est tassé, et aujourd'hui il réalise le plus beau type de l'étalon de pur-sang.

Ses descendants devront tous avoir un bon galop, et plusieurs d'entre eux recevront le don d'envolée triomphale qui fait les plus grands vainqueurs. Il mérite qu'on lui envoie les meilleures poulinières de France et d'Angleterre.

3o *Saltéador,* par Vertugadin et Slapdash, alezan, est un autre mâle que son propre frère Saxifrage. Il a la force beaucoup mieux répartie et est mille fois plus distingué que le père de Ténébreuse, de Sauterelle et de Sibérie.

Les courses fournies par lui sont bien meilleures que celles de Saxifrage. Il aurait dû gagner le Grand Prix de Paris. Qui

Saltéador

sait? Peut-être laissa-t-il passer Nubienne par galanterie, et voulut-il s'incliner d'une tête devant elle? Cette idée peut venir en contemplant la marque étrange qu'il porte au front.

Cette marque est un fer à cheval bien dessiné en blanc ; au milieu se trouve parfaitement imprimé en poils noirs, tranchant sur sa couleur alezane, le gracieux corps d'une élégante femme parisienne ; on dirait que le crayon de Grévin a passé là.

Les Arabes ont toujours prétendu qu'un cheval, portant un signe semblable, a été sacré étalon par la main divine, et que sa descendance doit mériter la plus grande considération.

Il est probable que le baron de Soubeyran ne connaissait pas ce précepte des plus anciens et des plus grands maîtres de l'élevage, sans cela il n'aurait pas délaissé Saltéador comme étalon, et n'aurait pas perdu plusieurs années de bonne production. S'il veut se rendre compte que je ne parle pas à la légère, il n'a qu'à se procurer un petit livre où le général Daumas a publié les observations hippiques des Arabes, d'après des documents à lui remis par Abd-El-Kader, qui était un homme de cheval sans pareil.

Jamais Saxifrage, bien qu'il soit devenu à la mode et qu'on lui envoie les meilleures poulinières, ne fera un cheval aussi bien soudé que Saint-Gall.

Il y a entre les deux frères Saltéador et Saxifrage une grande différence ; Saxifrage n'est qu'un bourgeois de pur-sang, comme Little Duck, dont je vais avoir à parler ; Saltéador est un gentilhomme comme Frontin et Silvio.

4° *Little Duck,* par See Saw et Light Drum, bai, bien marqué de feu, avec une étoile en tête, deux balzanes par derrière, pourrait aisément tenir le milieu d'un attelage à trois sur un omnibus parisien. Les avant-bras sont puissants et musclés, le rein est court, la musculature des cuisses est arrivée à son apogée ; les jarrets très près de terre lui permettent de saillir sans fatigue ; c'est énorme pour la bonne production.

L'idéal serait de pouvoir employer ce colosse de pur sang à couvrir des juments de demi-sang. L'administration des haras ferait beaucoup mieux de réserver les sommes dont elle dispose pour acquérir un reproducteur aussi utile à son œuvre, à n'importe quel prix. Son rôle n'est pas du tout d'encourager l'élevage du cheval de pur sang qui est de haut luxe ; elle n'a pas été instituée pour cela, mais bien pour faire le cheval de guerre et de service.

Little Duck produit très bien en pur sang ; il fait plus distingué qu'il n'est lui-même. C'est un splendide cheval ; il a l'aspect moins commun que lorsqu'il était à l'entraînement. Malgré cela, je donnerai toujours le préférence, pour faire des chevaux de courses, à des étalons ayant le modèle de Silvio, de Frontin, de Saltéador, de Le Destrier, d'Archiduc, de Xaintrailles, de The

Little-Duck

Bard, et de tous ceux qui semblent nés pour réaliser la légende des invincibles buveurs d'air.

Je crois néanmoins que si Little Duck était envoyé comme étalon dans la plaine de Tarbes, où les poulinières ont toutes trop de sang et où le climat donne trop de sang, il ferait le plus grand bien. A la place du baron de Soubeyran et de ses associés, je tenterais cette expérience. Elle a les plus grandes chances de réussir.

Les Jockeys de l'écurie

La meilleure preuve à donner que le baron de Soubeyran est un bon maître, c'est qu'il traite ses serviteurs en amis, suivant la tradition des vieilles familles françaises, au lieu d'exercer sur eux un despotisme tracassier et bourgeois, et comme il a demandé lui-même que le portrait et la biographie de ses entraîneurs et jockeys ne soient pas oubliés dans cette revue du splendide établissement d'Avermes, je suis heureux de donner satisfaction à ce grand homme de sport.

Ces aides de camp du fidèle entraîneur Th. Carter et de son très aimable fils Willy sont au nombre de cinq.

N° 1. Edward-Henry Bridgeland, qui fit son apprentissage à la dure mais si puissante école de Henri Jennings. Il entra ensuite chez M. Lupin, et de là chez Jack Cunnington, qui entraînait les chevaux du vicomte de Trédern et qui sut préparer assez bien Le Lion pour que ce gros cheval, dont la qualité était paralysée par des vessigons outrés, pût arriver second à une tête de Beauminet dans le prix du Jockey-Club.

Bridgeland est depuis dix ans à Avermes, puisque c'est au printemps de 1879 qu'il y est entré. Sa première course sous les couleurs de M. Edouard Fould eut lieu sur Améthyste ; il triompha. Dans cette année 1879, il ne fut mis en selle que deux autres fois sur l'hippodrome ; ces deux montes furent pour lui deux victoires. M. Fould jugea qu'il avait assez bien gagné ses éperons pour mériter de devenir son jockey de poids léger. Il conserva ce poste jusqu'à la fin de 1887.

En 1888, il devint premier jockey du baron de Soubeyran, et il l'est encore pour 1889. Il peut monter à 47 kilos.

En 1884, Bridgeland épousa une fille de l'entraîneur Th. Carter; malheureusement il perdit sa jeune femme au printemps dernier.

Ses succès sont trop nombreux et trop présents à la mémoire des hommes de sport, pour qu'il soit utile de les énumérer ici. Son premier gagnant de course marquante fut Seigneur II, dans le prix de Condé, à Chantilly.

Dans les quatre dernières années, il est arrivé trois fois premier sur la liste des jockeys gagnants. En 1887, il ne fut que second derrière Hartley, parce qu'il dut rester assez longtemps éloigné du turf, aprés s'être cassé la clavicule à Fontainebleau, en montant Champoreau, un cabochard de l'écurie du baron Roger.

Bridgeland

Toutes les fois que Bridgeland n'a pas de cheval à monter dans une course pour son écurie, il est demandé par les principaux propriétaires. Il monte bien, et c'est un bon et fidèle serviteur.

N° 2. James Watkins a fait, comme Bridgeland, son apprentissage chez le sévère Henri Jennings. Après avoir quitté son maître, par un coup de tête que je ne saurais approuver, il entra chez le baron de Soubeyran à la fin de 1887, et dès 1888 il remporta un grand nombre de courses. Il peut monter à quarante kilos, et est probablement le meilleur poids léger que nous ayons en France parmi les jeunes, car le père Childs reste toujours solide au poste parmi les vieux.

Watkins

Watkins a déjà beaucoup monté et a acquis une grande expérience pour son âge, mais il ne faut pas que le succès l'enivre trop. Il a encore beaucoup à faire pour devenir un bon jockey de courses classiques. Par conséquent, il ne faut pas qu'il se mette à jouer le rôle de la grenouille voulant se faire plus grosse que le bœuf.

Si je parle ainsi à cet excellent néophyte, c'est que je lui porte grand intérêt à cause de sa famille que je connais et que j'estime. Je suis certain que son excellent père et son beau-frère Price, le franc et loyal entraîneur de M. Sieber, m'approuveront. Le jeune Watkins a un très bel avenir devant lui, mais à la condition qu'il suive les bons conseils de ceux qui lui portent vraiment intérêt, au lieu d'écouter les mauvais avis de camarades intéressés le plus souvent à lui voir compromettre sa situation.

Il a été fort bien élevé, comme ses sœurs et ses cousines, par son vaillant père ; son instruction est bonne ; par conséquent il peut, mieux que la plupart de ses rivaux, discerner le bien et le mal, mais par cela même il serait plus coupable s'il s'écartait de la bonne ligne.

Or, ces temps derniers, il avait cherché à se faire engager chez M. Edmond Blanc, qui n'avait fait aucune démarche pour cela, mais qui, c'est tout naturel, devait être content de trouver un bon jockey de poids léger. En dernier lieu, Watkins a réfléchi et est resté au service du baron de Soubeyran.

Certes, il n'aurait pas été mal placé chez M. Edmond Blanc, qui est en train de devenir l'un de nos plus sérieux éleveurs, mais il peut se former plus vite chez le baron de Soubeyran, parce qu'il se trouve souvent en lutte contre le vieux Green, le fidèle jockey du baron de Nexon. Autant Green monte avec timidité sur les hippodromes parisiens, lorsque par hasard il y pilote un de ses chevaux, autant il se croit roi en province, et, dans les nombreux tournants des hippodromes difficiles où il opère, il se gêne assez peu pour mener la vie dure à ses concurrents. Par cela même, James Watkins est presque forcé de progresser beaucoup.

Je crois qu'il fera bien de ne pas oublier la leçon qu'il vient de recevoir tout dernièrement, et de ne plus retomber dans la faute qu'il voulait commettre, faute excusable en raison de sa grande jeunesse. Il y a des maîtres aussi généreux que le baron de Soubeyran, mais il ne saurait y en avoir de meilleurs ; il n'en est pas un seul qui puisse porter plus d'intérêt à ses employés.

N° 3. Joseph Sanders a été apprenti chez Joseph Dawson, à Newmarket. Il vint en France chez le comte de Lagrange, mais il monta fort peu pour lui. A la dissolution de la grande écurie de Fille-de l'Air et de Gladiateur, le baron de Soubeyran engagea Sanders pour l'employer dans les essais et dans les courses de province. Il monte à 50 kilos, et monte bien. Il est très rangé, très tranquille et très utile à son écurie pour la province. Il est marié avec la nièce de Wetherell, l'ancien entraîneur du comte de Lagrange.

J. Sanders

N° 4. Edgard Charrett est le fils de l'ancien jockey du baron de Nexon. Il a fait son apprentissage à Avermes ; son poids est

E. Charrett

A. Childs

de 47 kilogrammes et demi. Il monte bien, et l'excellent entraîneur du baron de Soubeyran le tient en haute estime.

N° 5. Albert Childs est le second fils de John Childs, l'inébranlable jockey de poids léger qui pèse toujours 41 ou 42 kilos, bien qu'il ait donné douze enfants à la patrie du sport ; l'aîné de cette tribu monte pour M. Fould, à Tarbes. Il a fait son apprentissage à Avermes. A l'exemple de son père, il est assuré d'avoir beaucoup de succès comme jockey de poids léger. Il pourrait monter à 30 kilos, si c'était nécessaire. Il a paru en selle sur un hippodrome pour la première fois en 1888. Sur trois montes, il a remporté deux victoires. Je lui souhaite de se conduire toujours aussi honnêtement que son père ; il aura comme lui l'estime de tous, et sa carrière deviendra aussi fructueuse que bien remplie.

* * *

En visitant les chevaux, j'ai remarqué un petit bambin à l'œil loyal et intelligent ; le pur-sang qu'il soigne paraissait l'affectionner beaucoup ; on m'a dit que ce jeune apprenti était le fils de Green, le brave jockey du baron de Nexon. Je suis persuadé qu'il a ce qu'il faut pour réussir en courses, et je demande au baron de Soubeyran de me permettre de le lui recommander.

* * *

Je m'en voudrais si j'oubliais, en terminant cette revue d'une de nos plus sympathiques écuries de courses, J. Cunnington, qui a fait naître ou qui a élevé les chevaux, et T. Cannon, le jockey sans pareil, qui a remporté les principales victoires.

J. Cunnington est le quatrième de la tribu des Cunnington. Je ne connais pas de physionomie plus cordiale et plus franche. Il a un air de bonté qui ne saurait faillir.

Au contraire de ses aînés, qui ont des enfants par douzaine, il demeure sans descendants, bien qu'il ait épousé une charmante femme. Ses neveux, et ils sont suffisamment nombreux, profiteront plus tard de son travail et de ses économies, mais le plus tard possible, n'est-ce pas, mon brave J. Cunnington ?

J. Cunnington

Au mois d'août prochain, il deviendra entraîneur pour le vicomte d'Harcourt, et il sera remplacé au haras par le frère du studgroom de la duchesse de Montrose, la propriétaire d'Isonomy. Le second fils de Georges Cunnington sera l'aide du nouveau studgroom, et lui servira en même temps de professeur de français.

Je dois faire une étude spéciale sur le haras de Saint-Georges; je parlerai alors avec plus de détails de J. Cunnington, qui se montra toujours digne d'avoir un maître comme le baron de Soubeyran, et qui sera un excellent serviteur pour le vicomte d'Harcourt.

Le jockey Tom Cannon

Après avoir publié la biographie des cinq jockeys de l'écurie du baron de Soubeyran, il nous semble de toute justice de ne pas oublier Tom Cannon, le maître jockey anglais, qui vint conduire à la victoire Frontin, dans le Grand Prix de Paris de 1883 et le fit triompher contre Saint-Blaise, monté par Fred. Archer; Saint-Blaise, le grand vainqueur du Derby d'Epson.

En 1884, c'est encore Tom Cannon qui montait Little-Duck lorsqu'il remporta le Derby de Chantilly et le Grand Prix de Paris. Tom Cannon a donc des droits incontestables à être compris dans les cavaliers de l'écurie d'Avernes.

C'est aujourd'hui le jockey d'Angleterre le plus sérieux et le plus respecté; il possède comme entraîneur une des écuries les plus considérables et c'est un professionnel de haut ton.

Il est né à Eton, le 23 avril 1846. Son père, hôtelier du George Hotel, a toujours possédé des hunters et des chevaux de steeple-chases. Tom Cannon a donc, dès son enfance, vécu au milieu des chevaux. Son père lui enseigna lui-même à monter à cheval; et bien avant sa dixième année, il était un des plus intrépides, parmi ceux qui suivaient les chasses à courre de la Reine, ainsi que son plus jeune frère Joseph, aujourd'hui également entraîneur d'un grand nombre de chevaux à Newmarket.

L'éducation des deux frères fut confiée à M. Hawtrey, dont l'établissement était considéré comme un des meilleurs après le Collège.

Des raisons de famille d'une nature particulière les obligèrent à quitter l'école à l'âge de treize ans.

Le jeune Tom, confiant en lui-même, se consacra au métier de jockey et, dans ce but, s'engagea chez M. Sextie, à Newmarket, en octobre 1859. M. Sextie était propriétaire de plusieurs chevaux et associé avec M. Cannon père; cet homme de sport remarqua vite les grandes aptitudes du fils de son associé, et il lui accorda une telle confiance, qu'il le fit monter en épreuve publique au printemps suivant, en 1860. Il monta pour sa première course Mavourneen dans les Saltram Stakes à Plymouth, hippodrome tombé aujourd'hui en désuétude. Le jeune jockey poussa trop sa jument dans le tournant; elle vint en contact avec le cheval de tête et désarçonna son jeune cavalier, dont le poids s'élevait alors à 56 livres environ. Quoique assez contusionné, le jeune garçon demanda à remonter le même jour la jument dans un prix à réclamer, où il fut placé second.

Le lendemain, lord Portsmouth, qui avait remarqué le courage de T. Cannon, l'engagea pour monter My Uncle dans les Chelson Meadow Stakes, course disputée en trois épreuves de 1.200 mètres chacune; son plus dangereux adversaire était Lisp. Dans la première épreuve, Tom fit gagner My Uncle d'une tête; dans la seconde, il finit tête à tête et gagna la troisième manche d'une demi longueur. Il eut d'autant plus de mérite à gagner ces épreuves, qu'il montait contre Parsons, un des meilleurs jockeys de poids léger de l'époque, et, dans ces luttes si acharnées contre Parsons, on remarqua avec quel tact il avait conduit son cheval. Cette victoire lui valut un engagement chez lord Portsmouth, de chez qui il ne sortit que lorsque celui-ci se retira du turf. Puis il entra chez M. E. Brayley.

Il ne remporta guère sa première victoire importante avant 1863, en montant Isoline, dans le Manchester Tradesmen's Cup; il triompha d'une demi-longueur, après une lutte acharnée contre le plus grand jockey de l'époque, Alderoft, qui montait Caller On.

En 1864, il monta, dans le Cesarewitch, Ackworth à M. Hill. Il arriva troisième, mais il fut victime d'une bousculade qui lui fit perdre une course presque gagnée. Le marquis d'Hastings acheta le cheval 50.000 fr., et engagea Cannon pour le monter dans le Cambridgeshire ; le grand jockey eut, dans cette épreuve, l'occasion de déployer toute son habileté, car, dans l'effort final, il eut à soutenir une lutte mémorable et il ne gagna la course que d'une tête, battant Tomato monté par Maidment. Cannon reçut 500 livres sterlings et fut engagé par le marquis d'Hastings comme second jockey ; Fordham avait alors la première monte.

Il s'unit en 1865 à la fille unique de John Day. En 1860,. il monta Ceylon dans le Newmarket Biennal, qu'il gagna, puis dans le Grand Prix de Paris, qu'il gagna aussi ; il était alors au service du duc de Beaufort.

En 1867, il gagna le Queens'Vase, à Ascot, avec Mail Train, et ses victoires de l'année s'élevèrent à 60.

En 1868, il n'eut que 40 victoires, mais il gagna un grand

nombre de courses où son énergie seule triompha. Il monta notamment dans une poule de 10.000 fr. le poulain par Young Melbourne et Miss Sarah contre Basilia, montée par Fordham. Ce fut une course des plus dures que ces deux jockeys aient jamais menées jusqu'au bout ; à une grande distance du but ils étaient collés l'un à l'autre et botte à botte ; T. Cannon ne put que, dans la dernière foulée, prendre l'avantage d'une des plus courtes têtes qui l'aient rendu victorieux. La même année, à Weymouth, une des plus grandes réunions sportives de l'époque, il monta cinq fois le même jour, il gagna quatre fois et arriva tête à tête pour sa cinquième course.

T. Cannon

En 1869, il gagna les Oaks avec Brigantine pour sir Frédéric Johnstone, qui l'avait engagé comme premier jockey pour deux ans. En 1870, il battit Fordham d'une tête en montant Bycicle, contre Digby Grand, dans les Hursbourne Stakes, après une lutte des plus émouvantes.

En 1871, il fut engagé pour trois ans par le marquis d'Anglesey ; sa seconde monte était réservée à Sir F. Johnstone. Il remporta 59 victoires ; il fut second dans les Deux mille guinées, où il montait Sterlinh, et gagna les Great Yorkshire Stakes sur Rose of Athol.

En 1872, il gagna le Biennal à Craven, sur Almoner ; à Epsom il remporta les Stanley Stakes, sur Acropolis, après une lutte terrible contre Marie-Stuart et Gloworm ; les trois premiers se trouvaient séparés par une tête et une encolure ; il gagna Her Majestys'Plate sur Allbrook ; son adversaire, Digby Grand, mordit Allbrook ; il tenait un assez gros morceau de viande dans sa bouche, et il ne lâcha prise qu'après plusieurs foulées. Il gagna les July Stakes avec Somerset, battant Paladin et Kaiser, puis les Twentieth Bentinck Memorial Stakes, avec King of the Forest, qui remportait ainsi cette épreuve pour la troisième fois, quoique boiteux pendant la course.

En 1873, il gagna le Great Metropolitan Stakes sur Mornington ; les Oaks, sur Marie Stuart, à M. Merry ; les All Aged Stakes à Newmarket, sur Prince Charlie battant d'une encolure Blenheim, monté par Fordham. Avec Trent, dans le Derby Anglais, en 1874, il fut placé quatrième derrière George Frederick, Couronne de Fer et Atlantic. Il battit Saltarelle dans le Grand Prix de Paris, sur Trent. Puis il gagna les Grat Yorkshire Stakes, toujours avec Trent, battant d'une tête Apology, montée par J. Osborne, après une très belle course.

En 1875, il arriva second dans le Saint-Léger de Doncaster, avec Balfe, derrière Craig Millar.

En 1876, il monta Kilt, dans le Derby de Chantilly, qu'il gagna ; il fut troisième dans le Derby anglais sur Julius Cæsar.

En 1877, il monta Springfield sur lequel il gagna les Champion Stakes ; il gagna l'Ascot Gold Cup avec Petrarch.

En 1878, il gagna les Mille et les Deux Mille Guinées avec Pilgrimage, à Lord Lonsdale. Il gagna le Chester Cup sur Pageant, et le Grand Prix de Paris sur Thurio.

En 1879, il gagna avec Isonomy l'Ascot Cup, l'Ascot Gold Vase ; le Doncaster Cup et le Brighton Cup ; il remporta sur

Prestonpans les Hopeful et Criterion Stakes. Il avait comme total 85 victoires sur 317 montes.

En 1880, il monta Robert the Devil et gagna le Saint-Léger de Doncaster; il conquit le Manchester Cup sur Isonomy, ainsi que l'Ascot Gold Cup; puis il triompha dans le Cesarewitch avec Robert the Devil.

En 1881, il gagna 79 courses, entre autres le Gold Cup et l'Alexandra Plate à Ascot sur Robert the Devil, et il conduisit à la victoire dans leurs principales courses, les deux meilleures pouliches de deux ans de leur année, Kermesse et Geheimniss.

En 1882, il gagna le Derby anglais sur Shotover, ainsi que les Deux Mille Guinées; les Oaks avec Geheimniss; l'Ascot Gold Cup sur Foxall.

En 1883, il fut premier dans le Grand Prix de Paris avec Frontin.

En 1884, il gagna le Derby de Chantilly et le Grand Prix de Paris sur Little Duck, et les Oaks d'Epsom sur Busybody, ainsi que les Mille Guinées. Il remporta le Doncaster Cup sur Louis-d'Or; il monta Hamako dans le Newmarket October Handicap, qu'il gagna, et il arriva premier dans le Steward's Cup avec Stweetbread.

En 1885, il gagna les Goodwood Stakes sur Lavaret.

En 1886, il remporta l'Ascot Gold Cup sur Althorp; les Eclipse Stakes sur Bendigo, les Hopeful Stakes sur Saint-Mary, et les Prendergast Stakes sur Hugo.

En 1887, il gagna le Liverpool Autumn Cup sur Saint-Mirin et il pilota Friar's Balsam dans les New Stakes à Ascot, et le Dewhurst Plate à Newmarket.

En 1888, il a gagné les Rous Memorial Stakes sur Phil, battant Seabreeze, les Great Yorkshire Stakes sur Ossory; les Eclipse Stakes sur Orbit et le Cesarewitch sur Ténébreuse.

J'ai insisté peut-être un peu sur toutes les performances brillantes du célèbre jockey; c'est afin de montrer que l'on n'arrive pas sans peine à conquérir la situation que Tom Cannon occupe aujourd'hui.

Dès sa plus tendre jeunesse, il s'est toujours montré énergique et il a su se faire distinguer par les plus habiles propriétaires. On retrouve toujours la même science et le même sang-froid chez Tom Cannon; il en a donné une preuve en 1887 dans le Liverpool Autumn Cup, où il vint battre sur Saint-Mirin et par une courte tête Gay-Hermit, que pilotait Ch. Wood.

Tom Cannon n'a triomphé qu'une seule fois dans le Derby d'Epsom avec Shotover, en 1882.

Dans les autres épreuves classiques il fut plus heureux : quatre fois il passa le poteau dans les Oaks; il fut placé six fois dans l'Ascot Gold Cup, et c'est lui qui était sur Robert The Devil, remportant le Saint-Léger.

Il compte deux Derby de Chantilly à son actif : en 1876 avec Kilt, au baron de Rothschild ; en 1884, avec Little Duck.

Pour le Grand Prix de Paris, il l'a remporté cinq fois : en 1866 avec Ceylon, en 1874 avec Trent, en 1878 avec Thurio, puis en 1883 et 1884 avec les deux représentants du duc de Castries, Frontin et Little Duc.

En France, T. Cannon est très justement aimé et estimé. Il ne vient jamais sur nos hippodromes, que pour déployer toute sa science et donner une leçon d'art à nos cavaliers. Rappelez-vous son admirable lutte dans le Grand Prix de Paris en 1878. A cent mètres du poteau d'arrivée, Thurio, le cheval qu'il montait, se trouvait attaqué à droite par Insulaire et à gauche par Inval, que Carratt monta en cette occasion de manière à mériter les plus vifs éloges du sévère comte de Lagrange.

Thurio était manifestement à bout de force et de souffle ; Tom Cannon se garda bien de lui donner le moindre coup de cravache; il le soutint et l'encouragea des bras, des jambes et de la voix. Cette prudente tactique lui valut la victoire; s'il avait essayé d'user de la cravache, comme font la plupart des ignares en course, il aurait certainement été battu au lieu de gagner d'un nez et de pouvoir résister à Inval, qui arriva troisième à une tête d'Insulaire, second.

En 1883, Frontin, monté par Archer dans le prix du Jockey-Club, avait eu difficilement raison de Farfadet ; le succès n'avait même pas été loyalement conquis, car Archer avait fortement bousculé son adversaire pour l'empêcher de lutter avec avantage. Dans le Grand Prix de Paris, quinze jours plus tard, Frontin fut confié à T. Cannon, pendant que Archer était en selle sur Saint-Blaise, le vainqueur du Derby anglais; Frontin gagna bravement et Farfadet fut battu de loin.

De tels faits sont probants.

La tenue de T. Cannon en selle est à la fois virile et gracieuse. En tout et pour tout, il est le modèle du jockey.

*
* *

J'ai plaisir à terminer cette revue en parlant de Willy Carter, le digne fils de l'excellent entraîneur qui a le plus fidèle attachement pour le baron de Soubeyran. C'est le cas de dire : Tel maître, tel serviteur, et tel père, tel fils.

Willy Carter

Willy est l'aide incessant de son père qui, depuis quelques années, se trouve un peu malade. Il ne l'a jamais quitté ; par conséquent, son passé hippique est joint au passé paternel.

Le père est la gloire, déjà ancienne, de la grande écurie Soubeyran ; le fils représente l'avenir et l'espérance. Sous la direction du second et sous l'autorité du premier, la devise sera toujours : amour de l'élevage et droiture des courses.

HARAS DE SAINT-GEORGES

Commune de Bagneux, à 2 kilomètres de la station de Villeneuve, près Moulins (Allier)

Silvio, né en 1874, par Blair Athol et Silverhair

	1876		
1	Ham Stakes, Goodwood	21.250	»
1	Clearwell Stakes, Newmarket	12.750	»
1	Post Sweepstakes, Newmarket	10.000	»
W. O.	Glasgow Stakes, Newmarket	6.000	»
	1877		
1	Derby, Epsom	151.250	»
1	Ascot Derby Stakes, Ascot	26.875	»
1	Saint-Léger, Doncaster	125.625	»
	1878		
1	Nineteenth Newmarket Biennial Stakes	15.675	»
1	Prince of Wales's Stakes, Newmarket	11.125	»
1	Jockey-Club Cup, Newmarket	43.250	»
	Total des sommes gagnées	394.050	»

Fera la monte à raison de **5.000** fr.

Frontin (1), né en 1880, par George Frederic et Frolicsome

1883

1	Prix de Guiche, Paris	5.575	»
1	Prix Fould, Paris.	9.550	»
1	Prix Reiset, Paris	11.975	»
1	Prix du Jockey-Club, Chantilly.	117.675	»
1	Grand Prix de Paris	149.600	»
	Total des sommes gagnées	294.375	»

Fera la monte à raison de **1.500** fr.

Little Duck, né en 1881, par See Saw et Light Drum

1884

1	Prix de Guiche, Paris	5.425	»
1	Vingt-Septième Prix Biennal (1884-1885), Paris	24.900	»
2	Poule d'Essai des Poulains, Paris	2.000	»
2	Prix Reiset, Paris	1.000	»
1	Prix du Jockey-Club, Chantilly	111.875	»
1	Grand Prix de Paris	142.000	»
	Total des sommes gagnées	287.200	»

Fera la monte à raison de **1.500** fr.

Saltéador, né en 1876, par Vertugadin et Stapdash

	1879		
1	Prix de Longchamps, Paris	25.050	»
1	Prix Daru, Paris	25.050	»
1	Prix Reiset, Paris	12.475	»
1	Grande Poule des Produits, Paris	49.900	»
2	Grand Prix de Paris	10.000	»
2	Prix Royal-Oak, Paris	2.000	»
1	Prix Spécial, Marseille	2.087	50
1	Prix des Haras, Bordeaux	2.137	50
	1880		
2	Prix National, Deauville	1.550	»
1	Prix National, Angers	4.200	»
2	Prix National, Limoges	1.350	»
1	Prix National, Périgueux	4.100	»
	1881		
3	Grand Prix, Vichy	400	»
2	Prix de l'Allier, Moulins	400	»
	Total des sommes gagnées	140.700	»

Fera la monte à raison de **1.500** fr.

(1) Frontin n'a jamais été battu.

N. B. — Le propriétaire qui enverra trois poulinières, soit à *Saltéador*, soit à *Frontin*, soit à *Little Duck* n'aura à payer que **3.000** fr.

Pour les inscriptions, s'adresser à M. LE BARON DE SOUBEYRAN, 49, rue de Monceau, à Paris.

Saint Léon, né en 1885, par Frontin et Fair Lyonese

1888

1	Poule des Produits, Bordeaux.	7.200 »
2	Prix de la Société d'Encouragement, Bordeaux. . . .	225 »
1	Prix Reiset. Paris	22.175 »
	Total des sommes gagnées. . .	29.600 »

Fera la monte à raison de **250** fr., plus 20 fr. pour l'écurie.

S'adresser, pour les inscriptions, à M. LE VICOMTE D'HARCOURT, 72, rue de Varenne, à Paris.

A LA MORLAYE

M. PIERRE DONON

Entraîneur : T. CUNNINGTON. — *Jockeys* : T. LANE, ASHMAN

CHEVAUX A L'ENTRAINEMENT :

Quatre ans

STUART, pn al., par Le Destrier et Stockhausen. (Page 81.)
N..., pn al., par Le Destrier et La Flandrie. (Page 68.)
PUNCH, pn b., par Caterer et Pile ou Face. (Page 69.)
CONSTANTIN, pn b., par Zut et Constance. (Page 69.)

Trois ans

SULTAN II, pn b., par Le Destrier et Countess-of-Salisbury. (Page 70.)
KORRIGANE, pche b., par Le Destrier et Khabara. (Page 70.)
SOLIMAN, pn al., par Le Destrier et Stockhausen. (Page 72.)
DIOGÈNE, pn b., par Caterer et La Dheune. (Page 72.)
PRIX FIXE, pn al., par Grand Master et Préface. (Page 72.)
CARMOSINE, pche al., par Caterer et Constance. (Page 73.)
LORÉDAN, pn b., par Le Destrier et Léoline. (Page 73.)
JONCIOLE, pche al., par Le Destrier et Jessie. (Page 73.)
CASCADE, pche al., par Le Destrier et Céréale. (Page 73.)
WATTEAU, pn al., par Gabier et Windfall. (Page 75.)

Deux ans

N..., pn al., par Le Destrier et Clémentine. (Page 74.)
ARC EN CIEL. pn b., par Archiduc et Alphonsine. (Page 75.)
N..., pche b., par Border Minstrel et La Dheune. (Page 76.)
CONRAD II, pn b., par Le Destrier et Céréale. (Page 77.)
PRÉ CATELAN, par Greenback et Prenez Garde. (Page 78.)
KIVALA, pn al., par Le Destrier et Khabara. (Page 77.)

DOLMAN, pn al., par Le Destrier et Déodora. (Page 78.)
JULIETTE, pche bb., par Greenback et Jessie. (Page 80.)
CALINE, pche b., par Le Destrier et Constance. (Page 80.)
VOICI, pche al., par Le Destrier et Verveine. (Page 79.)
LA POTINIERA, pche b., par Le Destrier et Pile ou Face. (Page 80.)
SOLITUDE, pche al., par Le Destrier et Stockholm. (Page 79.)
WANDORA, pche al., par Bruce et Windfall. (Page 80.)
PAR CI PAR LA, pn al. par Le Destrier et Préface. (Page 79.)
LE CID, pn al., par Le Destrier et Lady. (Page 78.)

M. Pierre DONON

Dès que l'on entre dans la cour des écuries de Tom Cunnington, l'on est frappé du bon ordre qui y règne et de la propreté méticuleuse qui est la règle de la maison.

Cet aîné de la tribu des Cunnington est le père nourricier par excellence; chez lui il faut que les chevaux mangent quand même. C'est le point essentiel, car les lutteurs de courses dépensent beaucoup de leurs forces, et par conséquent ont besoin d'être réconfortés le plus possible.

Il y a beaucoup du patriarche chez l'entraîneur de M. Donon et de M. de La Charme; c'est un excellent homme et un brave cœur. Venu en France, il y a trente-cinq ans, il a épousé une française et est père d'une douzaine d'enfants, tous élevés dans l'amour de notre pays.

J'ai demandé à Tom :

— Est-ce que cette procession de bébés annuels ne va pas prendre fin ?

— J'espère bien que non, m'a-t-il répondu; plus il en vient et plus ils sont gentils. Quant à leur avenir, je ne m'en inquiète pas; ils seront bien dressés au travail.

La grande distraction de Tom, c'est son jardin. Je n'en connais pas de mieux tenu.

L'année 1888 a réalisé pour lui le grand rêve de tout entraîneur, en lui permettant de gagner avec Stuart le prix du Jockey-Club et le Grand-Prix de Paris.

En 1880, il aurait dû remporter le prix du Jockey-Club avec Le Destrier, mais par malheur le fils de la Dheune ne se trouvait pas engagé dans cette épreuve; en 1882, si le Piégeur n'avait pas perdu une vingtaine de longueurs au départ, il aurait très probablement obtenu la première place dans notre Derby français. D'un autre côté, si Le Destrier, père de Stuart, n'avait pas rencontré dans le Grand Prix de Paris un galopeur extraordinaire comme l'anglais Robert the Devil, Tom Cunnington aurait pu inscrire un succès international sur son livre d'entraînement.

La double compensation que Stuart lui a donnée était bien due à ses soins incessants.

Tom CUNNINGTON

Je conserve pour la fin de cette étude, prise sur place, mes impressions sur l'état actuel de Stuart, et je me borne à constater que la qualité phénoménale de Stuart et les fatigues que ses compagnons d'écurie ont dû subir pour lui faire faire son travail, ont fait le vide dans les écuries de T. Cunnington, où il ne reste que quatre chevaux allant prendre 4 ans. On dirait que le feu y a passé.

Les Chevaux de quatre ans

1° *Stuart*, dont nous parlerons plus tard.

2° *N. par Le Destrier et La Flandrie*, très beau cheval alezan, qui aurait dû fournir une carrière fructueuse et qui a été claqué des deux jambes de devant à cause de Stuart. Ses galops d'exerçice à côté du glorieux fils de Le Destrier et Stockhausen équivalaient pour lui aux courses les plus dures; il marchait chaque fois au sacrifice. Aussi n'a-t-il pu glaner que la somme insignifiante de 3,262 fr. 50, en arrivant trois fois second; il a pris part à six courses. Dans la dernière, le prix du Jockey-Club, il était monté par Hunter, qui était chargé de faire le gendarme autour de Stuart, c'est-à-dire d'empêcher que l'excellent poulain de M. Donon ne soit gêné par ses concurrents. La piste était fort dure par la faute des Commissaires des Courses, qui s'obstinent à ne pas la faire arroser; N. de La Flandrie rentra blessé aux deux jambes de devant. M. Chapard a appliqué le feu sur le mal et le cheval a été envoyé au repos à Lonray. Pourra-t-il être remis en condition de bien courir? Je ne donnerai aucun renseignement à cet égard, parce que je n'ai pas vu N. de La Flandrie et que je ne parle que de ce que j'ai vu par moi-même.

3° *Punch*, bai par Caterer et Pile-ou-Face. Il avait bien débuté en arrivant tête à tête avec Amiral dans le prix de l'Espérance, à Longchamp, mais depuis il n'a pas bien couru dans les neuf épreuves où il s'est présenté. Je le crois excusable, et je ne serais pas étonné de le voir se beaucoup mieux comporter dans son année de quatre ans. Je crois à sa qualité; elle a été paralysée par la dureté des routes d'entraînement et des pistes d'hippodrome. Punch souffrait des pieds de devant, qu'il avait trop petits et un peu lésés. Aujourd'hui, grâce aux soins de T. Cunnington, la corne a poussé, le pied a pris des proportions plus normales, le cheval est mieux d'aplomb; l'équilibre est établi et la machine galopante devra beaucoup mieux fonctionner.

4° *Constantin*, bai, par Zut et Constance, n'a commencé à courir que le 21 octobre, à Chantilly; il s'est représenté le 25 octobre. Il n'a pas fait bonne figure, et il ne la fait pas meilleure en ce moment dans son box; on lui a appliqué des cautères à la hanche.

Tous les autres chevaux nés à Lonray en 1885 ont été réformés par M. Donon. Porte-Plume est le seul qui ait bien gagné son avoine; le montant des prix remportés par lui s'est élevé à 30.000 fr., et il a été vendu 12.000 fr.

On peut voir que la venue d'un grand cheval dans une écurie n'est pas sans exiger de lourds sacrifices.

Chevaux nés en 1886

1° *Sultan II*, bai, avec une petite étoile en tête, par Le Destrier et Countess of Salisbury, a une fort belle épaule et un arrière-train puissant, comme tous les produits de Le Destrier. Ses membres bien sains, et son rein bien musclé, indiquent qu'il supportera crânement le travail de l'entraînement. Il est de tout point taillé en champion de courses, et je crois que son entraîneur a eu pleinement raison de le réserver pour les épreuves de trois ans. Tout fait présager qu'il va bien achever sa croissance cet hiver, et que l'année 1889 lui sera favorable. Il n'a couru en 1888 qu'à Chantilly, dans le prix de Saint-Firmin, où il n'a pas été placé, et à Vincennes, dans la course disputée en pleine obscurité. Son jockey prétend qu'il est arrivé second, sinon premier, mais que le juge n'a pu le distinguer à cause de la couleur sombre de la casaque de M. Donon. Je n'ai pas à vérifier si le jockey se trompe ou dit vrai. En tout cas, sur la dure montée finale de l'hippodrome de Vincennes, Sultan II, bien que sa préparation fut assez incomplète, s'est bien comporté ; c'est là une recommandation qui n'est pas à dédaigner. Je crois donc pouvoir désigner ce fils de Le Destrier et Countess of Salisbury à ceux qui aiment les chevaux solides et endurants.

2° *Korrigane*, par Le Destrier et Khabara, baie brune, avec une petite étoile en tête et des marques de feu placées aux bons endroits. C'est une magnifique pouliche, avec un dessus irréprochable et une magnifique culotte, digne des plus forts cobs anglais ou des bidets bretons. Elle est trop droite sur son devant, mais ce défaut est racheté par l'impeccabilité du train de derrière. Or, chez tous les chevaux, même chez les ouvriers de trait, c'est le train de derrière qui donne la force, la vigueur, la puissance.

Ce petit Le Destrier, énergique comme un coq gaulois, est un merveilleux étalon pour cela ; tous ses produits sont extraordinaires de musculature dans leurs cuisses, et leurs hanches ont une puissance sans égale. En outre de ce critérium de force, Korrigane présente par sa mère Khabara toute la distinction des grandes races.

Korrigane a débuté par une victoire à Deauville, où elle a battu de trois quarts de longueur Fontanas 2e, Gervaise 3e à une demi-longueur, Reine-des-Prés 4e ; les treize autres pouliches qui ont pris part à cette course étaient distancées. Trois jours plus tard, sur le même hippodrome, elle est arrivée 3e dans le prix de La Toucques, Nick était 1er, Perle Rose 2e à une

Korrigane

demi-longueur, en bénéficiant d'une décharge de six livres, Korrigane 3e à une demi-longueur, Master-Albert 4e.

J'ai toujours pensé que le résultat de cette épreuve n'était pas exact, et que Korrigane aurait dû triompher.

Dans le Grand Critérium, à Longchamp, après avoir perdu pas mal de terrain à la descente, elle venait très bien dans la ligne droite, et avait paru fort dangereuse pour ses adversaires, mais elle a fléchi tout d'un coup, non par manque de courage, mais plutôt par défaut de force. Cette adolescente ayant grandi trop vite n'a pu arriver que 4e derrière May-Pole, Reine-des-Prés et Volcan. La même défaillance s'est produite à Chantilly chez elle, dans le prix de la Salamandre.

Je suis persuadé que Korrigane a beaucoup d'énergie et de cœur ; sa croissance était trop prématurée et je crois qu'il faut attribuer à cela les trois courses décevantes qu'elle a faites. Je demeurerai stupide, comme écrivait le grand Corneille, si cette fille de Le Destrier et cette petite-fille d'Hermit, ne gagne pas de bonnes courses en 1889.

3° Prix-fixe, par Grandmaster et Préface, alezan, avec deux balzanes par derrière, est un fort poulain, bien construit pour courir sur la montée de l'hippodrome de Vincennes. S'il ne réussit pas en courses plates, il devra être presque assuré d'avoir de beaux succès en courses d'obstacles. On sait, du reste, qu'un grand nombre de chevaux élevés à Lonray sont devenus des sauteurs émérites. Le sol donne beaucoup de force et de puissance à l'ossature des pur sang, qui ont la chance de brouter l'herbe et de savourer l'avoine de cet Eden des chevaux.

4° Soliman, alezan, par Le Destrier et Stockhausen, est le propre frère de Stuart. A ce titre, il mérite attention, mais les frères se suivent et ne se ressemblent pas souvent.

Soliman est plus beau que Stuart au point de vue plastique ; dans le prix de Sablonville, à Longchamp, il a eu quelques bonnes foulées de galop, mais ça n'a pas duré.

En ce moment, il est au repos à Lonray. S'il se développe au lieu de continuer à prendre des formes de poney, ça ira bien ; pour le moment, je ne crois pas qu'il faille avoir pleine confiance en lui.

5° Diogène, bai, avec une marque blanche trop prolongée sur la tête, est par Caterer et La Dheune, la mère de Le Destrier,

Né tard, il a dû être réservé pour les courses de trois ans. Il a le rein très bien fait et plusieurs apparences de grand cheval.

Les produits de La Dheune méritent tous qu'on fasse attention à eux.

Diogène a la raie de mulet, qui est un signe d'endurance.

6° *Carmosine*, alezane avec trop de blanc dans la tête et deux balzanes derrière, est une pouliche très bienfaite de partout. Fille du vieux Caterer et de Constance, elle devra se bien comporter sur les longs parcours. Constance est de la famille de Monarque; c'est un titre à la gloire des joutes hippiques; malgré cela, jusqu'à ce jour, sa production n'a pas brillé, et Carmosine a débuté médiocrement dans le prix de Villiers, au Bois de Boulogne. On ne peut rien préjuger d'elle présentement.

7° *Loredan*, par Le Destrier et Léoline, bai avec quatre balzanes. Il a la tête conmmune et son aspect lymphatique n'est pas séant. Il a mal couru dans le prix de Deux Ans, à Deauville.

8° *Jonciole*, par Le Destrier et Jessie, alezane avec une balzane à la jambe gauche de derrière, forte étoile en tête et large bande blanche se prolongeant jusque sur les narines. Les avant-bras sont forts, le rein solide, la tête intelligente, les cuisses musclées. Bien que Jonciole ait mal couru à Maisons-Laffitte, dans le prix d'Essai des Pouliches, et à Longchamp, dans le prix d'Automne, je crois qu'il ne faut pas passer condamnation sur son avenir. Elle doit s'améliorer en prenant de l'âge, et se montrer digne de son origine, qui est bonne du côté maternel comme du côté paternel.

9° *Cascade*, par Le Destrier et Céréale est une forte pouliche alezan brûlé, avec une étoile en tête. Elle a mal figuré dans le prix de Moscou, à Longchamp. Si elle était aussi bonne que belle, on la verrait souvent aux premiers rangs. Elle ferait une splendide jument de courses d'obstacles.

10° *Watteau*, alezan, par Gabier et Windfall, a mal couru deux fois. Dans ce moment il a le feu aux genoux et ne se présente pas à son avantage.

Il me vient en souvenir que la célèbre danseuse Rita Sangalli fut obligée de se faire mettre le feu aux genoux, pour avoir voulu bondir sur le sable des pistes de cirque. Ce feu eut de bons résultats, puisque la Sangalli devint étoile sur de très grandes scènes.

Malgré cette efficacité fulgurante, il me semble improbable que le susdit Watteau devienne un ténor d'hippodrome. Un sceptique dirait qu'il ne faut jurer de rien, mais je suis tout le contraire d'un sceptique.

En résumé, chez M. Donon, le lot des chevaux venant d'avoir trois ans n'est pas assez satisfaisant pour un éleveur chez lequel rien n'estnégligé en vue de bien faire, mais Sultan II, Korrigane et Diogène pourront gagner de quoi subvenir aux frais généraux.

Je le désire et je l'espère.

Poulains nés en 1887

1° *N.*, par Le Destrier et Clémentine, alezan, avec une étoile en tête.

Celui-là mérite qu'on le salue comme un élu, comme un appelé à marcher sur les traces de Stuart. Il pèche un peu dans son épaule, comme plusieurs galopeurs parmi les plus célèbres ; la perfection n'est pas de ce monde ; mais il n'est point facile de lui adresser un autre reproche.

C'est un admirable poulain. Je crois fermement qu'il méritera de porter le nom du haras où il est né. Son baptême, comme celui du produit de Border Minstrel et de La Dheune, n'a été retardé qu'en vue de cette espérance.

J'avais examiné avec soin il y a six mois, sur les plantureux herbages de Lonray, les poulains et les pouliches dont j'ai à parler dans cette revue ; mon opinion sur quelques-uns d'entre eux s'est modifiée en leur rendant visite depuis qu'ils ont été mis au dressage et à l'entraînement, mais elle est demeurée invariable pour tout ce qui a rapport au poulain de Le Destrier et Clémentine. Je n'ai rien à changer à ce que j'ai écrit sur lui au commencement de juillet dernier et je me borne à relater mon appréciation telle quelle :

« N., de Le Destrier et Clémentine, est un admirable poulain, sous tous les rapports. Rien ne lui manque, ni la netteté des membres, ni la puissance du rein, ni la musculature générale, ni la taille.

Le Destrier a fait grand.

Le baron d'Etreillis, un maître ès sport que j'ai eu l'heur et l'honneur d'avoir pour guide, en même temps que le docte Emile Crémieux, lorsque je faisais mes débuts d'écrivain hippique au *Jockey*, en 1874 et 1875, a dit naguère que l'on retrouvait Monarque dans Gladiateur, mais un Monarque porté à sa centième puissance. Il en est de même pour Le Destrier, vis-à-vis de son splendide descendant qui, s'il ne lui arrive pas malheur, illustrera le haras de Lonray.

Un praticien, qui fit naître et éleva de grands chevaux, est venu cette année visiter Lonray. Il prétend qu'il n'a jamais vu un lot de poulains ayant aussi belle apparence, mais son préféré est le fils de Le Destrier et Clémentine.

Je suis de son avis, bien que plusieurs de ses camarades aient l'aspect de galopeurs de premier ordre. J'ai cru pouvoir lire dans les yeux de Forget, l'excellent studgroom, qu'il a une autre préférence. Malgré la très grande confiance que j'ai dans son coup d'œil, je resterai fidèle au fils de Clémentine, qui me semble bâti avec de l'acier.

2° *Arc en Ciel,* par Archiduc et Alphonsine, par Flageolet, bai avec une étoile en tête.

Je n'ai jamais vu un plus beau pur sang, mais voilà deux fois que je lui rends visite, et voilà deux fois que je le trouve en pénitence, comme un élève révolté.

A Lonray, le sévère mais juste Forget s'était vu forcé de condamner Arc en Ciel à la cellule de prévention et de le placer tout auprès de son chalet, dans un box solitaire, pour veiller sur lui nuit et jour. Comme un anarchiste chevalin, le fils d'Alphonsine prêchait le désordre à ses camarades de prairie.

A La Morlaye, Arc-en-Ciel s'est de nouveau conduit comme un véritable garnement. La première fois qu'on l'a fait galoper avec ses compagnons de travail, il les a devancés de vingt longueurs; la seconde fois il est resté vingt longueurs en arrière d'eux. T. Cunnington a joliment bien fait de le mettre en pénitence. N'allez pas me dire que les pur sang ne comprennent pas, et qu'avec eux il faut uniquement employer la force. Vous trouverez peut-être fort bête ce que je vais dire, mais j'affirme, d'après nombre d'expériences constatées par moi, que les chevaux sont très sensibles aux punitions intellectuelles qu'on leur inflige.

En tous cas, il est certain qu'avec des natures revêches comme celles des produits d'Alphonsine il est bon d'essayer l'emploi de la douceur; on est à peu près certain de n'en rien faire de bon en se montrant rigoureux.

Quoi qu'il en soit, je suis persuadé qu'il faut s'incliner devant Arc-en-Ciel comme devant un prince des pur sang. Son action a l'idéale envolée du galop d'Archiduc. On trouve en lui la réunion de la force et de l'élégance, qui sont les sûrs garants de la plus extrême vigueur.

Il me semble que son propriétaire agirait sagement, en ne lui faisant jamais affronter les pistes des hippodromes où il y a des tournants difficiles comme à Chantilly, et de le réserver spécialement pour l'épreuve internationale du Grand Prix de Paris. Dès à présent, je ferais avec plaisir un pari en sa faveur dans cette course où vibre toujours la fibre nationale.

3° N., par Border Minstrel et La Dheune alezan avec une forte étoile en tête et une petite barre descendant jusqu'au nez; une balzane à la jambe droite de devant et quelques poils blancs à la jambe gauche de derrière.

En qualité de demi-frère de Le Destrier, ce poulain n'a pu être que bien accueilli par T. Cunnington. Il est excessivement robuste. Son rein peut porter les poids les plus lourds, et ses membres sains et forts sont faits pour bien résister au travail et aux luttes sévères.

Ceux qui s'obstinent à ne voir dans les pur sang que des *ficel-*

les d'hippodromes, n'ont qu'à examiner celui-là, s'ils en sont capables, ils seront complètement guéris de leurs préjugés.

Avant de mettre au jour ce fils de Border Minstrel, La Dheune s'était pour ainsi dire recueillie, en demeurant vide. Il est à remarquer que plusieurs mères de grands chevaux ont eu cette chasteté relative, avant de donner leurs meilleurs produits.

4° *Kivala*, par Le Destrier et Kabara, par Hermit et Sultana, alezan, avec une étoile en tête et une barre blanche allant jusque sur le nez, quatre balzanes.

Voici mes notes prises sur lui ; je les transcris sans y changer un seul mot :

« Très fort et très beau poulain, remarquablement soudé dans son rein, beaucoup de longueur en dessous, très bien fait pour galoper, l'arrière-train puissant, les membres forts, l'air très grand seigneur, l'allure d'un grand crack. Tout, il a tout pour lui, mais... *quatre balzanes.* »

J'ai pour les quatre balzanes une antipathie dont je ne puis me défendre. J'admets très bien que c'est un préjugé et qu'il y a de bons chevaux de tout poil, mais cet excès de marques blanches, ainsi que l'ont fait remarquer nos grands maîtres, les Arabes, est un signe de malechance et de tempérament lymphatique. Kivala est un admirable poulain ; dix-huit connaisseurs sur vingt me donneront tort ; eh bien ! qui vivra verra. Tout en rendant pleine et entière justice aux qualités de ce splendide fils de Le Destrier et Khabara, je me défie de lui. Je souhaite du reste que l'avenir me donne tort en cette occasion.

5° *Conrad II*, par Le Destrier et Céréale, alezan, avec une petite étoile en tête, est un très grand poulain, admirablement proportionné. Il est bâti de manière à bien supporter les fatigues de l'entraînement le plus sévère. Ses membres, par devant comme par derrière, ont une force extraordinaire. Son rein pourrait porter un homme d'armes du moyen âge ; les muscles des avant-bras étonnent l'œil. Son allure annonce autant de légèreté que de vigueur. Une aussi puissante machine à galoper, une fois mise en mouvement, bien réglée, gagnera beaucoup de terrain sur les hippodromes.

C'est un beau et fort poulain dans toute l'acception du mot.

Le père Grenet, qui aujourd'hui a pris sa retraite, mais qui vit naître et éleva Vermout et Boïard, au haras de Bois-Roussel, chez le comte Rœderer, est un grand ami de Forget. L'été dernier, il a rendu visite aux produits du haras de Lonray. Il prétend n'avoir jamais rencontré un aussi magnifique lot de poulains, et s'est trouvé fort embarrassé pour faire un choix parmi eux; malgré cela, il a manifesté un petit faible pour Conrad II.

Il est toujours bon de noter les avis des hommes d'expérience.

6° *Le Cid*, par Le Destrier et Lady, bai, avec une balzane à la jambe gauche de derrière et une petite étoile en tête.

C'est un bon poulain, très bien fait en champion de courses. Il a la raie de mulet, *qui n'a jamais lassé*, s'il faut en croire un vieux dicton hippique.

Le fils de Le Destrier n'est pas né à Lonray; M. Donon l'a acheté lors de la vente faite annuellement par M. Moreau-Chaslon. Je crois qu'il n'aura pas à s'en repentir. C'est, depuis Ashantee, le meilleur poulain que M. Moreau-Chaslon ait fait naître et élever.

7° *Dolman*, par Le Destrier et Deodora, alezan avec une forte étoile en tête et une bande blanche prolongée jusque sur les lèvres; trois balzanes.

Ce poulain, très fort et très robuste, faisait des foulées énormes à la prairie et se trouvait souvent en tête dans les galops. Il a bien supporté le dressage et les premières fatigues de l'entraînement. J'aime beaucoup sa mère Deodora, par Macaroni et Simea, par The Nabob. Dolman est, sans contredit, le meilleur produit qu'elle ait donné jusqu'à présent. Il a ce qu'il faut pour être vainqueur.

8° *Pré Catelan*, par Greenback et Prenez-Garde, bai avec une petite étoile en tête et une balzane à la jambe droite de derrière. Je ne crois pas que ce poulain ait autre chose qu'une qualité ordinaire, mais il est taillé pour faire des courses de vitesse.

9° *Par ci Par là*, par Le Destrier et Préface, alezan avec une étoile en tête et trop de blanc dans la frimousse. Il est très bien fait de partout, mais un peu petit.

En résumé, je crois fermement que jamais il n'est venu de Lonray, chez le très consciencieux entraîneur T. Cunnington, un lot de poulains aussi remarquables.

Pouliches nées en 1887

1° *Solitude*, par Le Destrier et Stockholm, alezane avec une étoile en tête, et deux petites balzanes par derrière.

J'avais rapporté une grande, très grande idée de cette pouliche après l'avoir admirée à la prairie.

Elle m'a moins plu en la revoyant à La Morlaye. Elle a eu des boutons et a beaucoup souffert pour se remettre au régime du dressage et de l'entraînement. Elle a perdu ses avant-bras musclés, et se trouve en ce moment un peu haut perchée sur ses jambes de devant; le train de derrière a toujours une grande puissance; il rappelle celui de Stuart, ce qui n'est pas étonnant, puisque Solitude est fille de Le Destrier et Stockholm, laquelle Stockholm est par Stockhausen, la mère de Stuart.

Le rein de Solitude est très solidement attaché, et ses membres court jointés promettent d'être résistants. Il faudra la revoir au printemps prochain. J'ai constaté chez elle, à la prairie, une puissance de galop trop remarquable, pour qu'il n'en reste pas quelque chose. Il est vrai de dire que, chez M. Donon, parmi les produits nés en 1887, les mâles semblent bien supérieurs aux femelles, et c'est tant mieux, car avec les pouliches on est sujet à toutes sortes de déboires que ne donnent pas les poulains.

Quoi qu'il en soit, et tout en faisant des réserves à l'égard de Solitude, je suis revenu de Lonray, il y a six mois, trop enthousiasmé d'elle pour perdre confiance dans sa qualité, et je persiste à la croire digne qu'on lui accorde crédit.

2° *Voici*, par Greenbach et Verveine, alezane, avec une étoile en tête trop prolongée et trois balzanes.

Je n'ai jamais vu une pouliche ressemblant davantage à Salvator, qui est son oncle, puisque Greenbach est fils de Dollar comme Salvator.

On ne peut que lui souhaiter une partie de la qualité de Salvator, et quelques parcelles de sa brillante carrière. En tout cas, si elle ne réussissait pas en courses plates, elle ferait une admirable jument de courses d'obstacles.

3° *Caline*, par Le Destrier et Constance, baie zain. Qu'elle ait de brillants ou de médiocres succès en courses, Caline est si belle et si bien construite en poulinière de grande marque, qu'elle vaut beaucoup d'argent pour cette destination. Le prix de force et d'élégance peut lui être octroyé. Son sang est précieux; sa mère est fille de Consul, et par conséquent petite fille de Monarque.

4° *Juliette*, par Greenbach et Jessie, baie, avec une étoile en tête, a tout le cachet des descendants de Dollar. Elle s'élance en plein galop avec une aisance et une vitesse qui permettent de lui présager des succès dans les courses de deux ans. Après ce ne sera peut-être pas aussi commode pour elle, et son endurance pourrait bien laisser à désirer.

5° *La Potinière*, par Le Destrier et Pile-ou-Face, baie avec beaucoup trop de blanc dans la tête, comme la plupart des produits de Pile-ou-Face.

C'est une belle pouliche, très construite pour faire une concurrente de courses. La force est bien répartie chez elle et les membres sont assez sains pour porter son corps un peu exubérant. Elle a une action assez coulante et de la puissance dans son galop. Il me semble qu'elle devra se montrer jument utile, et gagner amplement son avoine.

6° *Wandora*, par Bruce et Windfall, alezane avec deux petites étoiles en tête, est une très forte pouliche, puissamment charpentée et membrée. Il est fort probable qu'elle fera honneur à la production de Bruce, le bel étalon que l'Administration des Haras sut ramener d'Angleterre en France.

Il s'est passé pour la poulinière Windfall, mère de Wandora, un fait intéressant à signaler. Elle avait commencé par être employée à faire des produits de demi-sang, chez M. Le Comte, à Montigny. Le coffre s'est ainsi trouvé élargi, et la place a été bien préparée pour permettre aux produits de pur-sang de se mieux développer dans le ventre de leur mère. Voilà pourquoi Wandora est si forte, tout en ayant l'élégance des grandes races.

Ce moyen devrait être employé surtout pour les poulinières qui sont demeurées trop longtemps à l'entraînement, et qui ont eu les intestins brûlés par l'avoine et rétrécis par le travail excessif.

Plusieurs traités d'hippologie prétendent que ce procédé peut avoir le grave inconvénient de rendre communs les produits pur sang, qui viennent après ceux du demi-sang.

Il ne faut combattre la routine et les préjugés que par des faits. En voici plusieurs très concluants : la mère de la très brillante Océanie avait donné sept demi-sang avant de produire Océanie; The Abbess avait eu un ou deux demi-sang avant de donner le jour à Archiduc; or, jamais aucun cheval de pur-sang n'a eu plus d'élégance qu'Archiduc; aujourd'hui qu'il est étalon auprès du majestueux Tristan, il supporte fort bien cet écrasant voisinage et cette périlleuse comparaison; il apparaît comme un admirable type de force gracieuse et un idéal de séduction native.

STUART

J'ai promis, dès le début de cette étude sur les chevaux appartenant à M. Pierre Donon, d'indiquer très explicitement mon opinion concernant l'état actuel de Stuart, état qui intéresse tous les hommes de sport. Le moment est venu de m'exécuter.

Stuart se représentera-t-il sur le turf français en 1889? Sera-t-il capable d'aller en Angleterre? de prendre part aux courses de Goodwood et de battre les champions anglais?

Telles sont les deux questions qui passionnent les hommes de cheval.

On sait, à n'en pas douter, que M. Donon, le très distingué

propriétaire-éleveur de Stuart, ne le fera courir que s'il le trouve en bonne condition d'être vainqueur, et le public, par cela même qu'il a confiance dans la loyauté et l'amour-propre de M. Donon, prend le plus grand intérêt à l'état de santé et de vigueur du fils de Le Destrier.

Un tel sujet est fort scabreux, mais je ne suis pas homme à reculer devant la difficulté de le traiter. J'ai le droit de dire que mes écrits sur les questions hippiques ont toujours été désinté-

Stuart

ressés et que je m'occupe de l'esthétique du turf beaucoup plus que de toute autre chose; par cela même je n'hésite pas à formuler ma plus intime pensée à cet égard, tout en ayant parfaite conscience des difficultés que présente ce chemin de pionnier hippique.

Oui, Stuart, je l'espère et je le crois, tu reparaîtras sur le turf en 1889, et tu l'ensoleilleras de nouveau comme un souverain sans pareil.

Je suis le seul à n'en avoir jamais douté.

Aujourd'hui, deux sommités de l'art vétérinaire semblent être de mon avis : M. Chapard, qui a donné ses soins à Stuart, et M. Garcin, qui a offert de l'acheter 600.000 francs, de la part d'un richissime américain, et qui avait ordre d'aller jusqu'à un million.

Auteuil-Longchamp a donné tous les détails de la négociation Garcin. M. Pierre Donon a refusé de faire acte d'adoration au veau d'or, en vendant son cheval pour un prix aussi tentant. Il faut le remercier hautement d'avoir conservé à notre pays de France cet étalon de grande marque.

T. Cunnington aura le plaisir et la récompense que méritent ses soins incessants à l'égard de Stuart. Il y a grande chance de le voir triompher dans les épreuves classiques de l'année prochaine ; il a été fort attentif à l'empêcher de prendre un embonpoint, qui aurait rendu son entraînement trop difficultueux, et, grâce à des applications de vésicatoires, successives et graduées, sur le mal occasionné à Stuart par l'accident dont il fut victime dans la Grande Poule des Produits, le cheval aura bientôt les jambes de devant aussi saines que celles de derrière.

Stuart mit le pied dans un trou, sur cette piste de Longchamp, où plusieurs chevaux furent estropiés au printemps dernier. Il s'était félé le paturon d'une des jambes de devant. Pendant les quinze jours qui séparent la Grande Poule des Produits du prix du Jockey-Club, le fils de Le Destrier et Stockhausen avait dû être fort ménagé dans son travail ; pour avoir pu gagner quand même, il faut que sa qualité soit tout à fait extraordinaire, surtout en ayant à battre des chevaux de la valeur de Saint-Gall et de celle de Galaor.

Voici quelques faits qui peuvent donner une idée de ce qu'est le galop de Stuart, même à l'exercice.

Les vieux chevaux étaient incapables de le faire travailler. Il fallut sacrifier un quatuor de jeunes ; ce quatuor comprenait Blondine, N. de La Flandrie, Lancier et Carlo.

Blondine fut claquée des deux jambes de derrière ; N. de La Flandrie des deux jambes de devant ; Lancier fut mis sur la paille. Deux de ces trois victimes ont été réformées ; N. de La

Flandrie a subi l'application du feu et a été envoyé au repos à Lonray ; Carlo seul est demeuré debout, mais à ce dur métier il devint corneur.

Maintenant Stuart fait chaque jour sa promenade, bien que ses deux jambes de devant portent trace de vésicatoires récents. Le mal va s'indurer ainsi, pendant que le cheval prendra un exercice gradué, et l'accident causé par la Société d'Encouragement, qui s'obstine à ne pas faire arroser les pistes de ses hippodromes, sera réparé, grâce à l'expérience et à l'habileté de M. Chapard, admirablement secondé par T. Cunnington, qui ne s'est pas départi un seul instant des fonctions bienfaisantes d'une véritable sœur de charité, vis-à-vis de son bien-aimé Stuart.

Cette appréciation m'est personnelle et je tiens à ce que mes lecteurs en aient la controverse.

Tout d'abord, je puis d'autant mieux me tromper que je désire ardemment la guérison complète de Stuart, et l'on croit toujours à ce qu'on désire beaucoup. Ensuite, plusieurs entraîneurs prétendent que Stuart ne pourra pas être remis en parfaite condition, et leur opinion est de très grande valeur.

Ils disent non sans raison :

« Les chevaux d'un ordre aussi supérieur que celui de Stuart font de trop grands efforts dans leurs foulées de galop extraordinaire pour pouvoir être remis en parfaite condition, si, par malheur, un accident leur arrive. »

Et à l'appui de ce dire, ils citent de nombreux cas, parmi lesquels plusieurs sont présents à la mémoire de tous les habitués du sport : Frontin, Little-Duck, etc., etc.

Quant à T. Cunnington, il se contente de travailler avec la sérénité de son dévouement habituel ; il répond à son maître lorsque celui-ci l'interroge à ce sujet :

« Je ferai tout ce qu'il est possible de faire, mais je ne promets pas de réussir. »

En tout cas, Stuart a prouvé amplement sa très haute valeur, et comme reproducteur d'avenir au point de vue équestre, il s'est déjà imposé par des actes de véritable conquérant.

Il ne serait pas juste de terminer cette longue étude de l'écurie de M. Pierre Donon et cette causerie sur Stuart sans dire un mot du fidèle jockey de ce grand vainqueur, Tom Lane, qui l'a monté avec une grande habileté dans chacune de ses victoires.

Si le jour du Derby de Chantilly il a eu l'air d'être plus troublé que son cheval, c'est qu'il connaissait mieux que personne les incidents cités plus haut et qu'il avait l'angoisse de savoir si oui ou non Stuart allait pouvoir répondre à son appel alors qu'il faudrait lui demander un effort.

Si Stuart avait été battu à Chantilly, les conséquences pouvaient être terribles pour T. Lane ; il est donc bien permis dans de telles circonstances d'excuser un moment de trouble chez un jockey de la compétence de celui-ci.

Tom LANE

HARAS DE LONRAY

(Orne)

Le Destrier, né en 1878, par Flageolet et La Dheune

1880

1	La Bourse, Paris	4.550	»
1	Poule d'Essai, Paris	53.475	»
1	Prix d'Apremont, Chantilly	10.925	»
2	Grand Prix de Paris	10.000	»
2	Prix de Seine-et-Marne, Fontainebleau	1.000	»
2	Prix Spécial, Deauville	137	50
1	Grand Prix de Deauville	23.700	»
2	Prix de Cheffreville, Paris	475	»
1	Her Majesty Plate, Newmarket	7.500	»
	1881		
1	Prix de Lutèce, Paris	10.000	»
1	La Coupe, Paris	11.700	»
1	Vingt-Troisième Biennal, Paris (dead-heat avec Beauminet)	9.337	50
	Total des sommes gagnées	142.800	»

Fera la monte à raison de **5.000** fr.

Escogriffe, né en 1881, par Caterer et Ella

1883

2	Premier Prix d'Automne, Paris	1.275	»
2	Prix de la Salamandre, Chantilly	1.000	»
1	Prix de Condé, Chantilly	12.750	»
	1884		
1	Prix de Saint-Georges, Paris	5.250	»
1	Prix de Lonray, Paris	6.000	»
2	Prix de Fay, Paris	200	»
3	Prix de Seine-et-Marne, Fontainebleau	500	»
1	Prix de la Ferme, Beauvais	4.000	»
1	Prix de Longchamps, Deauville	13.100	»
2	Prix Royal-Oak, Paris	2.000	»
1	Prix de Villebon, Paris	10.187	50
1	Prix d'Octobre, Paris	22.275	»

1885

2	Prix Rainbow, Paris.	700	»
2	La Coupe, Paris (dead-heat avec Azur).	943	65
1	Prix de Courbevoie, Paris.	4.975	»
2	Prix de Dangu, Chantilly.	725	»
2	Prix de Lonray, Paris.	6.090	»
1	Prix Hocquart, Deauville.	12.050	»
2	Prix de Bois-Roussel, Fontainebleau.	425	»
	1886		
1	Prix de Nanterre, Paris.	4.050	»
2	Prix de Deauville, Paris.	1 000	»
2	Prix de la Ferme, Beauvais.	350	»
1	Prix Principal, Caen.	2.550	»
2	Prix de Martinvast, Paris.	825	»
2	Prix de Fontainebleau, Vincennes.	500	»
	Total des sommes gagnées.	108.681	15

Fera la monte à raison de **1.000** fr., plus 20 fr. pour l'écurie.

M. E. DE LA CHARME

Entraîneur : T. CUNNINGTON

CHEVAUX A L'ENTRAINEMENT :

Quatre ans

N..., pn b., par Zut et Tunisie. (Page 90.)

Trois ans

BARBEROUSSE, pn al., par Don Carlos et Mademoiselle de Saint Igny. (Page 90.)

DÉDETTE, pche al., par Patriarche et Hirondelle. (Page 90.)

JULIUS, pn al., par Don Carlos et Mistress Actéon. (Page 91.)

N..., pn al., par Don Carlos et Isolina. (Page 90.)

Yearlings

N..., pn al., par Don Carlos et Mademoiselle de Saint Igny. (Page 91.)

N..., pn al., par Don Carlos et Aigrette. (Page 91.)
N..., pche b., par Don Carlos et Fusion. (Page 91.)
N..., pn b., par Border Minstrel et Plaintive. (Page 91.)
N..., par Zut et Patricienne. (Page 91.)

M. E. DE LA CHARME

Voici l'hommage que le baron d'Étreillis, le grand maître ès sport, que je m'efforce de prendre pour modèle, a rendu à M. de La Charme. Ce que je pourrais écrire ne saurait avoir ni la même autorité, ni la même portée, et comme ma pensée est la même que celle du baron d'Étreillis, je cite textuellement son opinion sur un propriétaire et un éleveur de pur-sang, dont les facultés hippiques n'ont fait que grandir depuis 1873, époque à laquelle remonte la publication dont s'agit :

« M. de La Charme est, parmi les nouveaux propriétaires de

chevaux de course, un de ceux qui ont le plus apporté de connaissances pratiques sur le turf. Comme cela arrive le plus souvent, il a commencé par posséder un seul cheval, acheté de moitié, avec un de ses amis à la vente publique faite par le duc de Morny.

» Ce cheval, dont le nom était Quaker, eut quelques succès. Puis, M. de La Charme joua de bonheur, en réclamant à Porchefontaine une pouliche de deux ans, Normandie, provenant de l'écurie du comte de Lagrange. Les chevaux mis dans des prix à réclamer en général et spécialement dans des courses aussi peu importantes que celles de Porchefontaine, sont d'ordinaire plus que médiocres. Normandie devint l'année suivante une jument presque de premier ordre, et gagna plus de quarante mille francs de prix, battant presque invariablement un cheval de son ancienne écurie. Encouragé par ce succès, M. de La Charme fonda une écurie d'une certaine importance et s'assura par un marché, les produits du haras de M. Teisserre. L'écurie de M. de La Charme s'est constamment tenue à ce niveau très honorable et a gagné de nombreuses courses avec Mademoiselle de Saint-Igny, Ganache et La Périchole. »

Les chevaux de M. de La Charme, ont été, pendant assez longtemps entraînés par Henri Jennings, puis ils ont été confiés à T. Cunnington.

Le haras de Senailly, où sont élevés les chevaux de M. de La Charme, est situé à dix kilomètres de Montbard, au haut de la vallée de L'Armançon, dans la partie la plus pittoresque de la Côte-d'Or; il est à noter que sur ce sol tous les hommes sont robustes.

La nature des prairies et l'essence des herbes doivent forcément rendre les chevaux très endurants. Aussi n'est-il pas étonnant de voir les pensionnaires de M. de La Charme remporter, sur de longues distances, des prix de seconde et troisième classe, lorsqu'ils ne peuvent être lauréats des principales épreuves.

Tout le monde sait que Le Piégeur aurait gagné le Derby de son année s'il n'était parti à vingt longueurs derrière ses concurrents. Cherchons un peu si, parmi les champions actuels il y a quelque sujet capable de racheter le déboire de Le Piégeur.

Chevaux de quatre ans

N., de Zut et Tunisie, va entrer dans sa quatrième année. C'est un très beau cheval bai zain. Sa profondeur de poitrine est fort remarquable, son rein très solide et ses membres très résistants. Il a le poil aussi luisant que s'il n'avait pas subi la fatigue de très nombreuses courses (plus de deux douzaines en 1888, parmi lesquelles il faut compter sept bonnes victoires). Il est fort probable que l'année 1889 lui sera favorable, car il se trouve dès à présent en splendide état.

Produits nés en 1886

N., de Don Carlos et Isolina, alezan avec une bande blanche allant du front jusqu'au nez, et une balzane à la jambe gauche de derrière. C'est un très beau poulain fort et bien soudé. S'il ne possède pas la vitesse et s'il n'est pas courageux à la lutte comme sa demi-sœur Altesse nous serons bien étonné. Il ne peut avoir la prétention d'être un fort ténor, mais les ténorinos ne sont pas à dédaigner en courses.

Il a couru à Saint-Ouen le 13 septembre sans être placé sur 1.100 mètres ; à Chantilly, sur 1.200 mètres, il s'est bien comporté et est arrivé troisième ; Perle-Rose était première, battant Aglaé d'une encolure ; N. d'Isolina n'était qu'à une demi-longueur d'Aglaé ; vingt jeunes prenaient part à la course.

Barberousse, alezan, par Don-Carlos et Mademoiselle de Saint-Igny, est né tard et n'a pas bien supporté les premiers travaux de l'entraînement. Il faut donc lui pardonner sa mauvaise course dans le prix de Blaison, à Chantilly ; il se trouvait là en assez bonne compagnie. C'est un fort poulain, avec beaucoup de longueur. Je crois qu'il ne portera pas mal les couleurs de son propriétaire en 1889.

Dédette, baie zain, par Patriarche et Hirondelle, est un peu petite, mais a tout à fait le cachet des descendants de Dollar. Si, plus tard, elle ne sautait pas très bien, elle ferait tort à son aspect comme à son origine.

Julius, par Don Carlos et Mistress Actéon, alezan zain, est trop grand pour son âge et a besoin de se muscler. Il a couru trois fois en bonne compagnie, et n'a pas été placé.

Ces produits sont nés de parents trop vieux, et ils s'en ressentent. Il nous semble qu'il est temps de changer l'étalon Don Carlos et de renouveler le lot des poulinières. Le sol du haras de Senailly en vaut la peine.

Produits nés en 1887

Pourtant les chevaux nés en 1887 ont belle apparence, et nous avons vu avec plaisir *N., par Don Carlos et Mlle de Saint-Igny*, alezan avec balzane à la jambe droite de derrière et une balzane à la jambe gauche de devant; c'est un assez bon poulain, mais il est tardif.

N., par Don Carlos et Aigrette, alezan, avec la tête déparée par une trop forte marque blanche qui se prolonge jusque sur le nez. Il doit être bon, mais il a l'œil inquiet et pourrait bien avoir mauvaise tête, comme plusieurs de ses aînés.

N., par Don Carlos et Fusion, baie, avec une marque blanche sur le museau et deux petites balzanes par derrière; cette bonne pouliche ressemble étonnamment à sa mère. Nous ne lui souhaitons que de fournir une carrière de courses aussi honorable.

N., par Border Minstrel et Plaintive, baie avec une petite étoile en tête. Je crois que cette pouliche fera honneur à la production de Border Minstrel. Elle est très forte de partout; ses avant-bras sont puissants, son rein est solide et ses cuisses ont déjà un aspect très musclé.

N., par Zut et Patricienne, est une assez bonne pouliche, bien signée Zut.

Je ne veux pas terminer cette étude sur les chevaux confiés à T. Cunnington, sans indiquer deux particularités qui montrent combien il a l'amour de son métier et songe sans cesse à bien faire.

Il exige que les garçons d'écurie mettent de la paille entre la couverture des chevaux et le surfaix; de cette façon les blessures au garrot sont évitées.

Il est complètement de l'avis de Richard Carter de Royallieu, pour demander que l'on s'occupe sérieusement de former des jocheys et des apprentis.

Il désire que les poids soient augmentés dans les courses, de manière à ce qu'on puisse avoir des hommes pour cavaliers, au lieu d'être obligé d'employer des espèces de singes.

Quand on essaye les jeunes poulains, on leur fait porter 60 kilos. Pourquoi ne pas adopter ce poids dans les courses classiques?

A LA CROIX-SAINT-OUEN

M. A. LUPIN

Entraîneur particulier : G. ROTHERA. — *Jockey* : STORR

CHEVAUX A L'ENTRAINEMENT :

Chevaux de six ans

PRYTANÉE, ch. b., par Petrarch et Brienne. (Page 99.)

PRESTA, jt b., par Petrarch et Pristina. (Page 100.)

Chevaux de cinq ans

ACHÉRON, ch. b., par Dollar et Isménie. (Page 99.)

Chevaux de quatre ans

BOCAGE, pn bb., par Dollar et Printanière. (Page 105.)

ENDYMION, pn b., par Salvator et Isménie. (Page 107.)

GALAOR, pn bb., par Isonomy et Fideline. (Page 102.)

HALBRAN, pn b., par Galopin et Mavis. (Page 108.)

MURCIE, pche b., par Flageolet et Almanza. (Page 109.)

Chevaux de trois ans

AÉROLITHE, pn b., par Nougat et Astrée. (Pages 110 et 111.)

ALGÉSIRAS, pn bb., par Saxifrage et Almanza. (Pages 110 et 111.)

AMBASSADRICE, pche al., par Dollar et Mondaine. (Pages 110 et 111.)

ANDORE, pn b., par Salvator et Andérida. (Pages 110 et 111.)

CHRISTIANIA, pche bb., par Wellingtonia et Fionie. (Pages 110 et 111.

COLLANA, pche al., par Stracchino et Perla. (Pages 110 et 111.)

INFERTAL, pn b., par Fontainebleau et Promise. (Pages 110 et 111.)

LA GAZZA, pche b., par Dollar et Mavis. (Pages 110 et 111.)

LA HAYE, pche al., par Hermit et La Jonchère. (Pages 110 et 111.)

LISERON, pn bb., par Dollar ou Fontainebleau et Printanière. (Pages 110 et 111.)

NANINE, pche b., par Fontainebleau et Postérité. (Pages 110 et 111.)

PHLEGETHON, pn b., par Fontainebleau et Isménie. (Pages 110 et 111.)

SIDONIE, pche b., par Saxifrage et Ermeline. (Pages 110 et 111.)

Poulains et Pouliches de deux ans

Bavolet, pn b., par King Lud et Voilette. (Page 114.)
Cerbère, pn b., par Dollar ou Fontainebleau et Isménie. (Page 114.)
Chevreuse, pche bb., par Wellingtonia et La Jonchère. (Page 112.)
Cresserelle, pche b., par Fontainebleau et Mavis. (Page 114.)
Cromatella, pche al., par Wellingtonia et Perla. (Page 113.)
Cymbale, pche b., par King Lud et Mlle Clairon. (Page 113.)
Damazan, pn b., par Fontainebleau et Postérité. (Page 115.)
Hildegarde, pche b., par Fontainebleau et Andérida. (Page 113.)
Pise, pche al., par Saxifrage et Pristina. (Page 113.)
Quadrille, pn b., par Fontainebleau et Mondaine. (Page 115.)
Rosamonde, pche b., par Hermit et Enguerrande. (Page 111.)
Sado, pn al., par Saxifrage et Pensacola. (Page 114.)
Sardoine, pche al. rub., par Border Minstrel et Cornaline. (Page 113.)
Stellina, pche b., par Border Minstrel et Astrée. (Page 113.)
Zénaide, pche b., par Nougat et Salva. (Page 114.)

M. A. LUPIN

Salut respectueux au doyen de nos éleveurs! M. Auguste Lupin, l'honneur du turf français, est sur la brèche depuis cinquante-cinq ans; combien je regrette qu'il n'ait pas cinquante ans de moins! Avec la quantité de poulinières d'élite qu'il a su réunir au haras de Vaucresson et au dépôt de Viroflay, avec la race si affinée qu'il a su créer, la race Lupin, avec un étalon comme Xaintrailles, dont les premiers produits sont des merveilles de force et d'élégance, que ne ferait-il pas?

Il fera quand même. J'ai foi en sa longue vie, et puis il doit avoir tout prévu pour que son œuvre soit dignement continuée après lui, et son grand souvenir planera inspirant toujours ses successeurs.

J'adressai un jour à mon ami Tiercelin, le très compétent et très habile aide de camp de notre national Legoux-Longpré, la question suivante :

— Quelles sont les conditions primordiales à demander aux véritables éleveurs?

Il me répondit, sans hésiter et sans aucune réticence normande :

— Le véritable éleveur, c'est celui qui est maître chez lui et qui se f... du gouvernement!

— Maître chez lui, M. Lupin l'est plus que personne, car sa domination indiscutée a pour base principale le respect absolu que tous ses serviteurs ont pour sa personne; ils connaissent tous sa grande compétence et sa profonde science en matières hippiques. Nulle autre part il ne m'a été donné de constater une vénération plus profonde, et pourtant j'appartiens à une famille dont presque tous les membres conservent leurs serviteurs de père en fils, et par conséquent sont fort respectés d'eux.

Quant à se f..... du gouvernement, ce n'est pas au point de vue politique qu'il faut entendre le précepte de Tiercelin. Cela veut dire que, pour être un véritable éleveur, il faut ne rien attendre du gouvernement et ne rien lui demander.

A cet égard, M. Lupin a rempli complètement les conditions de la loi Tiercelin.

Il n'a jamais rien demandé aux divers gouvernements qu'il a

vus se succéder en France depuis plus de cinquante années : la preuve, c'est qu'il a l'honneur de n'être pas décoré, malgré les éminents services rendus par lui à notre élevage français.

Ces services sont devenus historiques, même de son vivant, et sa boutonnière est demeurée immaculée, pendant que d'autres mendiaient les faveurs gouvernementales.

Je suis autorisé à dire ici que si le général Boulanger, en arrivant au pouvoir, peut inaugurer une ère de justice et refouler l'invasion des intrigants, des faiseurs et des parasites, il doit, comme premier acte de haute justice, nommer tout d'un coup M. Lupin commandeur de la Légion d'honneur, pour remercier notre grand éleveur des immenses services qu'il a rendus à son pays, et tout le monde vrai du sport applaudira des deux mains. Il prouvera de la sorte sa sollicitude envers l'élevage et les courses, sans lesquelles (il connaît la question après l'avoir

G. ROTHERA

étudiée avec le plus grand soin), on ne peut trouver de bons chevaux de service en temps de paix, ni de bons chevaux de troupe en temps de guerre.

Je passe maintenant à l'historique sommaire de l'écurie Lupin.

Bien avant la création du Derby français, dont la première allocation s'élevait à la minime somme de 5,000 francs, M. Lupin possédait des chevaux de courses; il fut un des premiers propriétaires français. Il reste le dernier survivant des membres fondateurs de notre Jockey-Club.

Dès le début de sa carrière d'élevage, M. Lupin alla puiser le succès à sa source vraie, c'est-à-dire qu'il acheta en Angleterre des juments de bon ordre, pour en faire des reproductrices dignes de créer un bon courant de sang français.

C'est le principe dominant et immuable de sa carrière d'éleveur.

A la mort de Guillaume IV, il se rendit acquéreur, au Haras royal de Hampton Court, de Fleur-de-Lys, qui avait triomphé deux fois dans le Goodwood Cup, et de Wings, qui avait gagné les Oaks et avait déjà donné deux bons produits : Caravan et Young Mouse.

Puis il acheta, également en Angleterre, Déception arrivée première dans les Oaks, Currency par Saint-Patrick, et Tarentella gagnante des Mille Guinées.

Currency fut la mère de Jouvence, avec laquelle M. Lupin remporta le Goodwood Cup en Angleterre, et Tarentella produisit deux vainqueurs du prix du Jockey-Club, Gambetti en 1848, Amalfi en 1851.

La victoire de Jouvence en Angleterre prouva que nous étions en droit de concevoir l'espérance de livrer bataille sur le sol anglais avec nos produits de France, mais ces produits subissaient alors l'humiliation de recevoir sept livres de décharge, par cela même qu'ils étaient nés chez nous. Cela se passait en 1853 ; depuis cette époque, la question a été singulièrement renversée. Un décadent nommé Craven a cherché des querelles d'Allemand à nos chevaux ; il a tenté de leur imposer des surcharges. Que nous sommes loin des dédaigneuses concessions !

7

Par cela même, M. Craven a rendu un éclatant hommage à nos progrès hippiques; j'espère et je crois qu'il a fort à faire s'il espère, par ses procédés disgracieux, soit éloigner nos chevaux, soit leur mettre des entraves dans les luttes d'hippodrome, tant en Angleterre qu'en France. Nous saurons bien le lui prouver.

Dans cette voie de bataille féconde, M. Lupin a, le premier, donné le bon exemple. Le regretté comte de Lagrange, ne l'oublions pas, fut aussi le premier qui osa aller engager la lutte à armes égales, et son courage eut comme récompense l'honneur de faire triompher les couleurs françaises en battant les Anglais dans les Oaks avec Fille-de-l'Air en 1864, puis à nouveau dans le Grand Derby d'Epsom, avec Gladiateur en 1865.

Honneur à ces deux vaillants éleveurs, dont l'initiative a plus fait pour l'élevage et les courses de France que toutes les théories de certains beaux phraseurs du Jockey-Club, et les maquignonages de certains prétendus éleveurs.

En 1859, M. Lupin ramena d'Angleterre la jument Paiement, par Rawton et Receipt. Elle était pleine de Flying Dutchman, et produisit au haras de Vaucresson, en 1860, l'illustre Dollar, le fondateur de la race Lupin.

Dollar n'avait pu, à trois ans, que finir second derrière La Toucques dans le prix du Jockey-Club, mais à l'âge de quatre ans, il prit une revanche éclatante en allant gagner en Angleterre les Coupes de Goodvood et de Brighton. La façade du Jockey-Club flamboya en l'honneur des victoires de Dollar, et l'on prit confiance dans la valeur de nos purs sang.

Impérieuse, achetée par M. Lupin en Angleterre, lui donna Deliane, qui remporta le prix de Diane en 1865, mais qui devint encore plus célèbre comme poulinière en donnant le jour à La Jonchère, Enguerrande et à Xaintrailles.

Les grands succès de courses ne sont venus à M. Lupin qu'après la guerre néfaste de 1870. En 1875, il eut le suprême plaisir de remporter le prix du Jockey-Club et le grand prix de Paris avec Salvator; mais, avant ce double triomphe, qui est le rêve de tout éleveur, le fondateur du haras de Vaucresson avait déjà vu ses couleurs triompher cinq fois dans le Derby français : en 1848, avec Gambetti ; en 1850, avec Saint-Germain; en 1851, avec Amalfi ; en 1853, avec Jouvence; en 1857, avec Potocki.

Il a remporté six fois le prix de Diane : en 1845, avec Suavita; en 1853, avec Jouvence ; en 1865, avec Deliane ; en 1867, avec Jeune Première ; en 1877, avec La Jonchère ; en 1886, avec Presta. Deux années successives, en 1874 avec Perla, et en 1875 avec Almanza, M. Lupin vit ce prix échapper à la pouliche qui le représentait. Perla, après un tête-à-tête émouvant avec Destinée, fut battue à la seconde épreuve, bien que notoirement supérieure à sa rivale. Almanza, après une première arrivée tête-à-tête, se déroba dans la seconde lutte et subit l'affront d'être distancée par Tyrolienne, très prête à bien courir ce jour-là, mais qui finit honteusement dans les prix à réclamer.

Personne n'a eu plus de déboires et de déconvenues en élevage et surtout en courses, que M. Lupin ; jamais il ne s'est découragé. Il sait qu'il faut s'attendre à cela, et que le seul moyen de surmonter la mauvaise fortune, c'est de supporter ses coups avec une dédaigneuse fierté.

La persévérance et la plus courageuse philosophie sont les qualités primordiales de tout bon éleveur ; elles seules peuvent donner la réussite.

Chevaux de cinq ans et de six ans

1° *Prytanée*, par Petrarch et Brienne, bai, 6 ans, n'a pris part qu'à une seule course en 1888 ; à Maisons-Laffitte, sur 2.200 mètres en bon terrain, il s'est médiocrement comporté.

2° *Achéron*, par Dollar et Isménie, bai, 5 ans, a beaucoup de qualités ; malheureusement, ses jambes sont fragiles, et il est très difficile à entraîner ; pour que la victoire lui soit possible, il faut qu'il domine ses adversaires par la supériorité de sa nature, car sa condition laisse toujours forcément à désirer lorsqu'il se présente sur un hippodrome ; impossible de l'entraîner à fond sans risquer de le claquer.

En 1888, au Bois de Boulogne, sur 1.700 mètres en bon terrain, il a battu aisément d'une longueur et demie Sergent-Major, Bercy et Mikado.

A Vincennes, sur 2.400 mètres en terrain très lourd, il est arrivé second à une encolure de Bégonia, auquel il rendait quinze livres. Au Bois de Boulogne, sur 2.500 mètres en terrain très lourd, il a été battu de loin par Catharina et Sergent-Major, auxquels il rendait vingt-quatre livres. A Chantilly, sur 2.200 mètres en bon terrain, il remporta une victoire très aisée sur Vert-Dragon deuxième te César troisième. Il était à poids égal avec César et rendait dix-sept livres à Vert-Dragon. A Saint-Ouen, sur 2.300 mètres en terrain un peu lourd, il se trouva un instant en difficulté à cause des tournants trop nombreux et trop raides, mais à la fin de la course il gagna facilement d'une longueur ; il rendait douze livres à Phocéen, arrivé second, et autant à Saladin, arrivé troisième.

3° *Presta*, par Petrarch et Pristina, baie, a gagné le prix de Diane en 1886, et le prix du Pin en 1887. L'année dernière, elle a couru neuf fois et est arrivée trois fois seconde.

Après avoir été mise au repos pendant quelques mois au haras de Viroflay, Presta a été renvoyée à l'entraînement.

En 1888, elle a débuté par arriver seconde au Bois de Boulogne, sur 3.000 mètres en bon terrain, à trois longueurs de Prédestinée, qui recevait d'elle huit livres. A Vincennes, sur 3.000 mètres en terrain dur, Presta remporta une facile victoire. Au Bois de Boulogne, sur 2.400 mètres en terrain dur, elle ne ut battue que d'une courte tête par La Jarretière. Le lendemain, dans le handicap du prix Castries, sur 3.200 mètres et une piste dure, elle courut mal, probablement parce que sa lutte de la veille l'avait trop éprouvée. A Saint-Ouen, sur 2.300 mètres en bon terrain, elle n'eut à battre que le médiocre Epieu ; le succès était écrit par avance. A Amiens, sur 3.200 mètres en terrain fort lourd, elle fut déclarée première d'une courte tête devant Modiste ; Presta portait 63 kil. 1/2 et Modiste seulement 46 kil. A Saint-Ouen, sur 2.700 mètres en bon terrain, elle battit aisément Indiscret, auquel elle rendait 32 livres. Dans le prix Gladiateur, sur 6.200 mètres en terrain lourd, elle ne pouvait avoir la prétention de battre Ténébreuse, qui venait de gagner facilement le Cesarewitch en Angleterre ; elle se comporta néanmoins honorablement dans cette dure épreuve.

Dans le prix du Pin, à Chantilly, sur 3.000 mètres en terrain dur, Presta fut mal montée par M. Abington et arriva dernière. Bien qu'elle entre dans sa sixième année et qu'elle ait fourni un assez grand nombre de courses, la fille de Petrarch et Pristina est très saine et peut bien gagner son avoine.

Presta

Chevaux de quatre ans

Galaor, par Isonomy et Fideline, bai brun, a fourni une remarquable carrière de courses en 1888, mais il lui a fallu un peu de temps pour se mettre à vaincre ; au début de l'année il était encore comme un bébé ayant grandi trop vite, et trop éprouvé par les premières fatigues de l'entraînement ; la force ne se trouvait pas encore bien équilibrée. Voilà pourquoi il n'arriva que troisième, derrière Walter Scott et Le Rieutort, dans le prix du Nabob, sur 2.500 mètres en terrain lourd ; il ne fut pas placé dans la Poule d'Essai, sur 1.600 mètres en bon terrain, mais dans le prix du Jockey-Club, sur 2.400 mètres en terrain dur, il courut beaucoup mieux et arriva troisième derrière le phénoménal Stuart et l'excellent Saint Gall. Au Bois de Boulogne, sur 2.400 mètres en terrain dur, il gagna facilement ; la distance du Grand Prix de Paris, 3.000 mètres en terrain dur, était trop longue pour lui, eu égard aux terribles adversaires qu'il rencontrait ; malgré cela, il se comporta assez bien et arriva quatrième derrière Stuart, Crowberry et Saint Gall. Puis il remporta six victoires consécutives. Dans le Derby du Pin, sur 3.000 mètres, il battit très facilement Boucanier en lui rendant dix livres ; à Caen, dans le Grand Saint-Léger, sur 3.000 mètres en terrain très lourd, il gagna au petit galop, comme à Deauville, dans le prix Hocquart, sur 3.000 mètres en bon terrain. Dans le Grand Prix de Deauville, sur 2.500 mètres en bon terrain, sa victoire ne vint pas toute seule ; la lutte fut très vive entre Le Sancy et lui ; pendant plus de cinq cents mètres les deux rivaux galopèrent comme s'ils étaient attelés ensemble, et Galaor ne gagna que d'une encolure.

Van Dieman's Land, le champion anglais, n'arriva que mauvais troisième, bien que son entraîneur eût grande confiance en lui. Au Bois de Boulogne, dans le prix Royal-Oak, sur 3.000 mètres en bon terrain, Galaor battit Sibérie au petit galop, mais quinze jours après, dans le prix d'Octobre sur 2.500 mètres en terrain lourd, il eut de la peine à rendre six livres à Sibérie et ne la devança que d'une tête ; c'était une Sibérie étrangement dégelée, si l'on songe qu'à Deauville elle s'était laissée battre honteusement, à moitié course, par Carafon, un simple cheval de bonne troisième classe.

A Chantilly, dans le prix de la Forêt, sur 1.400 mètres en bon terrain, Galaor fut battu par Catharina, qui est, j'en suis convaincu, la meilleure jument de son année. Il venait de courir sur de longues distances et avait subi deux luttes fort dures, la première dans le Grand Prix de Deauville, la seconde dans le prix d'Octobre. Catharina arrivait fraîche, parce que son entraîneur avait dû la ménager au printemps et pendant l'été, à cause de la dureté des pistes. Succomber dans de telles conditions n'a rien d'humiliant, surtout lorsqu'on laisse derrière soi plusieurs bons chevaux.

L'impression qui se détache des courses fournies par Galaor, est qu'il a beaucoup progressé en prenant de l'âge, et que son propriétaire est en droit de fonder de bonnes espérances sur lui pour la campagne de 1889. Il a remporté plusieurs prix sur 3.000 mètres; malgré ça, je suis persuadé que la meilleure distance pour lui est celle de deux mille à deux mille quatre cents mètres.

Si Stuart est remis en bonne condition de courir, comme il faut l'espérer, Galaor n'aura pas plus de chance que Saint Gall de triompher contre ce galopeur hors ligne. Si le fils de Le Destrier ne reparaît pas sur le turf, je crois que M. Lupin et le baron de Soubeyran feront bien d'éviter les rencontres entre Saint Gall et Galaor; les deux chevaux ont, chacun, pas mal de prix à gagner, s'ils n'usent pas leurs forces l'un contre l'autre. Jusqu'à 2.400 mètres, du moins à mon avis, Galaor pourrait mettre Saint Gall en difficulté et peut-être triompher de lui, mais sur les distances plus longues, j'ai plus de foi dans la persistance de Saint Gall que dans celle de Galaor. Je verrais avec peine celui-ci partir dans le prix Rainbow, où Presta est fort capable de bien porter les couleurs de son maître.

En tout cas, Saint Gall et Galaor sont deux excellents pur-sang, et il n'y a qu'à souhaiter d'en voir d'aussi bons dans cha-

Galaor

cune des générations à venir, bien que Stuart les ait dominés de son écrasante supériorité.

Storr, le bon jockey de Galaor, a eu un mot bien caractéristique à propos du galop de Stuart. Je lui demandais un jour ce qu'il pensait du cheval de M. Pierre Donon. Il me répondit avec sa vivacité de gavroche parisien :

— Stuart! Il va trop vite ; pas moyen de lutter contre lui. Au moindre appel que lui fait T. Lane, l'affaire est tout de suite réglée ; les autres chevaux ont l'air de s'être embourbés ou de s'être pris les pieds dans de la poix de cordonnier.

M. Lupin a toujours dit : La production de 1885 a donné un cheval extraordinaire, Stuart, et deux bons chevaux de valeur à peu près égale, Saint Gall et Galaor.

Les hommes de cheval auront grand plaisir à revoir Galaor, et remercieront M. Lupin de l'avoir conservé en France, malgré les flots d'or par lesquels M. Giraldès a essayé de le lui enlever. Je connais le prix que M. Edouard Teisset était chargé d'offrir; il est presque insensé. M. Lupin n'a seulement pas voulu en entendre parler.

Bocage, par Dollar et Printanière, bai brun, est toujours le joli petit cheval dont tous les connaisseurs ont admiré l'action facile et coulante.

En 1888, Bocage a fourni neuf courses ; il a remporté six victoires et a toujours été placé. Dans le prix de Guiche, au Bois de Boulogne, sur 2.000 mètres en terrain lourd, il battit facilement Waverley, Athos et neuf autres concurrents. Sur la même piste, en bon terrain et en 2.100 mètres, il fut de nouveau aisément vainqueur ; puis, sur 2.400 mètres en terrain dur, il succomba derrière Embellie et Empire ; sur 1.600 mètres, en terrain dur il battit aisément Faust. Dans le handicap du Grand Prix de Vichy, sur 2.500 mètres en terrain dur, il gagna très facilement de deux longueurs ; il portait 57 kil. et demi et il donna ainsi une nouvelle preuve de l'aptitude de la race Lupin à porter les gros poids, par cela même qu'elle n'est pas embarrassée par la lourdeur des chairs lymphatiques et nuisibles. A Deauville, sur 1.600 mètres en bon terrain, il battit Reyezuelo d'une longueur et demie. Au Bois de Boulogne, sur 3.200 mètres en bon terrain, il arriva second derrière la variable Sibérie. Au Bois de Boulogne, sur 2.400 mètres en terrain lourd, il gagna facilement, battant à poids égal Polyeucte, Chérif et Visière II. Dans le handicap libre, au Bois de Boulogne, sur 3.000 mètres en terrain très lourd, il arriva troisième derrière Faust et Athos; il portait 61 kil. et demi, le même poids qu'Athos, Faust n'avait que 58 kil. et demi.

Les courses de Bocage sont toutes bonnes et régulières. Je crois qu'il se comportera bien en 1889 et qu'il mérite confiance.

Bocage

Endymion, par Salvator et Isménie, bai, a la tête un peu commune et le rein trop long, mais il est taillé pour faire de grandes foulées ; il a déjà prouvé qu'il peut être vainqueur de courses moyennes, et il le prouvera encore.

Il aurait dû gagner le prix de Vincennes au début de l'année 1888 ; il ne fut battu que d'une courte encolure dans cette course de 2.100 mètres en terrain très lourd, et sur une piste finissant par une montée trop raide pour lui. Au Bois de Boulogne, sur

Endymion

2.000 mètres en bon terrain, il arriva second derrière Saint-Gall ; il était devant N. de la Flandrie, Embellie et Empire, qui sont trois bons galopeurs. Au Bois de Boulogne, sur 2.900 mètres en bon terrain, il était second à une longueur de Dauphin, futur gagnant de l'Omnium, avec le gros poids de 54 kil., poids très dur pour un poulain de trois ans. A Chantilly, sur 2.400

mètres en bon terrain, il prit la troisième place derrière Ary et Chéran ; Ary, 4 ans, portait 58 kil. et demi ; Chéran, 3 ans, 47 k. et demi ; Endymion, 3 ans, 56 kil. et demi.

Au Bois de Boulogne, sur 2.400 mètres en terrain dur, il battit facilement Gyp et Cat, et trois jours après il remporta une facile victoire sur le même terrain, en 4.000 mètres. Il ne fut pas placé dans le prix d'Octobre, au Bois de Boulogne, sur 2.500 m. en terrain lourd, mais le prix fut gagné par Galaor, son camarade d'écurie. Dans le prix de Villeron, au Bois de Boulogne, sur 3.000 mètres en bon terrain, il se présenta seul. Sur la même piste, en terrain lourd et en 3.000 mètres, il arriva quatrième derrière Faust, Athos et Bocage. A Chantilly, sur 3.600 mètres en terrain dur, il battit Faust d'une encolure, après une très vive lutte ; Faust portait 59 kilos et Endymion 54 kilos et demi. A Saint-Ouen, sur 2.700 mètres en terrain lourd, il courut médiocrement, mais il avait l'excuse de porter un gros poids.

Il me semble qu'Endymion doit s'améliorer en prenant de l'âge. Son rein manquait de force ; aujourd'hui, il est beaucoup plus musclé.

Halbran, par Galopin et Mavis, bai, a couru quinze fois pour gagner 29,612 fr. 50 en six victoires. C'est un très beau cheval ; comme étalon destiné à donner les meilleurs produits de demi-sang, il vaut un très grand prix. Ses deux principales qualités sont l'endurance et la vigueur musculaire.

Non placé au Bois de Boulogne dans le prix du Nabob, sur 2,500 mètres en terrain lourd, ni dans la Poule d'essai sur 1,600 mètres en bon terrain, ni dans le prix d'Avril sur 2,000 mètres en bon terrain, il arriva second à Vincennes, sur 1,600 mètres en bon terrain, assez loin derrière Carlo. Puis il remporta quatre victoires consécutives. A Rouen, sur 2,000 mètres en bon terrain ; à Abbeville, sur 2,000 mètres ; à Chalon, sur 2,400 mètres ; à Saint-Ouen, sur 2,300 mètres en bon terrain. Non placé, à Deauville, sur 2,400 mètres en bon terrain, il regagna à Saint-Ouen sur 2,300 mètres en bon terrain. A Vincennes, sur 2,000 mètres en terrain dur, il fut battu d'une encolure par Nathalie à laquelle il rendait 23 livres ; sur la même piste, en 2,000 mètres, il succomba de trois quarts de longueur contre Athos qui lui rendait trois livres. Au Bois de Boulogne, sur 2,200 mètres en bon terrain, il battit facilement Melbourne et Bercy. A Saint-Ouen, sur 2,300 mètres en terrain lourd, il arriva mauvais troisième derrière Catharina et Folie, mais il leur rendait du poids. A Compiègne, sur 1,600 mètres en terrain un peu lourd, il ne fut pas placé. Le cheval a été victime d'un accident ; il est à espérer qu'il se rétablira ; dans tous les cas, par son origine et par sa plastique, Halbran a beaucoup de valeur comme étalon, je ne saurais trop le répéter.

Murcie, par Flageolet et Almanza, baie pâle, a couru onze fois en 1888, sans pouvoir arriver première ; elle a été quatre fois seconde et plusieurs fois troisième. Elle ne manque pas d'une certaine qualité, et elle aurait eu chance de remporter quelque handicap, si les poids qu'elle y devait porter n'avaient pas été aussi légers ; ceci demande une explication ; la voici :

Pour donner tout ce qu'elle peut en courses, Murcie a besoin d'être montée par un homme, et non par une réduction d'homme ou par un gamin. Par conséquent les poids légers qui lui sont attribués lui nuisent au lieu de lui servir, et elle se trouve battue par des adversaires qui sont loin de la valoir.

Le même inconvénient arrive à beaucoup de bons et forts chevaux. La question est donc de savoir si la Société d'Encouragement veut continuer à protéger les *claquettes* de courses, au détriment des chevaux améliorés et pouvant mieux porter le poids que leurs devanciers.

Les bons éleveurs et les hommes de progrès seront tous d'avis qu'il est utile de commencer les handicaps à 72 kil., pour les terminer à 50 kil., et qu'il faut porter les poids à 60 kil., au lieu de 56, dans les courses classiques. Les routiniers, les intéressés et les éleveurs de mauvais chevaux feront seuls une opposition, qui se taira vite, et qui n'a pas raison d'être. Le public comprendra qu'on s'occupe réellement d'améliorer les chevaux, au lieu de se borner à donner des spectacles hippiques, et il reconnaîtra que l'on a déjà obtenu des résultats probants.

Je pourrais citer ce que j'ai écrit il y a trois ans, dans mon premier volume sur les *Haras de France*, publié en 1886, après une visite aux deux haras de M. Lupin. On verrait que j'avais examiné les produits avec soin alors qu'ils étaient encore en enfance, et n'avaient pas même reçu le baptême du nom ; il serait facile de reconnaître que mes appréciations se sont assez bien justifiées, et qu'elles ont été aussi justes que celles que j'ai portées dans le même livre sur Stuart.

Ce n'est point parce que je crois mon coup d'œil infaillible ; personne mieux que moi ne sait et ne sent que je puis me tromper, mais je tiens à prouver que ce travail a quelques chances de tomber juste dans ses jugements anticipés, et qu'il n'est pas fait à la légère.

Chevaux nés en 1886

Je crois cette production de 1886 moins bonne que d'habitude, et à mes yeux c'est une année médiocre pour les deux haras de Vaucresson et de Viroflay. J'espère que M. Lupin gagnera plus d'une course avec ses champions de trois ans, mais il me semble que dans les épreuves classiques ils ont peu de chance d'arriver au premier rang et, par suite de cette impression, je les ai examinés trop superficiellement pour publier sur chacun d'eux une analyse détaillée, comme je l'ai fait jusqu'ici.

Huit n'ont pas couru en 1888. Parmi ceux-ci, les trois ans que je préfère sont : Aérolithe, par Nougat et Astrée ; Liseron, par Dollar ou Fontainebleau et Printanière ; Phlegethon, par Fonainebleau et Isménie.

Cinq ont pris part aux courses de deux ans, mais n'y ont pas eu de succès. Ce sont :

1° *Christiania*, par Wellingtonia et Fionie, baie brune. A Vichy, sur 850 mètres en bon terrain, elle est arrivée seconde à deux longueurs de May Pole, mais celle-ci a gagné au petit galop. Sur 1,100 mètres, dans le sable de la piste de Fontainebleau, elle est arrivée mauvaise troisième derrière Chopine et Modestie. A Compiègne, sur 900 mètres en terrain un peu lourd, elle n'a pu arrriver que quatrième derrière Achille, Fichtre et Fercoq.

2° *Collana*, par Stracchino et Perla, alezane, s'est présentée une seule fois en course ; elle n'a pas été placée à Fontainebleau sur 1,100 mètres.

3° *Infernal*, par Fontainebleau et Promise, bai, a mal couru dans le Grand Prix de Dieppe, sur 1,100 mètres en bon terrain.

4° *La Gazza*, par Dollar et Mavis, baie, s'est présentée à Chantilly dans le prix de la Masselière, sur 1,100 mètres en terrain dur. Elle n'a pas été placée, mais elle devra mieux courir dans sa troisième année que dans la seconde.

5° *Ambassadrice*, par Dollar et Mondaine, alezane, n'a pas été placée à Maisons-Laffite, sur 1,200 mètres en bon terrain. Quand bien même elle ne réussirait pas en courses, elle est assurée d'avoir une grande valeur comme poulinière, de même que La Gazza, dont nous venons de parler. Les dernières descendantes de Dollar méritent attention.

Je désire énormément me tromper dans mon opinion sur les chevaux de trois ans, qui doivent porter les couleurs de M. Lupin, si aimées de tous ceux qui sont partisans de la droiture dans les courses, et si je me suis trompé, je verrai avec plaisir leurs succès dans les grandes épreuves.

Pouliches nées en 1887

1° *Rosamonde*, par Hermit et Enguerrande, baie zain, est excessivement forte en tout point, mais elle garde, malgré une certaine lourdeur, la distinction suprême de la grande race créée par M. Lupin, race qui a donné et qui donnera sans cesse des galopeurs de haute lutte.

Le rein est bon, les avant-bras présentent une vigueur qui fait bien augurer de sa facilité à aborder les descentes ; dans son arrière-train, il y a cuisses et contre-cuisses ; on y trouve en plus la longueur voulue et la musculature désirable. Rosamonde devra se montrer digne de sa splendide mère Enguerrande et de son illustre père Hermit.

2° *Chevreuse*, par Wellingtonia et La Jonchère, baie brune avec une petite étoile en tête, une balzane à la jambe gauche de derrière, est une grande et forte pouliche. Elle ressemble beaucoup à sa mère ; on ne peut que l'en féliciter. La tête est fort intelligente, l'œil bon, calme, vif et doux, tendre pour son entraîneur, qui, évidemment doit la très bien traiter. Le rein est très solidement attaché. Les avant-bras sont forts et les cuisses très descendues, mais moins musclées que celles de la pouliche d'Hermit et Enguerrande.

Chevreuse

3° *Cromatella*, par Wellingtonia et Perla, alezan doré avec une étoile en tête et une lice prolongée jusque sur le nez, deux balzanes par derrière, réunit la force d'envolée galopante que donne l'étalon Wellingtonia à l'élégance que la séduisante Perla doit presque à coup sûr transmettre à ses produits. La longueur et la puissance des cuisses sont frappantes ; le rein et les appuis du devant ont beaucoup de robustesse. On est tout de suite engagé à lui prédire un bel avenir.

4° *Stellina*, par Border Minstrel et Astrée, baie avec des traces de petits poils blancs au front, est très forte mais un peu commune, surtout auprès de ses distinguées compagnes. On ne dira pas tout de suite à son aspect, comme on le fait en saluant la plupart de ses camarades : « C'est une Lupin ».

5° *Pise*, par Saxifrage et Pristina, alezane avec une petite étoile en tète, a de la force et de la distinction, bien que le bourgeois Saxifrage ait passé par là. Sa longueur aux endroits essentiels est remarquable ; je la crois bonne pouliche, mais pas de premier ordre.

6° *Sardoine*, par Border Minstrel et Cornaline, alezane rubicanée, avec une balzane à la jambe gauche de devant et une balzane à la jambe gauche de derrière, une étoile en tête et une lice prolongée jusqu'aux narines, est de taille élevée et, malgré cela, conserve beaucoup d'harmonie dans les formes. Chez elle, tout est bien équilibré. L'alliance des poulinières de la race Lupin avec Border Minstrel, le robuste étalon de l'administration des Haras, doit former un très bon croisement.

7° *Cymbale*, par King Lud et Mademoiselle Clairon, baie avec une petite étoile en tête, pourrait bien devenir le meilleur produit que King Lud ait donné. Elle a tout à fait l'air d'une solide au poste.

8° *Hildegarde*, par Fontainebleau et Anderida, baie zain, est beaucoup plus plaisante dans son ensemble que les produits donnés jusqu'à ce jour par la décevante Anderida. Je ne serais pas surpris de la voir fournir une meilleure carrière de courses, que celle de ses aînés.

Anderida est la seule poulinière payée un grand prix par

M. Lupin, qui n'ait pas bien réussi. Il est vrai que le temps lui avait manqué pour aller la choisir et l'acheter lui-même, comme il a toujours fait pour les autres.

A ce propos, voilà ce que le vénéré doyen de nos éleveurs m'a dit en parlant de Plaisanterie, quelques jours avant la mise en vente aux enchères publiques de la célèbre jument :

— Si j'avais dix ans de moins, je deviendrais acquéreur de Plaisanterie, quel que soit le prix atteint par cette fille de très haute qualité. Lorsqu'on veut s'adonner sérieusement à l'élevage, il faut être en position de faire de grands sacrifices d'argent, et ne jamais hésiter à acquérir pour son haras une jument d'élite, lorsque l'on en rencontre l'occasion. Le sang et la qualité se retrouvent toujours.

9° *Zénaïde,* par Nougat et Salva, baie, avec une étoile en tête, est assez grande et assez forte; la croupe est un peu ravalée, mais le rein est parfait. Dans les courses d'obstacles, cette pouliche devrait bien réussir, si elle n'est pas assez bonne pour faire sa carrière en courses plates.

10° *Cresserelle,* par Fontainebleau et Mavis, baie, n'a pas aussi belle apparence qu'on est en droit de le demander à la fille d'une poulinière aussi remarquable que Mavis.

Poulains nés en 1887

1° *Sado,* par Saxifrage et Pensacola, alezan doré avec une étoile en tête, deux balzanes par derrière, est un peu petit, mais il ressemble beaucoup à sa mère, dont il a hérité la longueur et l'élégance; comme elle, il pourra triompher sur les longues distances, ainsi que sur les petits parcours. Il est très beau et très fort dans sa distinction de race Lupin; je le crois bon.

2° *Cerbère,* par Dollar ou Fontainebleau et Isménie, bai zain, a les grandes lignes d'Endymion, son demi-frère, mais son rein est plus fort, plus court, plus musclé. Il devra bien courir à deux ans et devenir un bon cheval de courses en prenant de l'âge.

3° *Bavolet,* par King-Lud et Voilette, bai zain, est très fort, mais un peu commun, comme le sont presque tous les produits de King-Lud.

Sado

4° *Damazan,* par Fontainebleau et Postérité, bai zain, a de très grands points de ressemblance avec son demi-frère Bouvreuil II. Comme celui-ci, il devra fournir une carrière honorable en courses plates d'abord, en courses d'obstacles ensuite.

5° *Quadrille,* par Fontainebleau et Mondaine, bai zain, est très grand et très fort, mais il a encore le manque d'harmonie dans l'équilibre de la structure générale, qui constitue la période d'adolescence; le garrot n'est pas sorti. Par plus d'un point, il rappelle son oncle Salvator; comme pour ce vainqueur du Derby français et du Grand Prix de Paris, il faudra probablement attendre la troisième année, afin d'avoir la complète mesure de sa qualité dans les luttes des courses.

L'Entraîneur G. ROTHERA

Georges Rothera est le très fidèle entraîneur auquel M. Lupin confie ses chevaux depuis qu'il n'a plus Francis. Il fit son apprentissage chez Drevitt à Lewes. Sa venue en France date déjà de trente ans. Il est resté dix ans sous les ordres du classique et sévère Jem Bartholomew, qui était alors au service de M. Reiset, et il est depuis vingt ans chez M. Lupin, soit comme premier garçon, soit comme entraîneur. En 1876, il eut la direction de

Georges Rothera fils

l'écurie; dès 1877, il gagna le prix de Diane avec la Jonchère; en 1876, il eut Enguerrande qui arriva tête à tête avec Camélia dans les Oaks d'Angleterre, et qui fut seconde derrière Kisber dans le grand prix de Paris. Tous les chevaux préparés par lui ont eu des succès, et l'écurie de M. Lupin arrive chaque année en bon rang parmi les principaux propriétaires gagnants.

La femme de Rothera est instruite, active, très bien élevée et a de bons sentiments, qu'elle fait partager à ses trois jeunes filles et à son fils.

Georges ROTHERA fils

Celui-ci est un très bon aide pour son père, qui l'a élevé dans les meilleurs principes et l'a envoyé passer assez longtemps à la grande école de T. Jennings, à Newmarket.

Georges Rothera fils adore les chevaux, en prend grand soin et est très doux pour eux. C'est lui qui conduisit Galaor à pied dans plusieurs de ses déplacements, pour lui éviter l'énervement du chemin de fer. Il monte Murcie, et la jument va très bien sous lui, bien qu'il pèse assez lourd.

Philipps, le premier garçon, a été formé par Rothera père; il est là depuis six ans; c'est un très fidèle et très bon serviteur.

Le jockey STORR

Storr monte sur les hippodromes les chevaux de M. Lupin. Intelligent et fort, il ne perd pas souvent une course par sa faute; il a toute l'énergie désirable, et il juge assez bien le train.

Il y a vingt-deux ans qu'il est en France. Venu chez le baron Schickler, il y demeura deux ans et demi; il entra ensuite au service du baron de Rothschild, et il y resta neuf ans. Après être resté deux ans chez M. Michel Ephrussi, il a tour à tour eu à monter les chevaux de M. Edmond Blanc, de M. Aumont, de M. André et de M. Lefèvre. Depuis trois ans, il est chez M. Lupin, qui est content de lui. En 1888, il a gagné beaucoup de courses et a monté Galaor. Sa lutte contre Le Sancy dans le grand prix de Deauville, et contre Sibérie dans le prix d'Octobre, le placent au rang des jockeys ayant du tact et de la vigueur finale.

Le jockey Storr

*
* *

Au risque de me faire appeler clérical hippique par quelques grincheux, je fais tous les ans, dans la première quinzaine de février, un pèlerinage aux deux haras de M. Lupin, pour examiner les produits de l'année précédente, redire bonjour aux poulinières, saluer l'étalon et causer pur sang avec le fidèle Fanor, le grand chef des haras de M. Lupin depuis vingt-neuf ans. Cette année j'y suis allé, accompagné de l'ami Tiercelin, qui est revenu on ne peut plus enthousiasmé de son déplacement.

Tiercelin s'était muni d'un appareil photographique ; les chevaux l'ont tellement séduit qu'il a employé toutes les cinquante plaques qu'il avait emportées. La dernière s'est brisée ; elle reflétait le portrait de Pensacola.

— Sapristi ! s'est écrié Tiercelin, quel dommage ! cette admirable jument représente bien l'idéal de la grande race de pur-sang.

Le fin et très hippique Normand a été complètement de mon avis pour reconnaître que, parmi nos pur-sang de France, la race Lupin est dès à présent assez bien distincte et assez bien fixée, pour qu'il soit facile de désigner à coup sûr ses représentants dans un peloton de chevaux. Elle a pour principaux caractères l'élégance unie à la force, et une immuable aptitude à gagner des courses en portant de gros poids. C'est la meilleure preuve que les chevaux, quels qu'ils soient, à l'exception des galériens destinés à trimer dans les ornières des mauvais chemins qui deviennent de plus en plus rares en toutes régions, doivent être allégés de chair lymphatique et accablante. Même pour les gros labeurs, un cheval capable de bien trotter fait de meilleur travail qu'un lourdaud.

Voilà ce que les horlogers et les avocats qui se sont succédés depuis longtemps au ministère de l'agriculture, devraient aller étudier sur place. Ils éviteraient ainsi un grand nombre de bévues très préjudiciables à la France.

Les inspecteurs des Haras, eux aussi, ne feraient pas mal de rendre visite au haras de Viroflay. Ils pourraient y admirer Xaintrailles, et ils y trouveraient dans Oviedo un excellent étalon à acheter pour faire des demi-sang. (1)

Oviedo, 5 ans, par Consul et Almanza, bai avec une étoile en tête et deux petites balzanes par derrière, est un remarquable cheval. Il n'est pas possible de demander plus de force bien répartie en tout point. C'est l'idéal de l'étalon pour envoyer dans le département de la Manche, qui est le grenier d'abondance des demi-sang. Par sa haute origine, sa distinction robuste et sa construction en parfaite harmonie, Oviedo peut rendre de grands services comme reproducteur. M. Lupin veut le vendre un prix

(1) Après avoir lu, dans *Auteuil-Longchamp*, mon appréciation sur Oviédo, M. Arnaud de l'Ariège a loué ce fils de Consul et Almanza comme étalon.

relativement minime, et il y aurait un gros intérêt à ne pas le laisser aller à l'étranger.

Xaintrailles, 7 ans, par Flageolet et Deliane, alezan, avec une étoile en tête, une lice allant jusqu'au dessous du chanfrein, une marque blanche entre les deux narines et une petite balzane à la jambe droite de derrière, est le plus fort et le plus élégant reproducteur que l'on puisse rêver.

Tiercelin et moi, nous sommes revenus à trois reprises différentes admirer ses produits. Il y a là cinq pouliches et six poulains, qui sont vraiment dignes de donner beaucoup d'espérances. Pour une première production, c'est merveilleux. Il est vrai que Xaintrailles n'avait pu être fatigué par un trop long séjour à l'entraînement; il n'y a donc pas lieu de s'étonner qu'il ait bien produit dès la première année.

A deux ans, en 1884, Xaintrailles a gagné les Prendersgast Stakes en Angleterre, et il est arrivé second dans le Middle-Park.

En 1885, il a battu trois fois de suite au petit galop tous ses rivaux français au Bois de Boulogne, et il n'avait qu'à se présenter dans le prix du Jockey Club à Chantilly, pour remporter la plus assurée des victoires, mais M. Lupin lui croyait une bonne chance dans le Derby anglais, qui a été son objectif de prédilection; il n'hésita pas à abandonner le certain pour l'espoir de vaincre à Epsom.

C'est là une œuvre d'éleveur, et un sacrifice de Français. Comparez-les aux marches forcées de Ténébreuse courant dans le Cesarewitch en Angleterre, embarquée immédiatement après pour fournir la distance de 6.200 mètres dans le prix Gladiateur à Longchamp, puis reprenant la mer pour subir une honteuse défaite sur les 1.800 mètres du Cambridgeshire, et vous reconnaîtrez que M. Lupin est un véritable éleveur, et un propriétaire français, de haute allure, devant lequel tous les amateurs de sport doivent s'incliner avec respect.

Xaintrailles reçut un violent coup de pied au début de la grande course anglaise; malgré cela, pendant les deux mille premiers mètres, il se comporta de la façon la plus remarquable, tous les journaux anglais le constatèrent en lui rendant hommage, et T. Jennings m'a dit plusieurs fois : « Sans l'accident de la dernière minute, Xaintrailles aurait gagné. Voilà deux fois que je perds le Derby anglais avec un cheval de France, alors que j'étais assuré de le gagner; en 1877, Chamant claqua dans son dernier galop ; en 1885, Xaintrailles, sur la piste même, reçut un fatal coup de pied. »

M. Lupin sera dédommagé du dévouement dont il fit preuve en cette occasion. Xaintrailles s'annonce comme un reproducteur hors ligne ; il s'affirmera comme tel, et les meilleures poulinières du monde entier lui seront envoyées.

Il a les canons courts, le rein large et musclé, les avant-bras très forts, les jarrets bas ; la longueur de ses cuisses est extraordinaire et leur musculature parfaite. L'œil a des lueurs de fierté et d'intelligence ; le front est large, et la tête fine. L'ensemble indique la plus haute race.

Sa douceur est proverbiale au Haras. Xaintrailles sera un puissant propagateur de la race Lupin ; il deviendra l'orgueil de son maître. Tous les hommes de cheval seront heureux de ses succès

A CHANTILLY

M. H. DELAMARRE

Entraîneur particulier : T. R. CARTER. — *Jockeys* : ROLFE et CHILDS

CHEVAUX A L'ENTRAINEMENT :

Chevaux de quatre ans

VIGNE VIERGE, pche alezane, par Vermout et Vinaigrette. (Page 127.)
CHLAMYDE, pche alezane, par Vigilant et Chloris. (Page 127.)
LE LOUP BLANC, pn blanc avec des marques blondes, par Vermout et Vipère. (Page 127.)

Chevaux de trois ans

VIADUC, pn alezan, par Prologue et Viciosa. (Page 128.)
SÉRAPIS, pn alezan, par Vigilant et Serinette. (Page 128.)
CLEODORE, pn bai brun, par Stracchino et Clotho. (Page 128.)
VASISTAS, pn bai brun, par Idus et Véranda. (Page 129.)
FRETIN, pn bai, par Prologue et Friandise. (Page 130.)
VIN D'OR, pn alezan, par Vermout et Vinaigrette. (Page 130.)
PROVOCANTE, pche baie, par Vermout et Clio. (Page 130.)
DIAPASON, pn bai, par Vermout et Diana. (Page 130.)

Produits de deux ans

DIALOGUE, pn bai brun, par Idus et Diana. (Page 133.)
DISQUE, pn bai. par Vigilant et Division. (Page 134.)
CHEF D'ŒUVRE, pn alezan, par Vermout et Chloris. (Page 133.)
FAUNE, pn bai, par Vigilant et Forest Queen. (Page 133.)
VICO, pn bai, par Idus et Viciosa. (Page 133.)
KASCHMIR, pn bai brun, par Saumur et Kate II. (Page 132.)
DOGARESSE, pche baie, par Vigilant et Dovedale. (Page 131.)
PRUNELLE, pche baie, par Vigilant et Princesse Christian. (Page 132.
CLYMÈNE, pche baie, par Vigilant et Clio. (Page 131.)
PIQUE POULE, pche baie, par King Lud et Vinaigrette. (Page 132.)
COUR D'AMOUR, pche baie brune, par Stracchino et Versailles. (P. 132.)
VERONICA, pche baie brune, par Prologue et Vérona. (Page 131.)
CADETTE, pche baie, par Prologue et Cadence. (Page 131.)

M. H. DELAMARRE

Lecteurs, saluez, nous voici à l'Académie de l'entraînement. Le maître est un homme du plus grand mérite, et l'entraîneur un professionnel hors ligne. Les couleurs de M. Delamarre sont à très juste titre aimées du public, comme celles de M. Lupin, parce qu'elles ont toujours été loyalement portées ; le caractère et la tenue de T.-R. Carter ont su imposer à tous l'estime et le respect.

M. Henri Delamarre est, par tempérament, très parisien et très artiste. Au Jockey-Club, il se lia d'amitié avec le comte Rœderer, qui est l'homme des champs par excellence, et de cette union naquit la Société actuelle.

M. Delamarre, comme plusieurs autres propriétaires de chevaux de courses, fit tout d'abord courir en steeple-chases. C'est une sorte de noviciat presque indispensable ; on procède ainsi, du moins au plus. Ses deux meilleurs représentants furent Fling-Buck, un rival de Franc-Picard, et Lady Arthur.

Mais la nature d'un pareil néophyte était trop active pour se contenter d'un cadre aussi limité que celui des courses d'obstacles de cette époque. Il fonda une association qui lui permit d'entrer par la grande porte dans les franches et fécondes luttes des courses plates.

Il eut l'heur de trouver le Haras de Bois-Roussel tout agencé, avec la participation du comte Rœderer, qui apportait son activité, son expérience et son magistral coup d'œil, c'est-à-dire une trinité garante d'un succès, qui fut immédiat.

Homme de sport dans toute l'étendue du mot, M. Delamarre est en même temps un artiste de grand talent ; il peint remarquablement. Son goût l'a excité, comme le baron Finot, aquarelliste hippique de haute marque, à projeter ses envolées d'idéal vers les chevaux.

Il est facile de citer plusieurs œuvres, signées de lui, que les meilleures peintres de la spécialité, y compris mon excellent collaborateur M. Cotlison, un classique et un érudit, ont en très haute estime. La plus connue, est le défilé des pur-sang, qui se sont présentés pour disputer le Grand Prix de Paris en 1864, cette suprême épreuve internationale où Blair Athol, le glorieux vainqueur du Derby Anglais, venait se mesurer contre nos champions de France, et où la palme revint à un cheval de l'écurie Delamarre, prouvant ainsi que notre élevage national avait droit d'espérer le triomphe contre les dédaigneux de la vieille Angleterre.

Les deux chevaux, le mieux mis en relief dans ce tableau fort bien détaillé, sont Bois-Roussel et Vermout, mais à côté d'eux l'on peut admirer le superbe Blair Athol, la normande Fille-de-l'Air et Baronello. La scène est splendide d'animation ; on sent qu'elle a été prise sur le vif ; elle a été peinte avec le cœur d'un homme de cheval.

Il est un autre tableau de peinture qui m'a frappé fortement, et qui est signé aussi Henri Delamarre : c'est celui où notre grand Monarque (l'ancien) semble briller en pleine apothéose de galop divinisé.

Quelques Zoïles terre à terre ont tenté de soutenir que, dans cette toile si vivante, l'envolée galopante de Monarque est trop idéalisée. Je veux bien leur accorder cela, par la raison que je n'ai pas eu le plaisir de voir Monarque galoper, mais Archiduc, petit-fils de Monarque, avait, je l'affirme, cette allure éthérée : et il est un fait indéniable au point de vue de l'esthétique, c'est que pour concevoir, dessiner et peindre une œuvre semblable, il faut être à la fois homme de sport, appréciateur des pur-sang et artiste de haute race.

Je parlerai, à la fin de cette étude, de T.-R. Carter, l'académique entraîneur de M. Delamarre, et je donnerai sur lui des

T. R. CARTER

souvenirs et des appréciations très personnels ; il aime tant ses chevaux, bien qu'à l'heure actuelle leur qualité soit inférieure à sa valeur impeccable de chef de lutte, qu'il me pardonnera de parler de ses pensionnaires avant de publier sur lui tout ce que j'ai d'estime et de respect pour son impeccable personnalité d'homme et d'entraîneur.

Je me contenterai de dire présentement combien je le considère comme français de tout cœur, bien qu'il soit anglais d'origine.

Chevaux de 4 ans

1° *Vigne-Vierge*, par Vermout et Vinaigrette, alezane, avec une petite marque au front et une balzane à la jambe gauche de devant, boit dans son blanc. Les membres sont excellents et le rein est solide; elle a de très grandes lignes, comme sa haute origine le lui commande, et est construite de manière à se montrer fort résistante. Elle ferait une excellente jument de courses d'obstacles; aujourd'hui que l'on vient de créer un prix de 120.000 fr. en steeple-chase et un de 60.000 fr. en courses de haies, les spécialistes vont acheter de meilleurs chevaux que par le passé; Vigne-Vierge serait une excellente recrue. Elle a gagné le prix de Saint-Cloud, sur 4.000 mètres, au Bois de Boulogne; c'est une bonne recommandation.

2° *Chlamyde*, par Vigilant et Chloris, alezane avec une étoile et une grande bande blanche en tête, une balzane à la jambe gauche de derrière, a un très bon rein et la croupe ravalée comme une hollandaise. Elle a remporté deux victoires en 1888, victoires bien dues à son courage. Je la crois très bien taillée pour réussir en courses d'obstacles, comme sa camarade Vigne-Vierge. Elle appartient à la première production du jeune étalon Vigilant.

3° *Le Loup-Blanc*, par Vermout et Vipère, blanc avec quelques marques blondes, ne s'est présenté qu'une fois en course, dans le prix des Tilleuls, au Bois de Boulogne, où il n'a pas été placé. C'est un magnifique cheval de selle, et comme tel il vaut un prix élevé. Le duc de Hamilton a fait demander de l'acheter. On dit qu'il voulait l'employer comme étalon, pour obtenir des chevaux de chasse gris pommelés, mais il est probable qu'il pourra supporter les labeurs de l'entraînement, et qu'en 1889 nous lui verrons gagner un prix. Son excellent entraîneur fera tous ses efforts pour cela, et je crois que M. Delamarre aurait grand plaisir à le voir gagner; il a toujours été le préféré du comte Rœderer.

Le Loup-Blanc avait un peu souffert dans ses genoux, mais le voilà bien remis. En tout cas, soit comme cheval de haute-école à présenter dans un cirque, soit comme cheval de selle, soit comme étalon de croisement, ce pur-sang possède, en tout état de cause, une réelle valeur.

Chevaux nés en 1886

1° *Viaduc*, par Prologue et Viciosa, alezan, avec une petite marque blanche au front et trois balzanes, a l'honneur de se trouver dans le box illustré par Boïard. C'est un magnifique cheval de selle, et je ne crois pas qu'on puisse rêver un meilleur serviteur, mais comme champion de courses, il m'a semblé lais ser à désirer.

2° *Sérapis*, par Vigilant et Serinette, alezan, avec une petite étoile au front et trois balzanes, est un très fort poulain. Il a couru médiocrement à Maisons-Laffitte, le 2 août, dans le prix d'Essai des Poulains; dans le prix de Deux ans, à Deauville, il a mal figuré, et dans le Grand Critérium, au Bois de Boulogne, il n'a pas bien couru, mais il est taillé en trop grand et trop fort cheval pour avoir pu donner toute sa mesure à l'âge de deux ans, et il me semble que dans sa troisième année il pourra être utile à son écurie.

3° *Cléodore*, par Stracchino et Clotho, bai brun zain, bien marqué de feu. Sa force est très grande et pas mal répartie. Il n'a couru qu'une fois, dans le prix de Saint-Firmin, à Chantilly, où il est arrivé troisième derrière Anita et Jeanne-d'Albret. C'est là un assez bon titre aux succès de l'année prochaine, parce que la préparation de Cléodore devait être fort peu avancée. Son entraîneur est trop habile, et M. Delamarre est trop homme d'expérience hippique pour déranger par un entraînement prématuré un tel poulain dans sa croissance. Ce fils de Clotho a droit à des égards et mérite qu'on attende sa complète venue. Rappelez-vous l'admirable et si fructueuse carrière de courses fournie par sa demi-sœur Clio, qui n'avait pas couru à l'âge de deux ans. Sans avoir triomphé dans aucune des grandes épreuves, elle n'a été retirée de l'entraînement qu'après avoir gagné 234.725 fr. en divers prix enlevés à force d'endurance et de courage.

Cléodore

4° *Vasistas*, par Idus et Véranda, bai avec trop de blanc dans la tête. Il a des membres très solides et ressemble assez à Anglomane. Comme lui, il pourra faire un très bon cheval d'obstacles, et il semble avoir bon caractère. Il a couru à Deauville deux fois

9

sans être placé, mais il se trouvait en concurrence avec les meilleurs champions des autres écuries.

5° *Diapason*, par Vermout et Diana, bai, avec de petites traces de balzanes par derrière, est brassicourt, mais a le rein excessivement bien fait. Propre frère de Diamètre, il a la poitrine beaucoup plus ample que son aîné, et ne devra pas devenir corneur comme lui. Il est bien construit en galopeur. Sa mère Diana est une splendide fille de Lord Clifden, et quand le diable de la malechance s'en mêlerait, elle doit donner quelque bon produit.

6° *Fretin*, par Prologue et Friandise, poulain bai. C'est le premier produit de cette vaillante Friandise, qui soutint tant de luttes sur le turf et gagna 110.262 francs à force de persévérance. Il est un peu léger de membres et manque de taille, mais le sang de la grand'mère Fidélité est toujours là.

L'écurie Delamarre a essuyé une très grande perte par la mort d'une remarquable pouliche, que Friandise avait eue de Tristan, le sculptural étalon. Le comte Rœderer prétend qu'il n'avait jamais eu à Bois-Roussel un produit donnant droit à plus d'espérances, et pouvant faire rêver un plus grand avenir ? Cette regrettée fille de Tristan et Friandise mourut d'une angine.

7° *Provocante*, par Vermout et Princesse Christian, pouliche baie, avec une étoile en tête et une petite bande prolongée presque jusque sur les lèvres, une balzane à la jambe gauche de derrière. Elle a un très beau dessus, mais elle est défectueuse dans ses genoux et il lui passe trop d'air sous le ventre, elle possède beaucoup de force dans l'arrière-train, et elle devra gagner plus d'une course dans les petites réunions, si M. Delamarre se décide à y faire courir.

Elle s'est présentée sans succès dans le Deuxième prix d'Automne, au Bois de Boulogne, et dans le prix de Condé, à Chantilly.

8° *Vin-d'Or*, par Vermout et Vinaigrette, poulain alezan avec une étoile en tête et une lice prolongée, une balzane à la jambe gauche de devant. C'est un grand et beau poulain ; on a bien fait de le conserver pour les courses de trois ans, où il mérite à tous égards de bien figurer.

Pouliches nées en 1887

1° *Clymène*, par Vigilant et Clio, pouliche baie avec une toute petite marque au front, a la raie de mulet. Elle manque de taille, mais elle est absolument moulée, a les membres très forts, le rein très solide et les jarrets excellents ; la tête est fine et intelligente ; tout l'aspect présente une grande distinction. Quelle admirable jument de dame. Dans les courses de deux ans, elle pourra réussir, car elle sera très facile à préparer, et devra avoir beaucoup de vitesse. Elle ressemble énormément à sa mère, l'une des plus belles juments qui aient paru sur le turf, mais elle en est la réduction. C'est le premier produit de Clio ; si ses autres fils ou filles ont le même modèle, agrandi comme il faut l'espérer, l'écurie Delamarre aura encore de beaux jours, et le public des courses pourra de nouveau applaudir ses succès.

2° *Dogaresse*, par Vigilant et Dovedale, pouliche baie, avec une étoile en tête et trois balzanes. Elle a un air tout étrange, et l'on trouve chez elle un assemblage de grandes qualités avec quelques petits défauts très saillants. Elle est grande et forte avec des lignes remarquables, bien qu'elle soit un peu enlevée. On peut observer dans son aspect général, plusieurs indices d'excellent caractère, bien qu'elle ait cette tête busquée de la famille des Melbourne qui annonce des velléités de révolte ou de mauvais vouloir. Elle est frappante de contrastes. En résumé, je crois qu'elle deviendra une vraie jument de courses.

3° *Veronica*, par Prologue et Verona, pouliche baie brune bien marquée de feu. Bien qu'elle soit le premier produit de Verona, elle est assez grande et bien faite de tout point ; la force de ses avant-bras est remarquable, et l'arrière-train se trouve bien disposé pour seconder le devant.

4° *Cadette*, par Prologue et Cadence, pouliche baie, avec une étoile en tête et une petite marque blanche à droite sur le nez, deux balzanes par derrière. Elle ressemble énormément à sa mère ; il n'y a qu'à lui souhaiter autant de chance dans sa carrière de courses; on peut espérer que le souhait se réalisera; Cadette est construite en lutteuse et pourra surprendre ses adversaires dans les dernières foulées de galop, comme Cadence surprit Yvrande dans le prix Triennal, à Chantilly.

5° *Cour d'Amour*, par Stracchino et Versailles, pouliche baie brune, un peu petite, mais très bien faite. Son aspect est celui d'une future triomphatrice dans les courses de deux ans.

6° *Prunelle*, par Vigilant et Princess Christian, pouliche baie avec une bande blanche, étroite et prolongée du front aux naseaux, une balzane à la jambe droite de devant. Comme presque tous les produits de Princess Christian, elle a l'air de manquer un peu de tempérament et est trop enlevée.

7° *Pique-Poule*, par King-Lud et Vinaigrette, pouliche baie zain. Si celle-ci n'est pas bonne et très dure à la lutte, je serai bien surpris. Sa mère a gagné 96.682 fr. en petits prix conquis à force de cœur, son père eut la gloire de battre Boïard d'un nez, après un duel où le sang coula sous les éperons pendant plus de huit cents mètres. Pique-Poule a toute l'apparence voulue pour avoir hérité de cette vaillance. Très forte de partout, elle a d'excellents membres, de grandes lignes, l'œil fier et calme ; elle est taillée pour le galop et pour la victoire.

Poulains nés en 1887

1° *Cachemire*, par Saumur et Kate II, bai brun avec une étoile en tête et une petite trace de balzane à la jambe gauche de derrière. C'est un fort poulain, un peu commun. Il n'est pas né à Bois-Roussel, et ça se voit. On lui fit mettre le feu sur un suros, pendant qu'il était encore à la prairie. Il nous semble que cette application du fer rouge était un peu prématurée, sinon inutile. Cachemire est entré par surprise dans l'écurie Delamarre. Son premier maître, après l'avoir fait cautériser de bonne heure, lui fit subir le feu des enchères à Deauville. M. Delamarre était venu en flâneur; il lui prit idée de mettre une enchère sur Cachemire, croyant que le poulain ne lui resterait pas; il lui fut adjugé, et comme le cachemire était tiré, il fallut l'endosser. Le plus drôle serait qu'il gagne des courses. Cela peut très bien arriver.

2° *Vico*, par Idus et Viciosa, bai avec deux balzanes en diagonale, l'une à la jambe droite de devant, l'autre à la jambe gauche de derrière. Il a le rein un peu plongé, mais par tous les autres points, c'est un solide gaillard. Il s'était enfoncé un clou de maréchal dans le pied, et avait un cataplasme sur le mal lorsque nous lui avons rendu visite. Nous l'avons forcément un peu moins examiné que ses camarades.

3° *Faune*, par Vigilant et Queen, bai avec une petite étoile en tête. Il est de taille moyenne mais excessivement bien prise. Les membres sont bons, le dessus très solide, et il est très près de terre, ce qui prouve qu'avec des juments lui convenant bien, Vigilant ne donne pas des produits enlevés, comme on a pu le lui reprocher. Faune devra fournir une satisfaisante carrière de courses; il est presque sûr qu'il se comportera avec cœur.

4° *Chef-d'Œuvre*, par Vermout et Chloris, alezan avec une lice en tête très prolongée. C'est le dernier produit de Vermout. S'il n'est pas bon, il y aura de quoi s'en étonner, car, sapristi, il est vraiment beau et taillé en cheval de courses. Les avant-bras ont déjà de véritables nœuds de muscles, et la puissance de levier de l'arrière-train est frappante. Il a eu un petit suros qui s'en va tout seul et ne le gênera pas du tout. Je ne puis mieux exprimer mon impression à son égard, qu'en disant : « il vaut la peine que M. Delamarre fasse lui-même son portrait. »

La nature a ses caprices, il se pourrait fort bien que Vermout ait couronné son œuvre de reproduction par ce Chef-d'Œuvre.

5° *Dialogue*, par Idus et Diana, bai avec une étoile en tête. C'est un très fort poulain; quand sa croissance sera terminée il pourrait traîner un lourd chariot. A l'encontre des autres produits d'Idus, il est très mou et ne montre pas la moindre velléité de révolte. S'il n'avait pas été élevé à Bois-Roussel, on pourrait croire qu'il n'a mangé que de l'herbe, au lieu d'être nourri à l'avoine dès son jeune âge comme ses camarades,

C'est un vrai fainéant; il y a eu de bons chevaux avec cette nature là.

6° *Disque*, par Vigilant et Division, bai, avec la raie de mulet. Il remonte par sa mère au sang de King-Tom, et il ressemble beaucoup à son aïeul. Ses membres, très forts et sains, sont bien en rapport avec sa construction, qui est solide et un peu massive. L'entraîneur a du mal pour mettre de tels pensionnaires en pleine condition, mais lorsqu'il y arrive, il en est toujours bien récompensé.

*
* *

Il est vraiment regrettable de voir un éleveur comme le comte Rœderer et un homme de sport aussi éminent que M. Henri Delamarre présenter en courses des chevaux médiocres, après avoir rayonné comme les princes du turf, mais il y a eu une faute commise au pays de leur élevage, et ils ont pour ainsi dire été eux-mêmes au-devant de l'insuccès.

Après avoir vendu Boiard 150.000 francs, Idus fut acheté pour un petit prix en Angleterre, et cette trop modique acquisition mit la déroute dans les pur-sang confiés à l'excellent entraîneur T.-R. Carter.

Supposez qu'un agriculteur veuille demander sans cesse de forts produits à sa terre sans la fumer richement; aussi féconde que soit la terre, il la mettra en état d'épuisement, c'est assuré. Eh bien, la qualité de l'étalon est l'engrais indispensable à tout haras. Il est en élevage un principe indiscutable : aide-toi, le sol t'aidera, surtout pour le cheval de pur-sang, que l'on peut élever partout; M. Moreau Chaslon le prouve bien, puisqu'il produit des pur-sangs presque en chambre.

T. R. Carter a fait son apprentissage en Belgique, chez son père qui entraînait les chevaux du comte Cornilison. Il vint en France en 1851, où comme début il entraîna Cauliflower, un cheval qui appartenait à son beau-frère T. Jennings, et qui fut vainqueur dans une course de haies de Versailles.

En 1852, M. Lefèvre lui confia la direction de sa petite écurie de courses. Les meilleurs pensionnaires furent Jasmin, Colibri, Regrettée, Biberon et Théodora. Ces deux derniers devinrent la propriété du baron Finot, et ce fut T. R. Carter qui fut chargé de les entraîner pour la destination des courses d'obstacles. En 1854, le futur préparateur de Vermout, de Florentin, de Patricien et de Boïard, qui tous les quatre gagnèrent le prix du Jockey-Club, entra au service de M. Delamarre pour ne plus le quitter. Il entraîna sur les obstacles Aniceps, Flying-Buck et Trovator.

T.-R. Carter a toutes les aptitudes et les qualités nécessaires à un entraîneur, qualités et aptitudes si difficiles à trouver réunies chez le même homme. Comme son beau-frère, le classique Tom Jennings, il est un peu sévère pour le travail de ses chevaux, mais quand il les prépare pour une course, on peut être assuré qu'il les amène à l'apogée de leur condition, et qu'il est impossible de les avoir mieux disposés à la victoire.

De 1860 à 1880, voici les recettes presque incroyables que T.-R. Carter a fait encaisser par l'écurie avec quarante-six chevaux :

Années de la naissance	Noms des chevaux	Sommes gagnées
1870	Boïard	307.875 fr.
1879	Clio	234.725
1861	Vermout	205.375
1862	Vertugadin	123.100
1864	Patricien	121.250
1879	Friandise	110.262
1861	Bois-Roussel	101.350
1873	Vinaigrette	96.682
1866	Clotho	94.830
1879	Vigilant	76.875
1877	Clélie	60.886
1880	Vernet	65.000
1880	Verte-Bonne	60.125
1860	Conquête	59.450
1870	Campêche	55.625
1863	Victorieuse	54.330
1868	Verdure	53.171
1872	Ventriloque	44.900

1862	Matamore	41.675
1877	Fil-en-Quatre	41.660
1872	Palmyre	39.725
1870	Apollon	38.850
1868	Boréal	37.962
1865	Vérité	34.825
1864	Nicolet	34.600
1868	Bivouac	32.943
1865	Cristal	34.170
1875	Reine-Claude	33.825
1868	Veranda	33.650
1875	Vitelotte	32.200
1877	Vicomte	32.030
1879	Verlion	31.450
1878	Vizir	30.975
1860	Angus	30.815
1863	Willis	30.812
1868	Clotaire	27.931
1867	Porphyre	27.900
1856	Papillotte	26.483
1863	Collet-Monté	25.825
1862	Billet-Doux	25.125
1870	Vitriol	24.225
1866	Virgule	23.208
1875	Passe-Dix	21.262
1875	Viveur	21.228
1872	My-Emmey	19.050
	TOTAL	2.962.117 fr.

J'ai tenu à relater ces splendides états de service, parce que, sous tous les rapports, T.-R. Carter mérite qu'on lui rende hommage.

Ses écuries sont admirablement tenues, vous le pensez bien; elles sont aussi très confortablement installées. Il y a pour les vieux chevaux une dizaine de boxes à grillage, qui permettent de voir les pensionnaires en se promenant dans un corridor assez vaste. Les jeunes sujets sont mis tout d'abord dans des boxes complètement fermés.

T.-R. Carter, ainsi que son beau-frère Tom Jennings, aime

tous les animaux et les connaît tous. Il a toujours une ou deux vaches excessivement bienchoisies.

Il est secondé sur le turf par les jockeys Rolfe et Childs.

LE JOCKEY ROLFE

Il n'a jamais eu d'autre maître qu'Henri Jennings, et il a bien profité de ces magistrales leçons, comme jockey et comme entraîneur.

Comme jockey, il a gagné un très grand nombre de courses par sa persévérance acharnée. Dans le prix Gladiateur, il secoua si fortement Pourquoi, bien que celui-ci fut distancé par Clémentine, qu'il parvint à rejoindre la jument et à la battre dans les dernières foulées; dans le Triennal, à Chantilly, il s'acharna si bien après Yvrande, qu'il la battit d'une tête avec Cadence, bien que Cadence fut inférieure à Yvrande.

Comme entraîneur, il a tiré tout le parti possible de Reluisant, et de tous les chevaux à moitié bons qui lui ont été confiés.

Rolfe est aimé du public, et c'est à juste titre.

LE JOCKEY CHILDS

Childs fit son apprentissage en Angleterre et eut successivement pour maîtres : Deth à Ascot, Day à Newmarket, Drowet à Lewis, Goodvin à Newmarket, puis il vint en France vers 1867. Il monta d'abord pour M. Lunel, puis pour Henri Jennings, puis pour Carter de la Fourrière. En 1873, il entra chez Gibson et monta Foudre-de-Guerre dans plusieurs courses qui furent des victoires. Il alla ensuite à Moulins, chez M. Fould; de là, il vint entraîner les chevaux de M. Pariche ; lorsque celui-ci voulut devenir entraîneur, Childs monta des chevaux pour M. Michel Éphrussi. En dernier lieu, il est entré au service de M. Delamarre. Comme jockey de poids léger, il n'a guère son pareil, parce qu'il n'a pas besoin de perdre des forces en se faisant maigrir outre mesure. Dans les handicaps, le cheval qu'il monte a un grand avantage, parce que Childs est très vigoureux dans sa petite taille et son petit poids naturel. Il remporte un grand nombre de ces épreuves.

Père d'une douzaine d'enfants, il les a élevés dans l'amour du travail, il en a fait de loyaux serviteurs comme lui.

Je ne terminerai pas cette étude sans souhaiter à l'écurie Delamarre d'avoir plus de succès qu'elle n'en a eu depuis quelques années. En 1883, elle fut très heureuse de gagner le prix de Diane avec Verte-Bonne, mais, en 1881 et en 1882, elle aurait dû gagner le prix du Jockey-Club. Vizir était certainement le meilleur cheval de son année : il se tua à l'exercice; Vigilant aurait triomphé s'il n'avait été victime d'un accident, alors qu'il semblait maître de ses adversaires.

Voilà longtemps que l'étoile du succès a pâli pour l'une de nos plus sérieuses et de nos plus corréctes écuries. Je crois que mes lecteurs feront le même souhait que moi. T.-R. Carter est resté très alerte; il gagnera encore de grands prix.

HARAS DE GOUVIEUX

Près Chantilly (Oise)

Prologue, né en 1876, par Dollar et Planète

1878

1	Plate, Newmarket	4.425	»
	1879		
1	Derby du Pin, Le Pin	8.900	»
1	Prix Spécial, Deauville	2.112	50
2	Prix du Calvados, Deauville	1.087	50
1	Newmarket Spring Handicap	11.175	»
	1880		
1	Prix Principal, Deauville	3.125	»
1	Prix Principal, Lille	3.125	»
1	Prix des Haras, Fontainebleau	3.000	»
2	Prix Jouvence, Paris	812	50
1	Prix National, Marseille	4.050	»
1	Prix National, Bordeaux	4.250	»
	1881		
1	Prix de Chevilly, Paris	6.525	»
2	Prix National, Dieppe (dead-heat avec Clémentine)	800	»
1	Prix National, Caen	4.050	»
2	Prix Jouvence, Paris	737	50
	Total des sommes gagnées	58.175	»

Fera la monte à raison de **500** fr.

A CHANTILLY

M. LE BARON DE ROTHSCHILD

Entraineur particulier : LYNHAM
Jockeys : HARTLEY, CRICKMÈRE, LOCK

CHEVAUX A L'ENTRAINEMENT

Chevaux de cinq ans

BRIO, m. al., par Hermit et Bric. (Page 148.)

Chevaux de quatre ans

BLUE SILK, pche bb., par Stracchino et Blue Serge. (Page 149.)
CLIQUETIS, pn b., par Speculum et Camlin. (Page 150.)
EUMÉNIDE, pche b., par Hampton et Eude. (Page 149.)
MODISTE, pche al., par Nougat et Modest Martha. (Page 150.)
QUICK, pn al., par Nougat et The Quail. (Page 154.)
STAR, pn b., par Hilarious et Stella. (Page 149.)

Chevaux de trois ans

AMAZON, pn al., par Paladin et Ambuscade. (Page 156.)
BAYARD, pn al., par Beauminet et Victory II. (Page 158.)
BLEUETTE, qche al., par Wellingtonia et Blue Serge. (Page 162.)
CANDÉLABRE, pn b., par Faugh a Ballagh et Illumination. (Page 163.)
CHAMBERTIN, pche bb., par Touchet et Chartreuse. (Page 162.)
EUDELINE, pche b., par Stracchino et Eude. (Page 163.)
GOLDFIELD, pche al., par Peter et Silverfield. (Page 163.)
GRACCHE, pn al., par Fleuret et Cornélie. (Page 162.)
LAVINIE, pche bb., par Stracchino et Laversine. (Page 155.)
LEPINOUX, pn b., par Bay Archer et Laurencia. (Page 161.)
LOTO, ex-Loterie II, pn b., par Nougat et Letty Lyon. (Page 158.)
MODÈLE, pn al., par Nougat et Modest Martha. (Page 155.)

Poulains de deux ans

Pouliches de deux ans

N., pche al., par Nougat et Ambuscade. (Page 167.)
N., pche al., par Nougat et Tantrip. (Page 166.)
N., pche b., par Pellegrino et Bertha. (Page 167.)
NYMPHEA, pche bb., par Wellingtonia et Laversine. (Page 168.)
POMPONNE, pche alezane, par Wellingtonia et Pompette. (Page 164.)
RENAISSANCE, pche al., par Archiduc et Régine. (Page 165.)
STRATONICE, pche b., par Stracchino et Eude. (Page 168.)
WHIST, pche al., par Tristan et Wild Thyme. (Page 165.)
WILNA, pche al., pche al., par Archiduc et Whitchcraft. (Page 166.)

Chevaux de trois ans

CHARICLÉE, pche b., par Charibert et Skotzka. (Page 178.)
CRINIÈRE, pche b., par Robert the Devil et Crinon. (Page 178.)
MASCARADE, pche al., par Mask et Shepherd's Bush. (Page 178.)

Poulains de deux ans

FLIBUSTIER, pn al., par Clairvaux et Flippant. (Page 177.)
FOXHOUND, pn b., par Foxhall et Roma. (Page 176.)
HEAUME, pn al., par Hermit et Bella. (Page 176.)
LE NORD, pn al., par Tristan et La Noce. (Page 177.)
MEAUX, pn al., par Master Kildare et Brie. (Page 176.)
SLYX, pn b., par Foxhall et Serena. (Page 176.)
VERMILLON, pn al., par Tristan et Versigny. (Page 177.)

Pouliches de deux ans

FATUITÉ, pche b., par Archiduc et Formalité. (Page 178.)
HIMALAYA, pche al., par Tristan et Hortense. (Page 178.)
PENINSULAR, pche bb., par Stracchino et Penitent. (Page 178.)

Nous voici en présence d'un très grand établissement d'entraînement où la consigne, depuis longues années, semble être de perdre régulièrement des courses au lieu d'en gagner. Au point de vue matériel et pécuniaire, un pareil résultat, aussi désastreux qu'il puisse être, a peu d'importance auprès d'un maître extra-richissime comme le baron de Rothschild, mais il est un mobile qui domine la question d'argent, c'est l'amour-propre, et, à ce point de vue, le roi de la finance n'a pas lieu d'être satisfait. Aussi ne faut-il pas s'étonner que le baron se soit décidé, en 1888, à acheter un très grand nombre de yearlings, en outre des élèves du haras de Meautry, et qu'il en ait fait mettre une soixantaine au dressage.

L'écurie se présentera sur les hippodromes, en 1889 et 1890, avec une troupe formidable, et l'on ne devra pas s'étonner de voir enfin la malechance faire place à une série de grands succès.

La preuve que toute la famille de Rothschild a le plus vif désir de gagner des courses, c'est qu'à la moindre victoire de l'un de

M. le baron de ROTHSCHILD

ses chevaux, on voit accourir baronnes et barons pour prodiguer des caresses au pur-sang, féliciter le jockey et encourager l'entraîneur. Le plus superficiel et le moins attentif des observateurs peut aisément se convaincre que de tels propriétaires font courir pour le plaisir de gagner, beaucoup plus que pour détacher des timbales d'argent dont ils n'ont nul besoin.

Le public fera très bon accueil aux succès de l'écurie Rothschild; il aime les propriétaires qui font de grands sacrifices pour l'élevage et les courses, tandis qu'il manifestera toujours une légitime défiance et une très excusable aversion envers ceux qui viennent jouer sur le turf le rôle de maquignons d'hippodromes. Le nombre des premiers ne sera jamais assez considérable ; il faut tout faire pour restreindre celui des seconds.

En outre, la personnalité des Rothschild est fort sympathique aux Parisiens. Ces privilégiés de la fortune songent sans cesse

L'entraîneur **LYNHAM**

aux humbles et aux malheureux, et leur charité est intarissable.

N'en déplaise à mon confrère Édouard Drummond, dont j'ai pu apprécier le viril caractère alors que nous collaborions ensemble au *Bulletin français*, et dont j'estime les convictions, les Rothschild sont beaucoup moins juifs — dans la mauvaise acception du mot — que beaucoup de catholiques. Ils sont israélites, et on est mal venu à leur reprocher de demeurer fidèles à la foi de leurs pères, alors surtout qu'ils se conduisent dans la terrible vie de ce monde avec plus de générosité que beaucoup d'autres financiers appartenant à des religions plus modernes.

Il faut leur rendre justice à cet égard, et moi, qui suis un catholique sincère et convaincu, bien que peu ardent et pas du tout pratiquant, je suis heureux de trouver l'occasion de saluer comme ils le méritent ces hommes de bien.

* * *

Il est intéressant, pour les éleveurs et les hommes de sport, de rechercher les causes des insuccès persistants de l'écurie Rothschild. Or, ces causes, on ne peut les trouver que dans la manière dont les chevaux sont élevés et dans celle dont ils sont entraînés.

Le splendide haras que le baron de Rothschild a fait installer à Meautry, tout près de Deauville, dans l'une des parties du Calvados où les prairies ont le plus d'abondance d'herbe, a toujours envoyé de superbes yearlings au dressage. Ils fondaient comme la rosée devant les rayons du soleil, ou comme le beurre soumis au feu, lorsqu'il leur fallait subir les sévères labeurs de l'entraînement.

Pourquoi ?

Parce qu'ils étaient élevés trop en plaine, sur un sol qui devient dur et raboteux comme du minerai de fer par les temps de sécheresse, et boueux comme un marécage lorsqu'il pleut sérieusement. Les jeunes poulains n'osaient pas galoper sur le terrain trop durci, et faisaient des glissades dangereuses sur le terrain détrempé, de telle sorte qu'ils pouvaient prendre trop rarement l'exercice fortifiant et salutaire qui prépare aux luttes des hippodromes.

Aujourd'hui, il y a une grande amélioration à Meautry. Le baron a pu acheter des prairies sur la hauteur ; la nature de l'herbe est beaucoup plus propice à produire des chevaux résistants, et le sol permet aux poulains de mieux galoper ; comme il se trouve en pente, il forme et dispose les membres à se mieux comporter plus tard sur les montées et les descentes des champs de course.

Je crois que dès à présent les chevaux, élevés avec le plus grand soin au haras de Meautry par Balchin père et fils, doivent avoir plus de qualité et surtout plus d'endurance, mais je me permettrai de signaler à l'attention du baron de Rothschild une réforme très essentielle à faire dans ses prairies.

Au mois d'août dernier, en visitant Meautry, j'ai remarqué de nombreux pommiers dans les enclos où se trouvent les poulains.

Il faut que ces arbres disparaissent : 1° parce qu'ils détériorent la qualité de l'herbe par leur ombrage et la nourriture qu'ils demandent à la terre ; 2° parce qu'ils empêchent les jeunes produits de galoper et peuvent leur faire subir de nombreux accidents ; 3° parce que, à la chute des pommes, les chevaux peuvent très bien s'étrangler.

Pour que la flore d'une prairie acquière son maximum de saveur, il est indispensable que le soleil puisse la caresser de ses baisers incessants ; tout ombrage est nuisible.

*
* *

Les chevaux du baron de Rothschild sont entraînés depuis cinq ans par Lynham. Il n'a pas eu de chance jusqu'ici, mais ses écuries sont très bien tenues et ses chevaux actuels sont en bel état.

Lynham est un travailleur très soigneux et un entraîneur connaissant bien son métier.

Voici, du reste, ses états de service :

F. Lynham a fait son apprentissage au service de M. Saxon, chez lequel H. Grimshaw et Snowden ont été apprentis.

Il a été jockey pour M. Forbs Bently ; en 1870, il monta Adonis au poids de 40 kilos et gagna le Cambridgeshire.

En 1871, il était déjà entraîneur, en même temps que jockey, pour sir John Asthley, lord Rossmore et lord Clifford.

En 1872, il commença à monter dans les courses d'obstacles, et il gagna la course de haies de Dieppe, en pilotant Dominus.

Les chevaux qui ont eu le plus de succès pendant qu'il entraînait en Angleterre sont : Windsor, à sir John Asthley, qui gagna le Chester Cup, et Essayez, à lord de Clifford.

A la fin de 1883, il vint en France comme entraîneur du baron de Rothschild.

Sa tenue est très correcte et son aménité parfaite. Tout le temps qu'il n'emploie pas à la surveillance de ses chevaux, il le consacre à sa famille, composée d'une charmante jeune femme et de plusieurs enfants très bien élevés. Il a l'aspect d'un gentleman, mais il n'oublie pas qu'il a parcouru pied à pied toutes les étapes de son métier. C'est un point essentiel pour réussir, et quelque chose me dit que la réussite n'est plus éloignée pour l'écurie Rothschild.

*
* *

L'installation de Lynham est très complète et des mieux comprises.

Il y a des chevaux dans deux établissements : l'un placé dans la petite rue qui va chez le père Gibson, l'autre un peu à l'écart de Chantilly, sur les derrières, du côté du chemin de fer. L'entraîneur Lynham a son habitation dans le premier établissement, où se trouvent les chevaux âgés, ceux de trois ans et quelques-uns de deux ans ; dans le second, on trouve les pouliches de deux ans.

Chevaux de cinq ans.

Brio, par Hermit et Brie, alezan avec une étoile en tête, est un véritable cheval de bon ordre ; il vaut des flots d'or comme étalon.

Il n'a pas eu de chance sur le turf ; la qualité ne lui manquait pas, mais il a plusieurs fois été victime d'accidents, au moment même où sa préparation était parachevée. Il n'a jamais été claqué, mais une jambe a chauffé, et il ne faut pas cela pour les grandes épreuves, où Brio, par sa naissance et sa plastique, est digne de figurer.

Le reverrons-nous sur nos champs de course ?

Je l'espère, sans oser dire que j'y crois.

Chevaux de quatre ans.

1° *Star*, par Hilarious et Stella, cheval bai avec une toute petite marque en tête, une balzane à la jambe gauche de devant et une balzane à la jambe gauche de derrière.

Mon appréciation sur ce cheval sera fort courte : il ne me paraît pas digne de rester dans l'écurie Rothschild.

2° *Euménide*, par Hampton et Eude, jument baie brune zain, est grande et forte ; elle a de bons élans de galops et pourra se montrer utile ; vous la verriez gagner quelque bonne course, si elle n'avait un boulet défectueux.

Non placée dans le prix de Persévérance, à Maisons-Laffitte, sur 2,000 mètres en bon terrain ; elle est arrivée seconde, à Chantilly, sur 2.200 mètres en bon terrain, à une tête d'Atlantide. Quelques jours après, à Chantilly, sur 2,100 mètres en terrain dur, elle a gagné facilement le prix de Consolation. Puis elle a bien terminé l'année en arrivant troisième derrière Saladin et Phocéen, à Maisons-Laffitte, dans le prix de Bougival, sur 2.200 mètres en bon terrain, et en remportant un handicap, à Saint-Ouen, dans le prix de Provence, sur 2.700 mètres en bon terrain.

3° *Blue-Silk*, par Stracchino et Blue-Serge, baie brune, est une forte jument avec de bons avant-bras, mais les jarrets ne sont pas des meilleurs et paralysent la qualité qui ne fait pas défaut à cette fille de Stracchino.

Non placée dans le prix de Bagatelle, au Bois de Boulogne, sur 2.000 mètres en terrain lourd, elle arriva seconde à une longueur et demie de N. de Nougat et Quakeress, sur 2.400 mètres en bon terrain. A Vincennes, dans le prix des Pouliches, sur 1.600 mètres en bon terrain, elle ne fut battue que d'une tête par Io, qui lui rendait cinq livres. Sur la même piste de Vincennes, dans le prix des Remparts, en 2,100 mètres et terrain dur, elle arriva bonne troisième derrière N. de Tunisie et Congo II. Dans le prix de Diane, à Chantilly, elle courut mal. Dans le prix de La Morlaye sur 2.000 mètres en terrain dur, elle gagna facilement. A Longchamp, dans le prix de la Porte-Maillot, sur 1.600 mètres en bon terrain elle fut battue de trois longueurs par Verveine. A Amiens, dans le prix des Tribunes, sur 1.600 mètres en terrain lourd, elle fut troisième derrière Urgence et Plume-au-Vent.

4° *Cliquetis,* par Speculum et Camlin, bai zain, a une très belle épaule et un bon rein. C'est un cheval un peu enlevé, mais il est très bien fait pour avoir de la vitesse ; les jarrets sont trop droits.

Il débuta par une victoire à Maisons-Laffitte, dans le prix de Palaiseau, sur 1.600 mètres en bon terrain ; il battait douze chevaux, parmi lesquels se trouvaient Le Cordouan et Sensitive, arrivés second et troisième. Non placé à Chantilly, dans le prix de Gouvieux, sur 2.100 mètres en terrain dur ; non placé à Deauville, dans le prix des Ecuries, sur 1.600 mètres en bon terrain ; il ne fut pas plus heureux à Saint-Ouen, dans le prix du Périgord, sur 1.800 mètres en bon terrain.

Cliquetis devrait faire un assez bon cheval de courses d'obstacles ; bon nombre d'entre les produits de Speculum ont réussi dans cette spécialité du turf.

5° *Modiste*, par Nougat et Modest Martha, est une jument alzane zain. Elle paraît avoir la santé un peu délicate et a le flanc trop grand. Sans cela, elle aurait eu plus de succès. Les hanches sont très saillantes ; elle a une sorte de bosse sur la croupe.

Modiste ne figura pas bien dans le prix Vanteaux au Bois-de-Boulogne, sur 2.000 mètres en bon terrain, et courut mal sur la même piste, dans le prix de Saint-James, sur 1.700 mètres en terrain lourd. A Vincennes, dans le prix de Brie, sur un terrain détrempé par le mauvais temps, elle gagna de trois longueurs. Non placée dans le prix du Lac, au Bois-de-Boulogne, sur 2.200 mètres en terrain dur, elle courut mal à Maisons-Laffitte, dans le prix Maisons, en terrain très dur. A Chantilly, dans le prix de Vineuil, sur 2.200 mètres en terrain dur, elle arriva médiocre troisième derrière Ara et Frondeuse. A Vincennes, dans le prix de Chelles, sur 2.100 mètres, elle gagna d'une encolure. Non placée au Bois-de-Boulogne, dans le prix de Saint-Germain, sur 2.000 mètres en bon terrain, elle arriva seconde à Maisons-Laffitte, derrière N. de Tunisie, dans le prix de Pontoise, sur 1.600 mètres en bon terrain; cette course est bonne pour Modiste, parce qu'elle rendait sept livres à N. de Tunisie, qui est un assez bon cheval. Le vaillant Carafon n'était que troisième, mais sa condition n'était pas encore à point. Dans le Grand Prix d'Amiens, sur 3.200 mètres en terrain lourd, Modiste ne fut battue que d'une courte tête par Presta. On sait que sur cet hippodrome d'Amiens, les juges ont toujours été renommés pour être bébêtes en courses; leurs intentions sont excellentes et leur honnêteté est impeccable, mais leurs impairs sont légendaires, et j'ai entendu dire par un grand nombre de sportsmen que Modiste avait gagné, mais il faut s'incliner devant le verdict des juges suprêmes; l'artilleur de la Société d'Encouragement nous en a fait avaler de raides, en vertu de ce pouvoir discrétionnaire. Lui aussi il est fort honnête; rien de mieux, mais cela ne suffit pas dans une tâche aussi difficile à bien remplir.

Dans l'Omnium du Bois de Boulogne, sur 2.400 mètres en bon terrain, Modiste arriva quatrième derrière Dauphin, Hervine et Indien III. Elle ne fut que troisième derrière Indien III et Chlamyde à Vincennes, dans le Grand Handicap, sur 2.100 mètres en terrain dur. Elle arriva aussi troisième à Saint-Ouen derrière Police et Fougère, dans le prix de Bourgogne, sur 1.800 mètres en terrain lourd.

En résumé, les deux victoires remportées par Modiste l'ont été sur la dure piste de Vincennes, et sur un terrain alourdi par la pluie. Son excellente course fournie dans le Grand Prix d'Amiens a eu lieu aussi sur un terrain très lourd. Nous engageons nos lecteurs à ne pas oublier ces particularités. Modiste nous semble destinée à gagner quelques courses en 1889. Il

Yearlings femelles en boxes.

vaut mieux, dans ses paris, se laisser guider par des observations raisonnées que par des racontars ou *des tuyaux*. Je parle pour ceux qui aiment à parier, c'est-à-dire à faire un acte rationnel, au lieu de jouer, c'est-à-dire d'abandonner tout au hasard.

6° *Quick*, par Nougat et The Quail, est un beau cheval alezan. En ce moment il est au repos, à la suite d'une carrière très laborieuse en 1888. Il a fourni treize courses pour remporter deux victoires et gagner 8.287 fr. 50.

Il commença par battre Reine d'une encolure à Vincennes, dans le prix d'Ivry, sur 2.100 mètres en terrain lourd; sur la même piste, en 2.100 mètres et terrain lourd, il fut battu facilement par Sergent Major, dans le prix de La Brie. Non placé à Maisons-Laffitte, dans le prix de Gisors, sur 2.400 mètres en bon terrain, il arriva troisième à Vincennes derrière Indien III et Pulchra, dans le prix de Mai, sur 2.100 mètres en terrain très dur. Toujours à Vincennes, il fut battu par Palatine, dans le prix du Plateau, sur 2.100 mètres et en bon terrain. A Maisons-Laffitte, dans le prix de Pavilly, sur 2.000 mètres en bon terrain, il succomba d'une demi-longueur derrière Indiscret. A Saint-Ouen, dans le prix de Picardie, sur 2.000 mètres en bon terrain, il arriva troisième derrière Trident et Clara Soleil. A Boulogne-sur-Mer, dans le Grand Prix de la Ville, sur 1.800 mètres en bon terrain, il fut bon troisième derrière Mademoiselle de Bigeonnette et Bess.

Nous le retrouvons sur la brèche le 3 septembre à Vincennes, dans le prix de Saint-Maurice, sur 2.000 mètres en bon terrain; il court mal à Vincennes encore, dans le prix de Reuilly, sur 2.000 mètres, il est battu par Volubilis, mais il se trouve devant cinq autres concurrents. Toujours à Vincennes, dans le prix de Normandie, sur 2.000 mètres en terrain mauvais et dur, il arrive troisième derrière Nathalie et Halbran. De nouveau à Vincennes, dans le prix de Seine-et-Oise, sur 2.500 mètres et en terrain très difficile et très dur, il gagne aisément d'une longueur. On le condamne de nouveau à courir à Chantilly, dans le prix d'Enghien, sur un terrain trop dur et en 3.600 mètres. Il n'est pas placé.

Vous reconnaîtrez, amis lecteurs, que ce pauvre diable de cheval a bien mérité le repos qu'on vient de lui donner, et qu'il s'est montré fort endurant, puisqu'il a couru, sans rechigner, autant de fois sur du terrain beaucoup trop dur. Les deux victoires ont été remportées à Vincennes. C'est bon signe, car là il faut de forts jarrets pour la lutte finale et pour obtenir des succès.

Chevaux nés en 1886

1° *Modèle*, par Nougat et Modest-Martha, alezan zain, est un bon poulain, bien suivi dans ses formes très en harmonie. Il est taillé tout à fait en champion de courses, et il a trop le grand air familial de la race Monarque (le vrai) pour ne pas bien gagner son avoine. Il est dans un état splendide.

Non placé à Vincennes, dans la Première Poule d'Essai des Poulains, sur 800 mètres en bon terrain, il ne fut pas plus heureux à Maisons-Laffitte, dans le prix de Meulan, sur 1.000 mètres en bon terrain. A Saint-Ouen, dans le prix des Pyrénées, sur 1.100 mètres en bon terrain, il arriva bon second. Il fut second aussi à Maisons-Laffitte, derrière Le Cordouan, qui était alors invincible, dans le prix de Versailles, sur 1.200 mètres en bon terrain. Il arriva une troisième fois second dans le Premier Prix d'Automne, sur 1.600 mètres en terrain très lourd, au Bois de Boulogne. Lift le battit facilement, mais il y avait de bons chevaux dans cette course, et ils étaient loin de Modèle.

Ce propre frère de Modiste ne devrait pas faire une mauvaise campagne en 1889.

2° *Lavinie*, par Stracchino et Laversine, baie, avec une toute petite marque blanche en tête, est la demi-sœur de Lavaret. Comme lui, elle devra briller sur les longues distances ; ses avant-bras sont forts et son arrière-train puissant. Elle a beaucoup de la silhouette des Stracchino, bien qu'elle soit un peu petite.

Non placée à Deauville, dans le prix de Honfleur, sur

900 mètres en bon terrain, elle ne figura pas mieux à Maisons-Laffitte, dans le prix de Maintenon, sur 1.200 mètres en bon terrain; au Bois de Boulogne, dans le Deuxième Prix d'Automne, sur 1.600 mètres en terrain très lourd, elle courut mal, mais, à Chantilly, dans le prix de la Masselière, sur 1.000 mètres en terrain dur, elle arriva seconde derrière Illusion II.

3° *N., par Stracchino et Pénitent,* baie zain, ne paraît pas trop grande, bien qu'elle soit un peu haut perchée; elle rappelle les plus beaux types des chevaux anglais; il y a beaucoup d'harmonie dans ses grandes lignes, et elle présente tous les caractères d'une jument de bon avenir. Le rein est un peu long, mais les avant-bras sont forts, les cuisses très longues, les jarrets bas et puissants.

L'entraîneur Lynham a fait preuve de tact en ne voulant pas la fatiguer dans les épreuves de deux ans, et en lui conservant toute sa force pour les courses de la troisième année.

4° *Amazon,* par Paladin et Ambuscade, alezan, avec une lice en tête prolongée jusqu'au dessous des narines et quatre balzanes.

J'ai déjà avoué, et à plusieurs reprises, quelle est mon antipathie contre les chevaux qui ont quatre balzanes. Je sais fort bien que c'est un préjugé; que c'est bête, superstitieux, etc.; tout ce que vous voudrez, je vous l'accorde, mais je l'ai quand même; je n'essaie même plus de combattre cette sensation, qui m'éloigne du trop de blanc chez les chevaux.

Eh bien, si je puis être guéri, ce sera par Amazon.

Il est déjà extraordinaire de musculature, formé, puissant et en pleine vigueur comme un cheval de quatre ans; le dessus est comme une table, le rein a une largeur et une puissance de grand étalon, le cou est dur comme du marbre. C'est la force incarnée, et avec cela l'élégance ne fait pas défaut, car Amazon a beaucoup de points de ressemblance avec le célèbre Blair Athol. Son caractère semble des meilleurs. Il a la douceur et le calme des forts.

C'est un bon poulain sous tous les rapports. Il avait été victime d'un accident à la veille du Grand Critérium; sans cela, il est très probable qu'il aurait gagné cette course; aujourd'hui, il est bien guéri, et son état est vraiment splendide. Il fait son travail sans être gêné.

A Deauville, dans le prix de Villiers, sur 900 mètres en bon terrain, Amazon gagna facilement. Trois jours après, dans le prix de La Toucques, sur 1.200 mètres en bon terrain, il eut un mauvais départ et ne courut pas bien. A Fontainebleau, dans le troisième Critérium, sur 1.100 mètres en bon terrain, il gagna facilement.

Amazon fut vainqueur à Deauville, sans être bien prêt à courir; c'est toujours bon signe. On aurait pu le mieux juger, s'il

Amazon

n'avait été empêché de prendre part au Grand Critérium, mais, dès aujourd'hui, on peut dire qu'il a l'aspect d'un lutteur bâti à chaux et à sable, et que son état resplendissant de force fait honneur à Lynham.

5° *N., par Paladin et Indiana*, alezan avec lice en tête, prolongée jusque sur le nez, deux balzanes par derrière, est un énorme poulain. Dès aujourd'hui, il semble aussi grand et aussi fort que le majestueux Tristan. Il n'y avait pas à essayer de l'entraîner à deux ans. Le rein est bon, le garrot très sorti, mais si les jambes peuvent supporter un dur et long entraînement, comme il en faut à une machine aussi chargée de viande, je serai pas mal surpris.

Ce pur sang ferait un admirable carrossier. A la place du baron Alphonse de Rothschild, je dirais à l'excellent piqueur Claude :

— Vous cherchez à vous faire maigrir ; voici une bonne occasion : prenez N. de Paladin et Indiana ; attelez-le et dressez-le bien ; puis vous chercherez un pur sang semblable pour l'appareiller ; ça peut très bien se trouver, car on rencontre des chevaux de toute force parmi les pur sang ; quand vous aurez accompli votre œuvre, vous vous porterez beaucoup mieux, ayant maigri un peu, et j'aurai le double plaisir d'avoir rendu service à un employé fidèle, et de posséder un attelage de haute race.

6° *Bayard*, par Beauminet et Victory II, alezan avec une grande lice en tête inclinant à gauche sur le nez ; les oreilles sont un peu pendantes. Le rein est court, le garrot très sorti, l'épaule bien inclinée. Les avant-bras ont une force extraordinaire ; aucun limonadier attelé aux chariots de six chevaux de gros trait n'en a de plus puissants. C'est un très gros mangeur. Les membres sont assez bien proportionnés au corps. Il ferait un admirable cheval de coupé. S'il ne réussit pas en courses, on pourra le déclarer bon pour le service des splendides écuries de la rue Jean-Goujon, confiées à la direction du très compétent piqueur Claude.

7° *Loto*, ex-*Loterie II*, par Nougat et Letty Lyon, bai avec une petite balzane à la jambe gauche de derrière. Si vous voulez voir un cheval ayant l'air bête, vous n'avez qu'à examiner celui-là. Il ne semble pas du tout avoir du sang de notre grand Monarque dans les veines. C'est à croire qu'il a été changé en nourrice.

8° *Perle-Rose*, par Zut et Perçante, alezane avec une petite marque en tête, est admirablement construite pour bien sauter. Le rein est bon et l'ensemble annonce beaucoup de robustesse, mais elle a mauvaise tête, suivant une tradition de famille ; voilà pourquoi M. Edmond Blanc, son premier propriétaire, s'est décidé à la mettre dans un prix à réclamer, et pourquoi elle a pu entrer dans l'écurie du baron de Rothschild au prix de 21.225 fr. 35 c.

A Deauville, elle ne fut pas placée dans le prix de Honfleur sur 900 mètres en bon terrain ; mais dans le prix de La Toucques, trois jours après, sur 1.200 mètres en bon terrain, elle était bonne seconde derrière Nick. Après elle, il y avait de bons chevaux. Dans le Grand Prix de Dieppe, elle ne brilla pas, ni dans le Critérium de Vincennes, sur 1.000 mètres en bon terrain. A Maisons-Laffitte, dans le prix de Houdan, sur 1.400 mètres en bon terrain, elle courut mal ; M. Edmond Blanc s'en dégoûta et la mit à réclamer pour 15.000 fr. dans le prix de Boran, à Chantilly, où elle gagna sur 1.000 mètres en terrain dur. Réclamée par le baron de Rothschild, elle courut à Vincennes, dans le prix de la Tourelle, sur 1.000 mètres en bon terrain ; après une belle lutte, elle fut battue d'une encolure par Frédéric.

Perle-Rose est une belle pouliche ; elle a une qualité incontestable ; dans un jour de bon vouloir, elle peut remporter une course marquante. Je ne crois pas que le baron de Rothschild se soit jamais occupé de réclamer un cheval sur un hippodrome. Quand on fait une chose pour la première fois, la tradition prétend qu'on a grande chance de réussir.

9° *Quartz*, par Paladin et Quarteronne, alezan avec une forte bande blanche sur le nez, est un poulain de prix à réclamer ; le rein est un peu creux ; les avant-bras sont bons.

Il a gagné à Saint-Ouen, dans le prix de Guyenne, parce que le jockey de M. de Fly s'endormit au poteau du départ et parce qu'il ne se trouvait pas surclassé, mais dans le prix de Boran à Chantilly, il courut mal.

10° *Tire-Larigot*, par Plutus et N. de Tirelire, bai zain, est bâti en cheval très solide et devra être fort utile à son écurie, encore plus à l'exercice qu'en course. Râblé comme un athlète, il sera l'ouvrier de toutes les heures. Quand il partira en tête dans une lutte d'hippodrome, il me semble qu'il ne sera pas facile à rattraper. Dans le Grand Prix de Dieppe, il reçut un coup de pied dont il porte encore la marque. Quel magnifique cheval de selle il pourrait faire ! Avec lui les flexions d'encolure seraient inutiles ; il est ramené et bien dans la main naturellement. Ce port

Tire-Larigot

de cou de cygne n'est pas des meilleurs pour les joutes hippiques, mais il est bien agréable pour un cavalier.

Tire-Larigot se présenta dans le Prix de deux ans à Deauville sur 1.200 mètres en bon terrain; il ne fut pas placé. Dans le Grand Prix de Dieppe, il fut victime de l'accident dont nous venons de parler. Dans le Grand Critérium, il eut un mauvais départ et désarçonna son jockey. Au Bois de Boulogne, dans le prix des Chênes, sur 1.600 mètres en bon terrain, il partit en tête et ne put être ni rejoint ni inquiété par ses adversaires ; il gagna facilement d'une longueur battant un lot de bons chevaux, parmi lesquels Hélyette arriva seconde et Prophète troisième. Il est vrai que Hélyette et Prophète lui rendaient quatre livres, et que les ordres avaient été donnés au jockey de Prophète de manière à lui faire exagérer la course d'attente, mais Tire-Larigot ne termina pas moins cette épreuve en cheval ayant de l'avenir. A Chantilly, dans le prix de la Salamandre, sur 1.400 mètres en bon terrain, il ne fut pas placé.

On ne peut avoir qu'une bonne impression de ce petit cheval, très bien fait et de nature aussi robuste que compacte. Son origine est celle des vaillants, car Plutus a donné d'excellents produits, et N. de Tirelire se conduisit toujours en jument des plus résistantes. Une grande écurie est toujours heureuse d'avoir des champions d'un tel modèle. Par sa mère, il remonte au sang de Dollar.

11° *Trève*, par Stracchino et Peace, baie brune zain, pouliche de petite taille, mais bien faite; elle a de forts avant-bras. Sur de petites distances, elle pourra se bien comporter. On ne l'a vue qu'au Bois de Boulogne, dans le prix de Villiers sur 1.600 mètres, en bon terrain. Elle ne fut pas placée.

12° *Lépinoux*, par Bay Archer et Laurencia, bai zain, devra faire un assez bon cheval de petite classe, mais on ne peut pas dire qu'il ait été veinard en 1888 ; il avait nettement gagné une course à Chantilly ; l'honnête canonnier, dont la Société d'Encouragement voulut essayer de faire un juge souverain, décida qu'il était arrivé second. J'en ai vu de raides, mais pas de cette force.

Le déveinard Lépinoux fit ses débuts à Maisons-Laffitte, dans le prix d'Essai des Poulains, sur 800 mètres en bon terrain ; il ne brilla pas. Il ne fut pas placé dans le prix de Croissy, sur 1.000 mètres, ni dans le prix d'Orsay, ni dans le prix de Rocquenville. Le terrain de Maisons-Laffitte ne lui convenait pas ; voilà pourquoi, dans les quatre courses où il se présenta sur cette piste, il figura mal. A Chantilly, dans le prix de Sylvie sur 1.000 mètres en terrain dur, il se comporta beaucoup mieux, et gagna d'une bonne encolure sans aucune peine. Le juge vit d'une autre façon. Ses arrêts sont irrévocables, mais il faut espérer qu'ils ne seront pas éternels.

13° *Gracche,* par Fleuret et Cornélie, alezan avec une étoile en tête, est demi-frère de Cormeilles et lui ressemble beaucoup. A ce titre, il se pourrait que les chargés de pouvoir des sportsmen de la République Argentine en offrent un bon prix; Cormeilles s'est si bien trouvé du climat de Buenos-Ayres, qu'il a battu là-bas des chevaux anglais ayant coûté fort cher. Il est probable que le baron de Rothschild ne se laisserait pas tenter aisément; Gracche est un grand et beau poulain, admirablement construit pour devenir un galopeur de bon ordre.

14° *Chambertin,* par Touchet et Chartreuse, baie zain, n'est pas une vilaine pouliche, mais elle nous a semblé manquer de tempérament pour le quart d'heure.

15° *Target,* par Nougat et Sister to Toastmaster, bai brun zain, est le propre frère de Muffin. Il ressemble énormément à son père Nougat, de vaillante mémoire. Il a couru deux fois sans succès, à Chantilly, dans le prix Blaison, sur 1.000 mètres en terrain dur, et à Vincennes sur 900 mètres, en bon terrain.

16° *Bleuette,* par Wellingtonia et Blue-Serge, alezane, avec une étoile en tête et une petite marque blanche allant du chanfrein au milieu des narines ; voilà une pouliche d'aspect frappant. Elle ressemble énormément à sa demi-sœur Plaisanterie, au moment où celle-ci fut jetée sur le pavé des rues et devint la chose du premier venu. Elle semble faite en deux fois, comme l'illustre Plaisanterie. Les avant-bras sont très forts, l'épaule fort belle, le rein un peu long, mais déjà large et musclé; l'arrière-main a un développement du meilleur augure. L'ensemble est décousu et a besoin de s'équilibrer, mais les détails gagnent à être examinés avec attention. Un de ses tendons m'a paru suspect.

Il est fort difficile de prononcer un jugement sur une pouliche semblable, mais il faut se souvenir d'elle.

17° *Eudeline*, par Stracchino et Eude, baie avec une petite étoile en tête, demi-sœur d'Euménide. Sa construction n'est pas mauvaise et il y a en elle plusieurs bonnes choses pour la la course, mais tout cela a besoin de s'équilibrer avec l'âge. Si l'harmonie des forces peut se faire, Eudeline rendra des services à son écurie. Son entraîneur l'a bien compris, puisque, après l'avoir fait débuter le 1er août dans la première Poule d'Essai des Pouliches, où elle ne figura pas bien, il s'est contenté de lui donner un travail modéré à l'exercice, et ne l'a plus envoyée sur les hippodromes.

18° *Goldfield*, par Peter et Silverfield, alezane avec une étoile en tête, est un peu droite sur son devant, mais a beaucoup de force, accuse beaucoup de sang, est assez large par derrière et a l'apparence d'une vraie jument de course.

Elle n'a couru que dans le prix du Premier Pas, à Caen ; il ne serait pas étonnant de la voir s'améliorer cette année.

19° *Candélabre* par Faugh a Ballagh et Illumination, bai, avec une étoile en tête et trois balzanes ; grand poulain, qui devra s'améliorer en prenant de l'âge. Il semble encore un peu délicat de santé, mais il a l'air d'un galopeur, et je ne serais pas étonné de lui voir quitter à trois ans la catégorie des prix à réclamer pour somme minime, dans laquelle il a figuré en 1888.

Il ne fut pas placé à Saint-Ouen dans le prix du Poitou sur 1,100 mètres en bon terrain ; on le mit à réclamer pour 3.000 fr. à Maisons-Laffitte dans le prix de Draveil sur 1.200 mètres en en bon terrain ; il ne fut pas placé, mais celui qui s'en serait rendu acquéreur aurait fait, je crois, une bonne affaire.

C'est par Candélabre que je termine mon étude sur les chevaux de trois ans de l'écurie de Rothschild ; je vais m'occuper maintenant des poulains et pouliches de deux ans, qui représentent le contingent considérable de la maison, puisque leur nombre n'est pas inférieur à quarante-deux.

Qu'il me soit permis tout d'abord de signaler une innovation que je n'ai vu pratiquer que par Lynham; je veux parler de pouliches mises en stalles au lieu d'être en boxes.

Pouliches nées en 1887.

Dans une grande écurie fort bien aérée, et où les stalles sont très larges, se trouvent réunies dix-sept pouliches. Elles sont très gaies et bien portantes.

Cette salle commune présente plus d'un inconvénient, mais elle a aussi des avantages. Il est évident que les pouliches s'ennuient moins en société que seules, et qu'elles sont mieux encouragées à manger, mais elles se reposent beaucoup moins bien dans ce grand dortoir qu'elles ne peuvent le faire en se trouvant libres dans un box. Au printemps surtout, un tel voisinage est dangereux ; les pouliches seraient presque toujours sous la débilitante influence des désirs sexuels.

En tous cas, l'installation est très curieuse à visiter. Il me semble que, pendant la période du dressage, cette vie en commun a beaucoup de bon et peut donner au caractère des yearlings une douceur fort appréciable.

La chose est très pratiquée en Angleterre.

1° *Pomponne,* par Wellingtonia et Pompette, alezane avec une étoile en tête, une toute petite marque blanche sur le chanfrein et deux balzanes par derrière. C'est une admirable pouliche. Elle devra faire honneur au haras de Meautry, où elle est née et où elle a été élevée. Impossible de trouver plus d'harmonie dans les formes. La tête est fort intelligente, le front large, l'œil saillant et très vif; l'épaule a l'inclinaison voulue, le rein est large et offre des paquets de muscles en saillie, les cuisses ont la puissance galopante. Pomponne devra avoir des envolées de victoire.

2° *Félicie*, par Tristan et Filoselle, alezane. Si celle-là est bonne, c'est que j'aurai eu la berlue en l'examinant.

3° *Isère*, par Archiduc et Isaure, alezane avec une marque

blanche au front, a le grand cachet de la vaillante famille de Monarque. Le rein est bon, les avant-bras ont la force désirable, et l'arrière-train permettra de faire de grandes foulées dans les luttes finales des courses. Si cette Isère est aussi belle que bonne, tout ira bien.

4° *Renaissance*, par Archiduc et Régina, alezane avec une étoile en tête et une lice prolongée jusqu'au nez, deux balzanes par derrière, est remarquable par sa longueur comme sa demi-sœur Redingote. Sera-t-elle aussi décevante que Redingote? Je ne le crois pas. Elle est mieux soudée, tout en étant construite pour galoper vite. Le rein est plus solide que celui de Redingote, et l'arrière-train a plus de muscles. Les jarrets sont très forts. En l'examinant avec soin dans ses détails, on est autorisé à dire que le jeune étalon Archiduc produit très bien.

5° *Absinthe*, par Archiduc et Abbeville, baie, avec une étoile en tête et une lice prolongée jusqu'au dessous des narines, une balzane à la jambe gauche de derrière.

Cette pouliche, très fortement constituée, fera, je l'espère et je le crois, honneur à la production d'Archiduc. Elle ressemble énormément à Arc-en-Ciel, le beau poulain que j'ai recommandé à mes lecteurs, en parlant des chevaux de M. Pierre Donon. C'est la même force unie à la distinction si aristocratique de la race Monarque.

6° *Whist,* par Tristan et Wild Thyme, alezane avec une petite étoile en tête, deux petites balzanes par devant et une balzane à la jambe gauche de derrière ; je crois cette pouliche très bonne ; elle a tout ce qu'il faut pour devenir une jument de courses assez marquante. Le rein pourra bien porter le poids, l'épaule est belle et n'a pas du tout de lourdeur nuisible, les hanches sont saillantes et les cuisses bien descendues. C'est une galopeuse. A l'exercice, elle est tout de suite prête à se jeter en avant; lorsqu'on la promène au pas, elle cherche sans cesse à jouer; c'est bon signe. Toute sa construction annonce la solidité, et son œil indique je ne sais quel vouloir intime de devancer ses compagnes. Dans n'importe quel lot de jeunes chevaux où l'on puisse la placer, elle sera toujours remarquée et elle le mérite.

7° *N., par Insulaire et Letty Lyon,* baie zain. Les oreilles sont pendantes ; les membres sont bons, et cette pouliche a beaucoup de longueur ; elle remonte au sang et elle rappelle la silhouette de son grand-père Dutch Skater. Il faut l'en féliciter, en lui souhaitant de se rendre digne d'une telle ressemblance.

8° *Château-Lansac,* par Archiduc et Rallye-Chamant, baie, avec une forte étoile en tête et une lice prolongée jusqu'au milieu des narines. Il est impossible d'avoir une meilleure origine, puisque Rallye-Chamant est la propre sœur de la sculpturale Clémentine, et qu'Archiduc est le plus beau réprésentant du sang de Monarque. Les courses de Château-Lansac seront-elles en rapport avec sa haute naissance ? Oui, s'il faut se fier aux apparences ; on ne peut demander plus de force chez une pouliche de cet âge ; les membres sont en parfaite harmonie avec la pesanteur du corps, et le rein est solide. Si l'envolée galopante ne fait pas défaut, Château-Lansac devra être reine sur le turf. Elle peut être tout à fait bonne, ou tout à fait médiocre. En tout cas, elle est admirablement construite en poulinière future, et comme telle, sa valeur est incontestable.

9° *Cocodette,* par Cœruleus et Adventure, baie avec une marque blanche sur le front, est une forte pouliche, mais un peu commune. Elle a la raie de mulet. Il me semble qu'elle est plutôt destinée à réussir dans les courses d'obstacles, que dans les courses plates.

10° *Claire,* par Archiduc et Caroline, baie, avec une forte étoile en tête et une lice prolongée jusque sur les lèvres. Belle pouliche, très fortement membrée par devant comme par derrière ; le garrot est élevé et le rein court. Elle a tout ce qu'il faut pour vaincre plus d'une fois.

11° *Wilna,* par Archiduc et Witchcraft, alezane avec une étoile en tête et une lice prolongée jusque sur les lèvres, deux balzanes par derrière. Cette demi-sœur de William, qui n'est pas un mauvais poulain, est plus grande que son aîné et mieux construite en jument de course. Décidément Archiduc produit bien.

12° *N., par Nougat et Tantrip,* alezane avec une étoile en tête.

Il est étonnant de voir un étalon aussi petit que Nougat produire une pouliche aussi forte et aussi bien membrée, mais si l'on veut bien se rappeler que Dollar était un petit cheval, et qu'il a fait grand et bon jusqu'à la fin de sa longue carrière de reproducteur hors ligne, tandis que beaucoup d'étalons trop grands ont eu une descendance décadente, rabougrie ou lymphatique, on est amené à préférer les chevaux de 1 mètre 58 à 1 mètre 63, à ceux qui ont une taille débilitante par sa trop grande élévation.

13° *Confidence*, par Archiduc et Conquête, baie cerise zain. Cette demi-sœur de Conrad, qui gagnera certainement plus d'une course en 1889, est admirablement proportionnée et construite pour la lutte sur les hippodromes. Le rein a beaucoup de force, et la puissance de l'arrière-train lui permettra de galoper à La Monarque et à L'Archiduc.

14° *N., par Insulaire et Quarteronne,* noire, avec une petite marque au front. C'est la meilleure pouliche d'Insulaire que j'aie jamais vue. Elle est très près de terre, les avant-bras ont beaucoup de force, les jarrets sont puissants, les cuisses très développées ; elle a beaucoup de largeur par derrière, et l'on peut dire qu'en l'admirant on trouve chez elle une sorte de parallélogramme de muscles.

Si sa carrière de course n'est pas bonne, il faudra qu'il arrive des accidents à cette magnifique pouliche, tout à fait construite pour la lutte.

15° *N., par Pellegrino et Bertha*, baie, avec une petite étoile en tête. Cette demi-sœur de Maman-Berthe, qui eut la chance de battre Valentin d'une tête au Bois-de-Boulogne, est très forte et tout à fait taillée en ponette élégante. Elle ferait une admirable jument de dame. Je voudrais la voir montée par la baronne de Rothschild, qui est très bonne écuyère.

Comme jument de haute école, N., de Pellegrino et Bertha, serait fort remarquable.

16° *N., par Nougat et Ambuscade*, alezane avec une étoile prolongée en petite bande jusque vers le chanfrein. Cette demi-sœur d'Amazon est extraordinaire de force et de grandeur. Je dois faire en parlant d'elle la même observation que pour la pouliche de Tantrip. Nougat, le petit coq gaulois, a fait très grand et très fort, mais tout est bien équilibré dans cette puissante machine à galoper. Je crois que cette fille de Nougat et d'Ambuscade sera toujours à l'arrivée dans les grandes épreuves.

17° *N., par Insulaire et Tamise*, baie zain, a deux petites cornes sur le front comme une chevrette. C'est ce que je puis signaler en elle de plus remarquable. Je crois néanmoins qu'elle aura de la vitesse, et pourra trouver sa voie dans les courses de deux ans.

Pouliches nées en 1887, mises en boxes.

18° *Nymphea*, par Wellingtonia et Laversine, baie sans aucune marque autre qu'une teinte de feu aux naseaux, est un peu ensellée, mais à part cela apparait très belle et fort remarquable. Elle a beaucoup de longueur de lignes, est très près de terre et a de bons membres. Son arrière-train est superbe.

19° *Stratonice*, par Stracchino et Eude, par Gladiateur, baie, avec une étoile en tête et une petite bande blanche prolongée jusque sur le nez, deux balzanes par derrière.

Cette pouliche était un peu souffrante. Je l'ai laissée bien tranquille sous ses chaudes couvertures, et je ne dirai qu'une chose, c'est que les chevaux malades reçoivent tous les soins désirables dans l'écurie du baron de Rothschild.

Poulains de deux ans

1° *N., par Nougat et Fusberta,* alezan, avec une petite trace de poils blancs sur le front, est un très fort poulain, mais chez lui la force est bien équilibrée, comme chez la plupart des descendants de Monarque. Il a le cachet familial, c'est la meilleure des recommandations. Plusieurs marques noires apparaissent dans son poil alezan, comme dans celui de Stuart. Les Arabes, grands maîtres hippiques, aiment beaucoup ces signes et prétendent qu'ils sont des indices de qualité.

2° *Congrès,* par Stracchino et Peace, alezan avec une étoile en tête et une étroite lice descendant jusque sur les lèvres, une balzane à la jambe gauche de derrière. La tête est busquée et les oreilles trop grandes. Ce n'est pas un séduisant, mais les avant-bras sont très forts, le rein est bon; le train de derrière est tout à fait celui d'un lévrier; il y a dans Congrès l'étoffe d'un athlète de course, athlète sans grâce mais non sans puissance.

3° *N., par Saint-Louis et Goneril,* bai, avec une marque blanche au front, est un peu mince dans son ensemble, mais le rein a beaucoup de force. Les oreilles sont pendantes; ce n'est point beau, mais vous connaissez le vieux proverbe chevalin : oreilles pendantes, pied léger.

4° *N., par Nougat et Sister to Toastmaster,* bai brun zain, n'a pas beaucoup d'engagements. Il devra néanmoins être de bon rapport pour sa grande écurie. Nougat, depuis qu'il eut donné naissance à Farfadet, un excellent cheval, mais un malheureux du turf, n'a fourni aucun produit aussi solide que ce frère de Muffin et de Target. Il est déjà aussi fort qu'un cheval de trois ans. Très solidement musclé dans son rein, bien appuyé sur de robustes avant-bras, il a un grand développement de poitrine, et ses jarrets sont puissants. On peut se croire autorisé à constater, dans tout son être, un souffle de victoire.

5° *Sledge,* par Bruce et Skating, bai, avec une étoile en tête, est fort poulain, mais trop enlevé et trop haut jointé.

6° *N., par Insulaire et Honoria,* bai brun bien teinté de feu, avec une toute petite marque blanche sur le nez et quatre petites balzanes. Sa ressemblance avec son grand-père Dutch-Skater est frappante. Nous ne saurions trop l'en féliciter. Aucun cheval de son époque ne montra plus de cœur et de qualité que Dutch-Skater dans ses nombreuses courses en France et en Angleterre.

7e *Beatus,* par Tristan et Bête à Chagrins, bai pâle avec une étoile en tête, une marque blanche allant du chanfrein au nez, et trois balzanes, est dégingandé et beaucoup trop haut perché sur pattes. Je ne le crois pas cheval de course. Si j'étais le baron de Rothschild, — la supposition n'a rien de désagréable et ne tire pas à conséquence pour un tout petit instant, — je lui signerais sans hésiter un bon pour être vendu à l'école de Saumur.

8° *N., par Nougat et On Spec,* alezan avec une marque blanche allant du milieu de la figure au nez, une balzane à la jambe droite de derrière est un magnifique et solide poulain. Sa robustesse est déjà étonnante; il a des cuisses comme un prince des lutteurs, et le paturon très court; les membres devront supporter sans accroc les plus dures fatigues de l'entraînement, et les plus acharnés assauts de courses. Le rein est très fort, et la profondeur de la poitrine permet aux poumons de fonctionner à l'aise. Je l'ai salué comme un vainqueur futur.

9° *N., par Nougat et Modest Martha,* bai zain, propre frère de Modiste et de Modèle, est tout petit, trop petit. Très bien fait dans son exiguité de taille, il a son prix comme pur-sang d'enfant.

10° *N., par Nougat et Ecosse,* bai, très bien marqué de noir aux jambes, est un bon poulain. Il n'a rien de saillant, mais on ne peut rien lui reprocher. Il devra galoper et gagner de l'avoine, non seulement pour lui, mais aussi pour ses camarades de richissime pension.

11° *N., par Insulaire et Mirabelle,* noir avec une étoile en tête, une balzane à la jambe gauche de devant et une à la jambe gauche de derrière, a la tête trop longue et trop forte. Je sais bien qu'on ne galope pas avec la tête, mais elle sert de balancier en même temps que de gouvernail ; il ne faut pas que ce balancier et ce gouvernail soient trop lourds. Les avant-bras sont bons, mais pas trop bien appuyés; la solidité des jambes de devant n'est pas parfaite ; les cuisses sont longues et musclées, le rein est fort. L'ensemble n'est pas mauvais. Dois-je vous dire que je n'aime pas les chevaux noirs ? Non. Vous pourriez me répondre que c'est un préjugé. Il y a des bons chevaux de tout poil.

12° *N., par Insulaire et Cloistress,* bai, avec une étoile en tête et une balzane à la jambe gauche de derrière, présente un ensemble trop décousu. Le rein de ce poulain est bon comme celui de presque tous les produits d'Insulaire, mais la croupe est ravalée comme s'il était de race hollandaise.

13° *N., par Insulaire et Henrietta*, bai, avec deux petites marques blanches au front, une balzane à la jambe gauche de derrière. Il est trop enlevé et n'a pas bon rein. Pour devenir bon, il me semble qu'il a trop de chemin à faire.

14° *Orégon*, par Tristan et Océanie, bai trop grêle, est perché sur des jambes assez solides ; le rein est bon. S'il devient digne de demeurer dans l'écurie du baron de Rothschild, où se trouvent maintenant des chevaux de deux ans d'assez belle apparence pour permettre de grandes et légitimes espérances, Orégon me surprendra beaucoup.

15° *Limited*, par Archiduc et Lina, alezan avec quatre hautes balzanes.

Ce poulain est beaucoup trop gros et trop lymphatique pour un pur-sang. Ses jarrets ont déjà eu besoin d'être mis en traitement. Qu'il plaise à d'autres, je le veux bien, mais je demande à voir si, malgré tous les soins possibles, l'on pourra arriver à en faire un cheval de course.

16° *Satellite*, par Bruce et Stella, bai avec une étoile en tête, une marque blanche descendant du chanfrein au nez, une balzane à la jambe gauche de derrière, est un magnifique et très bon poulain. Il devra faire honneur à la production de Bruce. Le rein est fort, les jarrets larges et bien plats, les cuisses longues et puissantes de musculature, les avant-bras suffisants ; la force des jambes est bien proportionnée à la pesanteur du corps. Tout chez lui se rapporte à l'aspect que doit représenter un bon cheval de course.

17° *Libretto*, par Archiduc et Lilien-Krone, bai, avec une étoile en tête, n'est pas du tout taillé en cheval de course. Il me semble qu'il serait mieux placé à l'École de Saumur que chez le correct entraîneur Lynham.

18° *N., par Nougat et Indiana*, alezan, avec une étoile et une lice en tête, une balzane à la jambe gauche de derrière, est un peu frêle sur son devant, mais les tendons sont solides et il a peu de chair à porter; les jarrets sont larges et forts. La production de Nougat, parmi ces chevaux de deux ans, est beaucoup plus remarquable que celle des années précédentes.

19° *Radis,* par Tristan et Ramette, noir zain, couleur de taupe et avec le poil aussi fin que celui d'une taupe.

Nous voilà en présence d'un admirable champion de Derby. Certes, M. Lefèvre a réalisé une excellente affaire en cédant en bloc tout son lot de yearlings pour un prix très élevé ; il y a dans le nombre tant de bouches inutiles ; le très habile propriétaire de Chamant se trouve pour l'instant écœuré et commence à s'apercevoir que tout n'est pas rose dans le métier d'éleveur de pur-sang ; aussi, jugeant les jeunes produits avec un profond scepticisme, a-t-il dû se dire en baptisant le fils de Tristan et Ramette :

— Toi, noireau, tu porteras le nom de Radis, parce que je te crois à peine la valeur d'une petite racine que l'on mange crue, et dont je ne voudrais pas faire mon ordinaire, bien qu'en la croquant je sois certain qu'elle ne m'amènerait aucun accès de goutte. Je ne t'octroie aucune importance ; racine tu es né, racine tu resteras !

Mais, va te promener le jugement de M. Lefèvre ; il se trouve que le susdit Radis est une admirable résultante, comme on dit en mathématique, de la race Gladiator avec la race de Monarque.

Par sa mère Ramette, fille de Mortemer, rejeton de Gladiator, et de Reine qui portait dans ses veines l'impeccable sang de Monarque, Radis a été sacré poulain de haute marque, en attendant qu'il devienne grand cheval par son travail à l'exercice et ses luttes sur le turf. C'est une loi de la nature ; dans ses fonctionnements, elle peut avoir des faiblesses ou des caprices, mais elle ne perd jamais ses droits.

N'en déplaise à l'appréciation de M. Lefèvre, je crois que Radis, par son retour au sang de ses ancêtres Monarque et Gladiator, peut être considéré comme un poulain hors ligne.

Les avant-bras ont atteint la plus grande puissance, par conséquent, il pourra galoper à fond de train sur une descente, sans être gêné ; l'arrière-train a la plus grande force de propulsion qu'on puisse rêver, par conséquent il se comportera bien sur les montées ; les jarrets sont larges et puissants ; le rein est court et musclé ; les cuisses ont une musculature majestueuse. La tète est intelligente et annonce le meilleur vouloir ; l'œil fier, calme et doux, est le meilleur indice de la vaillance et de l'ardeur en la lutte.

Je n'en dis pas davantage, mais j'en pense beaucoup plus.

20° *Mignon*, par Border-Minstrel et Marguerite, couleur alezane rubicane, avec beaucoup trop de blanc sur la tète, deux

Radis

balzanes par derrière, a toutes les apparences de la force ; il souffrait un peu lorsque je lui ai rendu visite. J'estime qu'il faut respecter les chevaux indisposés, et je me suis bien gardé de soulever ses couvertures pour l'examiner.

21° *Blue Boy*, par Stracchino et Blue Serge, alezan bai zain.

Devant celui-là, je me suis incliné avec étonnement et respect. J'aurais pu me croire devant un cheval de quatre ans, tant la force et les muscles étaient correctement répartis en bonne place.

Si le baron de Rothschild et son entraîneur F. Lynham n'ont

Blue Boy

pas félicité Balchin, le stud-groom du haras de Meautry, d'avoir élevé un aussi beau poulain, ils ont commis un véritable oubli.

Blue Boy est l'idéal du cheval destiné à être vainqueur dans les grandes épreuves. Je laisse à mon excellent collaborateur Cotlison le soin de dessiner comme il le mérite un poulain aussi accompli.

Blue Boy ne courra probablement à l'âge de deux ans, pas plus que Radis, mais son nom ne cessera d'être présent à ma mémoire, et s'il ne lui arrive pas d'accident, j'engage mes lecteurs à garder son souvenir.

22° *Arsenal*, par Insulaire et Arbalète, bai, avec une bosse entre les deux yeux comme son grand-père Dutch Skater en avait une. C'est un bon poulain, très solidement établi, très près de terre, avec beaucoup de force par devant comme par derrière, et un rein des plus vigoureux.

C'est, à mon avis, le meilleur produit qu'Insulaire ait laissé en France.

23° *Vert-Galant*, par Border-Minstrel et Vallée d'Or, alezan, avec une grosse étoile en tête, allant en pointe vers le chanfrein, et une petite marque blanche au nez.

Ce poulain provient de l'élevage de M. Grégoire. Il a brouté les herbages fortifiants du Merlerault. C'est à mes yeux une excellente recommandation. Son rein est de toute résistance, et ses membres sont à l'épreuve de toute fatigue. Un peu petit, mais construit sur le modèle le plus robuste, le plus compact et le plus solide, il a de la longueur placée aux bons endroits, c'est-à-dire de la longueur donnant les grandes lignes des pur-sang, et la puissance de son arrière-train est idéale.

L'entraîneur Lynham le caresse du regard que l'on donne aux vaillants.

Poulains nés en 1887; entraînés en Angleterre.

En outre des quarante-deux produits de deux ans que le baron de Rothschild fait entraîner à Chantilly, il en a envoyé dix à

Newmarket, chez Hayohe, l'habile entraîneur de M. Léopold de Rothschild, de Londres. J'en ai entrevu quelques-uns.

1° *Heaume*, par Hermit et Bella, alezan presque zain, ressemble à Tristan d'une façon étonnante ; il a la même force et les membres aussi inclaquables.

2° *Meaux*, par Master Kildare et Brie, alezan avec une étoile en tête et une lice prolongée jusqu'au chanfrein. Le rein est excessivement fort, et l'ensemble est très bon. Ce poulain est

Le jockey CRICKMÈRE

très avancé pour son âge, bien qu'il ne soit né que le 19 mai, c'est-à-dire assez tard dans son année. C'est la meilleure preuve que le fidèle studgroom Balchin lui a prodigué ses soins.

2° *Slyx*, par Foxhall et Roma, bai avec quatre balzanes, une petite étoile en tête ; bon et fort poulain.

4° *Foxhound*, par Foxhall et Sérénade, bai avec une petite étoile en tête, est un admirable poulain, très près de terre et très fort de partout. Ses jarrets sont remarquables.

Roma doit être de nouveau saillie par Foxhall, tant le baron de Rothschild a été satisfait de l'apparence de Foxhound.

5° *Flibustier*, par Clairvaux et Flippant.

6° *Le Nord*, par Tristan et La Noce, alezan, avec trop de blanc dans la tête, deux balzanes. C'est un beau et fort poulain dans son ensemble, mais il supporte moins le détail, et il a besoin que l'équilibre de ses forces se fasse avec l'âge.

7° *Vermillon*, alezan, par Tristan et Versigny; il est fortement signé Tristan, par le front, par les yeux, par la majesté dans la démarche, par les oreilles mêmes, et par la netteté impeccable des jarrets.

Tristan supporta la carrière de courses la plus pénible, jusqu'à l'âge de huit ans, comme Mortemer et comme Trocadéro; il fournit cinquante-quatre courses, arriva vingt-neuf fois premier, treize fois second, six fois troisième et six fois non placé.

Il gagna d'une tête un très grand nombre de ses courses; presque toujours il ne fut battu que d'un nez, et il arriva plusieurs fois tête à tête avec ses adversaires.

Par conséquent, ses luttes sur le turf sont des plus méritantes.

Malgré tous ces assauts formidables, il a conservé des membres aussi sains que possible.

Jamais épreuve plus sévère ni plus complète n'a été demandée à un reproducteur.

Eh bien, j'affirme que les jarrets de Vermillon, fils de Tristan et de Versigny, sont encore plus bâtis en ciment romain que ceux de Tristan. Impossible qu'un jardon ou un accroc quelconque puisse venir retarder dans son travail un cheval aussi solidement établi.

La toute petite étoile en tête que porte Vermillon semble un signe inscrit là par le dieu du sport, comme une couronne de roi, pour indiquer ses futurs triomphes.

Pouliches nées en 1887, entraînées en Angleterre

1° *Peninsular*, par Stracchino et Penitent, baie brune zain, très belle pouliche, bien suivie ; née en Angleterre.

2° *Fatuité*, par Archiduc et Formalité, baie. Par son origine, elle donne droit aux plus hautes espérances pour sa carrière de courses, puisque son père est petit-fils de Monarque et que sa mère est par Hermit et Formosa ; elle a, du reste, très grande et très remarquable apparence.

3° *Himalaya*, par Tristan et Hortense, alezane, avec une lice en tête prolongée jusque sur le nez, et deux balzanes postérieures.

* * *

Comme chevaux de trois ans, le baron de Rothschild possède, en Angleterre, chez l'entraîneur Hayhoe :

1° *Chariclée*, par Charibert et Skotzka, pouliche baie, qui est arrivée seconde à Leicester, battue d'une courte tête par Séclusion dans le Zetland Plate, sur 1.000 mètres ; qui n'a pas été placée à Derby, sur 1.000 mètres, et qui a gagné les Corporation Stakes à Brighton sur 1.000 mètres.

2° *Crinière*, par Robert The Devil et Crinon, pouliche baie qui, à Leicester, ne fut pas placée sur 1.000 mètres, ni à Kempton Park ; qui battit Ventrebleu d'une encolure à Fontainebleau dans le Triennal, sur 1.100 mètres et qui gagna d'une tête à Goodwood les Lavant Stakes, battant El Dorado, un bon champion d'Angleterre.

Crinière doit être bonne.

3° *Mascarade*, par Mask et Shepherd's Bush.

Il est de toute évidence qu'en 1889 et en 1890, l'écurie du baron de Rothschild va se présenter sur le turf avec des champions comme elle n'en a jamais mis en ligne.

Parmi les chevaux de trois ans, il faut signaler : 1° Crinière, qui a gagné des deux côtés de la Manche ; 2° Bleuette, dont la ressemblance extraordinaire avec sa demi-sœur Plaisanterie permet de concevoir plus d'une espérance ; 3° Amazon, qui a des flots de muscles par tout le corps ; 4° Tire-Larigot, petit cheval, mais tout à fait bâti en lutteur.

Parmi les deux ans, il y a une douzaine de champions remarquables, ainsi que nos lecteurs ont pu s'en rendre compte en parcourant cette étude.

Les principaux étalons, qui ont produit cette troupe d'élite, sont : Nougat, Archiduc, Stracchino, Wellingtonia, Tristan, Hermit, Foxhall, Robert The Devil, Zut, Bruce, Border Minstrel, le doyen Plutus, Paladin, Insulaire, Peter, Master Kildare.

On voit que le baron s'est adressé à presque tous les ténors des divers haras ; mais il est encore mieux d'avoir chez soi la source du succès.

Jamais la production de Nougat n'avait été aussi remarquable.

Dans de telles conditions, le succès doit venir; on ne peut mieux lui forcer la main. Je crois fermement qu'il viendra, sinon en 1889, du moins en 1890.

Le baron de Rothschild a, dans F. Lynham, un homme très capable de bien remplir sa mission. Il suffit de l'y encourager. Je crois que le baron doit être disposé à cela.

Il se trouve bien de faire monter ses chevaux par Crickmère, qui est pour lui un serviteur fidèle et qui gagne des courses tout aussi bien qu'un autre, lorsqu'il se trouve en selle sur un bon cheval. N'est-il pas rationnel et séant de faire monter en courses ceux qui pilotent les chevaux à l'exercice, et par conséquent les connaissent bien? Cela ne vaut-il pas mieux que de les confier à des étrangers?

Hartley a souvent la première monte de l'écurie ; nous dirons tout ce que nous pensons de ce jockey lorsque nous parlerons de l'écurie de M. le comte de Juigné.

*
* *

Il y a trois étalons à Meautry, le vieil Enchanteur II, qui sert de boute en train ; Lavaret, par Boiard et Laversine; Stracchino, par Parmesan et Old-Maid.

Lavaret, beau cheval bai, a donné des preuves de grande endurance et a montré beaucoup de fond, dans sa longue carrière sur le turf.

Stracchino, bai brun, presque noir, a fait de bons chevaux et en fera encore.

Loin de moi la pensée de dédaigner Lavaret et Stracchino, mais il me semble que le baron de Rothschild aurait dû faire l'acquisition d'un étalon de plus haute marque. Ce n'est point la question d'argent qui l'a arrêté. Je crois voir dans sa pensée qu'il désire, avant tout, faire naître à Meautry un cheval extraordinaire, et le conserver comme reproducteur, mais pour cela il est essentiel d'avoir le père chez soi. C'est le moyen de multiplier le nombre des naissances et de ne pas exposer les poulinières aux accidents de voyage.

Au haras de Saint-Georges, chez le baron de Soubeyran et le vicomte d'Harcourt, sur quarante poulinières, en 1888, *quatre seulement ont été vides*. Pourquoi ? Parce que les étalons se trouvent sur place et que les juments n'ont pas besoin de sortir de chez elles pour être saillies.

Certes, il est bien d'envoyer ses poulinières aux meilleurs étalons de France et d'Angleterre, mais comme je l'ai dit et je ne saurais trop le répéter : il vaut beaucoup mieux avoir l'étalon chez soi.

A CHANTILLY

M. MICHEL EPHRUSSI

Entraîneur particulier : G. CUNNINGTON. — *Jockey* : KEARNEY

CHEVAUX A L'ENTRAINEMENT :

Chevaux de cinq ans

BAVARDE, jt bb., par Hermit et Basilique. (Page 186.)
BRISOLIER, c. al., par Saxifrage et The Princess. (Page 187.)

Chevaux de quatre ans

ATHOS, pn al., par Zut et Athalie. (Page 188.)
EMPIRE, pn b.. par Mourle et Enterprise. (Page 189.)
POLICE, pche al., par Patriarche et Princess. (Page 190.)

Chevaux de trois ans

GEVRAISE, pche bb., par Faisan et Giboulée. (Page 190.)
MEILLEUR, pn al., par Saxifrage et Mariannette. Page 196.)
LOYAL, pn al., par Nougat et Louveciennes. (Page 192.)
DÉSIR, pn al., par Plutus et Dosia. (Page 196.)
POURTANT, pn al., par Saxifrage et La Papillonne. (Page 193.)
KAZAN, pn b., par Plutus et Miss Krin. (Page 197.)
PETERBOROUGH, pn al., par Wellingtonia et Pride of Kildare. (Page 197.
BEC HELLOUIN, pn al., par Verdun et Brown Rosalind. (Page 195.)
VIBERG, pn al., par Plutus et Vivienne. (Page 195.)
BIRMANIE, pche b., par Saxifrage et Berline. (Page 197.)
ILLUSION II, pche b., par Wellingtonia et Apparition. (Page 194.)
ISTRIE, pche al., par Zut et Athalie. (Page 198.)
MÉDYN, pche al., par Plutus et Myette. (Page 198.)
PROPHÉTIE, pche al., par Patriarche et Princess. (Page 198.)
GAZAN, pche al., par Plutus et Grenade. (Page 192.)
ENTENTE, pche b., par Stracchino et Enterprise. (Page 196.)
FOURNAISE, pche b., par Patriarche et Fontaine. (Page 195.)
CONFIANCE, pche b., par Nougat et Crosspatch. (Page 194.)

Poulains de deux ans

Caporal, pn bb., par Victor Emanuele et Californie. (Page 202.)
Jaloux, pn n., par Victor Emanuele et Jeannette II. (Page 202.)
Eclair, pn b., par Stracchino et Enterprise. (Page 202.)
Cœur Volant, pn b., par Victor Emanuele et Crosspatch. (Page 201.)
Makassar, pn bb., par Wellingtonia et Miss Krin. (Page 201.)
Khan, pn al. par Plutus et Kiva. (Page 201.)
Jamaïque, pn al., par Victor Emanuele et Athalie. (Page 201.)
Le Négus, pn b., par Fontainebleau et Niche. (Page 201.)
Dourack, pn al., par Victor Emanuele et Dulce Domum. (Page 200.)

Pouliches de deux ans

Toujours, pche b., par Rosicrucian et The Tees. (Page 200.)
La Walkyrie, pche al., par Wellingtonia et Miss Marguerite. (P. 198.)
Yolande, pche al., par Narcisse et Analogy. (Page 198.)
Formose, pche al., par Wellingtonia et Folle Avoine. (Page 199.)
Bernerette, pche al., par Wellingtonia et Bellah. (Page 199.)
Vintimille, pche b,, par Wellingtonia et Vivienne. (Page 199.)
Livie II, pche b., par Silvio et Louveciennes. (Page 200.)
Badine, pche b., par Victor Emanuele et Berline. (Page 199.)

M. Michel EPHRUSSI

L'écurie de courses de M. Michel Ephrussi est montée sur un grand pied; je la crois appelée à un très brillant àvenir. Le propriétaire et l'entraîneur sont jeunes et actifs tous les deux ; le haras installé à Dangu est des mieux soignés et ne peut donner que de bons produits, car les poulinières sont bien choisies et je suppose qu'en vendant à l'Etat son étalon Pérégrine dont il avait de magnifiques descendants, M. Ephrussi espère encore meilleur. Il paraît que Mme Michel Ephrussi, elle-même, a pris goût aux courses. Tout semble concorder pour une réussite des plus complètes, à un moment qui ne doit pas être éloigné.

M. Michel Ephrussi se mit à faire courir il y a une dizaine d'années. Sa fortune considérable lui permet les plus grands sacrifices en faveur de l'élevage, et il y a comme une source d'argent pour alimenter ou même augmenter cette grosse fortune. Le jeune et brillant sportsman aime le travail ; il a grandement raison, car le travail constitue la plus puissante noblesse moderne ; sa maison de haut commerce est magistralement conduite.

Au sortir de la station du chemin de fer de Chantilly, si vous prenez la route de La Morlaye, vous trouvez à main droite un magnifique établissement, qui appartient à M. Lupin et que M. Ephrussi a loué pour y installer son entraîneur. Il a fait construire de nouveaux boxes et a acheté du terrain pour avoir l'emplacement d'un grand manège, où les chevaux se dérouillent les jambes avant d'aller à l'exercice.

Quand le terrain d'entraînement des Aigles sera prêt, les pur-sang confiés à Georges Cunnington se trouveront placés tout auprès de leur champ de travail.

Les garçons d'écurie peuvent être mieux surveillés et mieux tenus à l'œil, que ceux des établissements situés au milieu de Chantilly. Les verseurs d'alcool sont un peu plus éloignés.

L'ENTRAINEUR

Voici quelques notes biographiques sur l'entraîneur Georges Cunnington.

Il est venu en France vers le commencement de l'année 1860. Il passa la mer juste le jour où il avait dix ans, le 27 novembre. Vous allez voir si sa carrière a été laborieuse et bien remplie.

Georges fit son apprentissage de cinq ans chez M. Verry, à Bouze. L'entraîneur de M. Verry était alors Francis, qui alla ensuite chez M. Lupin et eut l'heur d'entraîner Salvator. Georges termina son temps d'apprentissage sous les ordres de son frère T. Cunnington qui, après le départ de Francis, fut chargé des

L'Entraîneur G. CUNNINGTON

chevaux de M. Verry. Après cela, il alla chez Charles Pratt, comme second jockey, mais il n'y demeura que trois mois.

En 1866, il entra chez M. Henry Jennings, où il resta jusqu'après la guerre. Il n'avait que dix-huit ans lorsque le sévère Jennings lui confia le poste de garçon de voyage. Georges prétend que l'ancien master du Bac de la Croix Saint-Ouen n'est pas aussi difficile à contenter qu'on veut bien le dire ; il ne crie qu'après ceux qui ne sont pas assidus à leur ouvrage.

Le père Henry se donna la peine de placer son préféré chez le comte de Lagrange, à Royallieu, où Tom Cunnington était alors premier garçon. Le comte apprécia les qualités et la bonne conduite de Georges ; il le mit à Chamant pour lui donner quelques chevaux à entraîner. Succès fut son premier gagnant ; le nom du cheval était de bon augure ; il remporta le prix de Longchamp, devenu aujourd'hui le prix Hocquart. Puis il prépara Braconnier dont on se rappelle les triomphes, Camélia qui arriva tête à tête avec Enguerrande dans les Oaks en Angleterre, et Saint-Christophe, le gagnant du Grand-Prix de Paris.

Quand on parle du Grand Prix de Paris, il est de mode parmi les sportsmen de citer la *surprise de Saint-Christophe.* Le plus surpris fut le comte de Lagrange. Il croyait si peu au succès de son cheval dans cette grande épreuve, qu'il ne voulait pas le faire partir. Georges Cunnington insistait beaucoup, mais comme il était encore tout jeune, le comte lui répondait : « Vous croyez toujours gagner, vous êtes trop chauvin pour vos chevaux. »

Heureusement pour lui, Georges connaissait l'influence que Richard Carter avait sur le comte de Lagrange, au service duquel il était depuis longtemps. Richard plaida et gagna la cause de Saint-Christophe ; il se trouva que l'excellent jockey Hudson n'avait pas d'autre cheval à monter ; Jongleur eut quatre luttes successives à soutenir pendant le parcours : la première contre K. G., le champion anglais, la seconde contre Verneuil, la troisième contre Stracchino, la quatrième contre Saint-Christophe ; malgré son courage il succomba à la fin, et la légende du *coup* de Saint-Christophe s'établit ; vous voyez combien elle est peu exacte.

Quoiqu'il en soit, Georges avait raison d'avoir confiance dans la tenue du cheval qu'il avait préparé. Il devait du reste prouver plus tard sa grande aptitude à mettre en bonne condition les chevaux destinés à fournir une longue distance ; vous n'avez pas oublié que, le jour du Grand Prix International gagné par Minting, Polyeucte était si bien préparé pour cette course, qu'il arriva second en battant des chevaux meilleurs que lui.

Pendant son séjour à Chamant, Georges eut le plaisir de dresser Camélia, Chamant, Verneuil, Saint-Christophe, Flavio et Insulaire, c'est-à-dire des vainqueurs de grandes courses.

En 1880, il devint entraîneur des chevaux de M. Michel Ephrussi. Basilique lui avait été remise en assez mauvais état ; il sut néanmoins la faire gagner. Il conduisit ensuite à la victoire Dictateur, Saint-James, le beau Rubens, La Papillonne, Barberine, Gamin, Bavarde, Brisolier, Gournay, Athos. Il a gagné deux fois le prix de Diane, et il a fait arriver Saint-James tête à tête avec Dandin dans le prix du Jockey-Club.

Je crois fermement que Georges Cunnington est destiné à remporter les plus grands prix, avec les chevaux qu'il entraîne pour le compte de M. Michel Ephrussi. Vous serez probablement de mon avis, après avoir lu cette petite revue.

Chevaux de cinq ans

Bavarde, par Hermit et Basilique, baie brune, est dans un état resplendissant. Sa grande silhouette de jument hors ligne est présente à la mémoire de tous et il n'est point besoin de la décrire. Une offre de 100,000 fr. pour acheter Bavarde a été faite ; M. Ephrussi n'a pas voulu l'accepter. On est revenu à la charge et on a offert 25,000 fr. de plus. Il est probable qu'elle ne sera cédée à aucun prix ; Mme Michel Ephrussi a dit qu'elle avait plaisir à la conserver.

Cette sculpturale jument a, du reste, un prix inestimable comme poulinière.

Elle a fourni onze courses en 1888, et a remporté trois victoires. Dans le prix du Cadran, elle n'a pas bien couru, ni dans le prix de la Coupe, mais cette dernière épreuve a été remportée par Brisolier, son camarade d'écurie. Elle a gagné facilement le prix de Nanterre, où elle ne rencontrait qu'Oviédo. Dans le prix de Deauville, elle était seule avec Brisolier. Dans le prix de Seine-et-Marne, à Fontainebleau, elle a battu Le Sancy d'une tête après une lutte des plus émouvantes. A Deauville, elle a mal couru deux fois de suite. Dans le prix d'Octobre, à Longchamp, et dans le Lancashire Plate, à Manchester, elle n'a pas été placée. Dans le prix de la Forêt, elle a bien couru et est arrivée quatrième, derrière Catharina, Galaor et Fontanas. Dans le prix du Pin, elle a bien terminé l'année en gagnant de deux longueurs avec la plus grande facilité. Elle a prouvé ainsi son aptitude à porter de gros poids. La distance de 3,000 mètres, dans cette course à poids lourd, a été parcourue en 3'31" ; donc, malgré le poids réglementaire de 80 kilos, les chevaux ont galopé aussi vite que dans les épreuves où ils n'en portent que 54. Par conséquent, les Commissaires des courses feraient bien d'augmenter les poids dans les luttes classiques, s'ils veulent encourager la production des forts et bons chevaux, au lieu de primer les *claquettes*. Si l'on portait les poids à 60 kilos au lieu de 54, les bons jockeys comme T. Lane pourraient monter encore pendant longtemps, tandis que peut-être, dès l'année prochaine, il lui sera impossible de se faire maigrir assez pour se mettre en selle dans le Derby et le Grand Prix. Bavarde a toujours reçu et reçoit encore les soins dévoués du fils aîné de Georges Cunnington. Dans toute la tribu des Cunnington, les enfants sont habitués à travailler assidûment.

Brisolier, par Saxifrage et The Princess, alezan est l'objet de tous les soins de son entraîneur qui s'est mis en tête de le ramener en parfaite condition pour les luttes de la cinquième année. Il lui a appliqué un vésicatoire à une jambe de devant, et il le fait galoper en liberté dans un enclos attenant à son boxe. Je crois ce procédé excellent, et je voudrais le voir essayer sur tous les chevaux dont l'entraînement devient difficile.

En toute chose, il faut conclure du petit au grand. Prenons un exemple parmi les infirmes du turf. Si le délabré Coutainville a pu fournir encore cette année une quarantaine de courses, et glaner une demi-douzaine de victoires, c'est que son très malin entraîneur Georges Stern ne lui imposait aucun travail à l'exercice ; il se contentait de le faire galoper en liberté, sur la prairie qui lui servait de domicile.

Les succès de l'entraîneur viennent de son tact à reconnaître ce qui convient aux chevaux qui lui sont confiés ; il n'y en a pas deux qui doivent être traités de façon identique.

En 1888, Brisolier a couru huit fois et a été quatre fois vainqueur. Dans le prix de Chevilly, il n'a pas été placé ; il est arrivé second à trois quarts de longueurs d'Avril dans le prix de la Seine.

Il a gagné La Coupe, battant Waverley, Sibérie, Bavarde et Krakatoa. Le Trentième Biennal lui est revenu aisément ; il n'avait pour adversaires que Belinda et Prédestinée. Dans le prix du Prince de Galles, il a battu d'une courte tête Vice-Roi, auquel il rendait douze livres. Dans le prix de Deauville, il était seul avec sa camarade d'écurie, Bavarde. Dans le prix de Seine-et-Marne, il était troisième derrière Bavarde et Le Sancy. Dans le Grand Prix de Bade, il n'a pas bien couru.

Quand Brisolier se représentera sur le turf, vous verrez un splendide cheval. Sa musculature s'est développée extraordinairement et a atteint une puissance majestueuse. Comme étalon, il vaut beaucoup d'argent.

Chevaux de quatre ans

1° *Athos*, par Zut et Athalie, alezan, avec une étoile en tête et une petite bande blanche allant jusqu'aux lèvres, deux balzanes derrière, n'est arrivé que troisième dans le prix de Vincennes, mais il était à une tête seulement d'Endymion second, et Wotan premier ne se trouvait qu'à une encolure devant Endymion. La lutte fut magnifique. Il gagna d'une demi-longueur le prix de Chantilly. Dans le prix de Guiche, il ne fut que troisième derrière Bocage et Waverley. Faust le battit d'une demi-longueur dans le Grand Prix de Bruxelles. Il gagna le prix Fould d'une demi-longueur ; Waverley était second. Il courut mal dans le Derby de l'Ouest et dans le prix des Acacias. Dans le prix Seymour, gagné par Walter-Scott, il arriva second à une demi-longueur. Il fut battu facilement par Sibérie dans le prix de la Société d'Encouragement, à Caen, et il figura mal dans le Grand prix de Deauville. Il gagna d'une longueur le prix de Clôture.

La saison d'Automne lui fut favorable ; il courut quatre fois, remporta trois victoires et arriva second dans le Handicap Libre à une longueur de Faust, auquel il rendait six livres et qui l'avait battu à poids égal dans le Grand Prix de Bruxelles. Deux de ces victoires n'ont pas grande signification, mais la troisième, dans le prix du Prince d'Orange, ne doit pas être oubliée. Athos battit Catharina et Sibérie ; il est vrai que les deux pouliches s'étaient usées dans une lutte prématurée.

En résumé, Athos a bien fini l'année ; il est en belle condition et devra se distinguer en portant les couleurs de M. Michel Ephrussi, l'année prochaine. Il a l'œil un peu coquin et joueur, comme beaucoup de produits appartenant à la famille de Flageolet.

2° *Empire*, par Mourle et Entreprise, bai, doit forcément se montrer inégal. Il est atteint de la fluxion périodique, qui est une sorte de fièvre des yeux. Vous devez comprendre que dans ces conditions la lutte n'est pas des plus commodes. Si le cheval devenait tout à fait aveugle, il serait beaucoup plus capable de gagner des courses. Je me rappelle l'exemple d'une jument fluxionnaire, nommée Hybisca ; jusqu'au moment où elle perdit complètement la vue, elle courut sans gagner; une fois aveugle, elle fit une moisson de petits prix. Il est grand dommage que Empire ait cette infirmité, car la qualité ne lui manque pas. Après avoir couru sans succès dans le prix Hocquart et dans le 31e Biennal, il gagna le prix de Bagatelle, battant Dauphin et Vice Roi. Il ne fut pas placé dans le 6e Triennal, ni dans la Grande Poule des Produits, mais dans le prix des Acacias, il fut second à une longueur et demie d'Embellie ; Bocage était troisième à deux longueurs.

Dans le prix du Cèdre, il courut mal, et dans le prix de Juin gagné par Galaor, il fut troisième. A Rouen, dans le prix de la Société d'Encouragement, il battit Fifre d'une longueur, Ara finissait troisième.

Non placé dans le prix de la Société, à Caen, il arriva second à Deauville derrière Le Sancy, Belinda était troisième à quatre longueurs. Dans le prix Hocquart, à Deauville, il fut second derrière Galaor et dans le prix de Longchamp il arriva troisième derrière Sibérie et Bégonia. A Paris, dans le prix de Glatigny, il battit Avril, Carafon, Charvet et Max. Dans le prix de Villebon, il fut battu de loin par Sibérie et Catharina, courut mal dans le prix d'Octobre et ne put supporter la lutte contre Melbourne, dans le prix de Luzarches, à Chantilly, parce qu'au moment decisif le soleil lui tapait dans les yeux et paralysait ses moyens, à cause de l'infirmité dont nous avons parlé plus haut.

Empire est en pleine vigueur. On ne peut que regretter beaucoup qu'il soit fluxionnaire; sans cela il faudrait compter avec lui, même dans les grandes épreuves. Par conséquent, ceux qui parient, ne doivent jamais le délaisser complètement, lorsqu'il se présente dans une course. Il est beaucoup trop chargé de chair dans son devant, et sous ce rapport il n'est pas facile à entraîner.

3° *Police*, par Patriarche et Princess, alezane zain, a fourni près d'une vingtaine de courses en 1888, et n'a remporté que deux petites victoires l'une au Havre, où elle n'avait à battre que Quintal, l'autre à Saint-Ouen, où elle portait un petit poids dans un handicap. Elle s'est plus d'une fois bien comportée, mais on la mettait en trop bonne société. Et puis, elle a une autre excuse, c'est qu'elle servait de maîtresse d'école à la maison et jouait ainsi le rôle ingrat d'un sacrifié utile.

Chevaux nés en 1886

1° *Gevraise*, par Faisan et Giboulée, baie avec une étoile en tête, se fait remarquer par sa grande profondeur de poitrine et la solidité de son rein. Tout son aspect est celui d'une rude jument de course. Il me semble qu'on aurait dû la mettre moins souvent sur la brèche, dans sa deuxième année, parce qu'elle n'était pas encore arrivée à sa pleine vigueur, et je crois qu'elle aura des succès en 1889.

Dans le prix du Premier Pas, à Caen, elle partit en tête, mais au bout de six à sept cents mètres, elle faiblit tout d'un coup. Dans le prix de Honfleur, à Deauville, elle arriva troisième derrière Korrigane et Fontanas. Nous la retrouvons troisième aussi dans le Grand Prix de Dieppe, derrière May-Pole et Tantale. A Fontainebleau, dans le troisième Criterium, elle fut seconde derrière Amazon ; Nick était troisième. Dans le prix de la Forêt, elle courut mal parce qu'elle ne se trouvait pas en pleine santé, et dans le prix de la Masselière, cinq jours après, elle n'avait pas eu le temps de se remettre. Du reste, ce dernier prix fut remporté par Illusion II, sa camarade de pension.

La moyenne de ses courses est honorable. Si Gervaise passe un bon hiver et peut être mise en bonne condition pour la cam-

Gevraise

campagne de 1889, elle ne devra pas demeurer vierge de victoire.

2° *Gazna*, par Plutus et Grenade, alezane avec trop de blanc dans la tête et une balzane à la jambe droite de devant, est la propre sœur de Gournay, qui avait certainement de la qualité. La gaillarde est solidement bâtie ; sa taille n'est pas grande, mais tout s'y trouve en bonne proportion ; la force des avant-bras est extraordinaire. Elle a bien le cachet de la famille de Plutus et de Flageolet. Ses courses en 1888 sont médiocres, mais elle devra mieux faire en 1889. En tout cas, elle est construite pour sauter de façon remarquable, et avec la création de prix aussi richement dotés par la Société des Steeple-Chases de France, les aptitudes à franchir des obtacles ne doivent pas être dédaignées.

Dans le Grand Prix de Dieppe, Gazna ne figura pas bien, ni dans le Deuxième Criterium, à Fontainebleau. A Maisons-Laffitte, dans le prix de Maintenon, elle arriva troisième derrière Nabab et Frisco. Dans le deuxième Prix d'Automne, à Longchamp, elle courut mal, mais à Chantilly, dans le prix du Petit-Couvert, elle arriva troisième derrière Master-Albert et Lugano, qui, sur cette distance de mille mètres, sont de redoutables adversaires.

Gazna doit gagner son avoine en 1889 et dans d'excellentes conditions.

3° *Loyal,* par Nougat et Louveciennes, par Flageolet, alezan doré avec une étoile en tête et une petite bande blanche prolongée jusqu'au chanfrein, a toute l'apparence d'un cheval de Derby. Il supporte bien le détail, parce que l'ensemble de sa construction est en harmonie et que, pour ainsi dire, la soudure en est soignée. Depuis Farfadet, de vaillante mémoire, l'étalon Nougat n'avait donné aucun produit aussi solidement établi.

A mesure que la distance des courses augmentera, Loyal se trouvera mieux à son aise ; la preuve, c'est que dans le prix de Villers, à Deauville, sur 900 mètres, il se trouva battu de loin, et que deux jours après, dans le prix de Deux-Ans, sur 1.200 mètres, il arriva troisième.

Loyal

4° *Pourtant,* par Saxifrage et La Papillonne, alezan, avec une trop large bande blanche allant jusque sur les lèvres. Voilà un admirable poulain et probablement un dur cheval de course. S'il n'avait trop de blanc sur la frimousse, je ne vois pas ce qu'on pourrait lui reprocher. Je sais bien qu'il est le premier produit de La Papillonne, mais cette jeune mère avait fourni peu de courses et n'avait pu être épuisée par les fatigues de l'entraînement. Elle n'a pas eu besoin de se réconforter en arrivant au haras. M. Michel Ephrussi doit être tout particulièrement satisfait que La Papillonne lui ait donné un aussi beau poulain; il avait gagné l'Omnium avec La Papillonne, lors de ses débuts comme propriétaire de chevaux; aujourd'hui qu'il est devenu un de nos bons éleveurs, il est tout naturel qu'il aime à voir ses premières juments faire de bons produits.

Pourtant a l'épaule magnifique, le rein très musclé, le garrot déjà très sorti, de forts jarrets, des avant-bras puissants et près de terre, et pas du tout de viande gênante *dans le cerceau.* C'est un soudé; c'est un athlète chevalin.

Ses deux courses en 1888 ne sont pas bonnes. Patience; il vaut la peine qu'on lui fasse crédit. Et puis, je ne veux pas croire que les vainqueurs des principales courses de deux ans se retrouvent en tête en 1889. Les femelles ont eu trop le meilleur; il n'est pas bon que, dans un pays de loi salique, la palme tombe en quenouille, surtout lorsqu'il s'agit des nobles et fiers pur-sang.

5° *Illusion II,* par Wellingtonia et Apparition, baie avec une étoile en tête et une bande blanche prolongée jusque sur le nez. Elle a le rein long et musclé comme beaucoup des produits de Wellingtonia. L'ensemble est celui d'une véritable jument de course; l'épaule est superbe et les cuisses sont tout à fait celles d'un lévrier. Elle a couru quatre fois en 1888. Dans le Grand Critérium, à Vichy, elle rencontrait May Pole, Christiania et Nick; il est assez naturel qu'elle n'ait pas été placée. Dans le prix de Honfleur, à Deauville, elle ne le fut pas non plus, ni dans le prix de La Toucques, mais à Chantilly, dans le prix de La Masselière, elle remporta facilement la victoire.

Son état actuel est splendide. Bien que nous soyons en plein hiver, elle a un poil d'été; le soleil pourrait y refléter ses rayons.

6° *Confiance,* par Nougat et Crosspatch, baie, est un peu trop petite, mais elle a une bonne allure, se sert bien de ses pattes et galope sérieusement. A Vincennes, le premier août, dans la Poule d'essai des pouliches, elle a très bien figuré à l'arrivée; Chopine gagna d'une encolure, La Foudre était deuxième. Confiance partagea la troisième place avec Padmana, et ces deux néophytes ne se trouvaient qu'à une tête de La Foudre. Le surlendemain, à Saint-Ouen, Confiance arriva seconde à une longueur de Saida. Dans le prix de Meulan, à Maisons-Laffitte, nous retrouvons Confiance troisième derrière Salvanos et Hélyette et devant La Foudre, quatrième. Dans cette course, il n'y avait qu'une courte encolure du deuxième au troisième, et une encolure du troisième au quatrième. A Saint-Ouen, le 26 septembre, elle courut mal. A Longchamp, dans le prix de Moscou, elle arriva troisième derrière Frédéric et Vent-en-Panne; dans le prix de Boran, à Chantilly, elle ne fut pas placée.

Je ne crois pas que Confiance puisse prétendre à des prix importants, mais elle devra se comporter en jument utile pourvu qu'elle grandisse un peu.

7° *Fournaise*, par Patriarche et Fontaine, alezane avec une petite étoile en tête, a les hanches excessivement développées. Elle a montré beaucoup de cœur sur la dure piste de Vincennes en arrivant tout d'abord tête à tête avec The Masher dans une première épreuve, et en le battant d'un nez lors de la deuxième lutte. Ce n'est point une *prima dona* du turf, mais elle devra gagner son avoine, à la condition qu'on ne la fasse pas courir en trop haute société.

8° *Viberg*, par Plutus et Vivienne, bai, avait été envoyé au repos complet. Il vient de rentrer de la prairie. C'est un beau type de cheval, et il a tout ce qu'il faut pour devenir un sauteur de premier ordre. Si plus tard il ne remporte pas de bonnes courses dans cette spécialité, c'est qu'il lui arrivera des accidents. En attendant, Georges Cunnington le fera probablement triompher dans quelque course plate comme il l'a déjà fait en 1888. On doit se rappeler que Viberg, le beau Viberg, gagna d'une demi-longueur le prix d'Essai des Poulains, à Maisons-Laffitte.

9° *Bec-Hellouin*, par Verdun et Brown Rosalind, avec une petite étoile en tête, a couru sans succès dans le Criterium de Bernay et dans le prix de Houdan, à Maisons-Laffitte; puis il a été mis au repos. Il vaut beaucoup d'argent comme étalon; c'est le plus beau type de reproducteur que l'on puisse rêver, et son origine est bonne, puisque par son père il remonte au sang de West-Australian et que du côté maternel il est demi-frère de Beaumesnil. Soit que les Américains s'en rendent acquéreurs, soit que l'Administration des Haras l'achète, il devra être payé un prix assez élevé.

10° *Entente*, par Stracchino et Entreprise, baie avec une petite pelote en tête, a été choisie par son propriétaire-éleveur pour le représenter dans les prix Triennaux. Sa seule course en 1888 a été celle du Triennal de Fontainebleau. Il n'existe pas de produit de demi-sang plus robustement charpenté. Le poitrail est extraordinaire ; le corps forme un parallélogramme musculeux, et les fesses ont une puissance qui lui permettra de soutenir les luttes les plus acharnées. Elle a eu la mâchoire endommagée par un coup de pied, pendant qu'elle était encore à la prairie, mais l'habile dentiste Lœfler a tout remis en ordre.

Entente ne fournit pas une bonne course à Fontainebleau ; mais elle ne pouvait se bien comporter par la raison que sa préparation était presque nulle. Il eût été déplorable de voir tracasser cette magnifique pouliche dans sa deuxième année ; c'eût été vouloir couper une fleur ou cueillir un fruit avant l'heure sereine de l'épanouissement et de la maturité.

Lecteurs, n'oubliez pas Entente.

11° *Meilleur*, par Saxifrage et Mariannette, alezan avec une marque blanche allant du chanfrein au nez et une balzane blanche par derrière, est né au haras de Victot et a été élevé à Dangu dans le magnifique établissement de M. Michel Ephrussi. Il est trop grand; dès aujourd'hui il mesure 1 mètre 67. Il ne peut être que tout bon ou tout mauvais. C'est un cheval à attendre longtemps. S'il vient, — mais viendra-t-il ? — il sera quelqu'un.

12° *Désir*, par Plutus et Dosia, alezan, avec trop de blanc dans la tête et trois balzanes, est né très tard dans son année, et par conséquent avait besoin de ne pas courir aussitôt que ses camarades de conscription hippique. Son père n'a pas toujours fait des produits ayant bon caractère, et la mère n'était pas plus commode à monter qu'il n'aurait fallu. L'on a essayé une espèce de croisement homéopathique. S'il réussit, nous constaterons le fait, sans trop croire au principe, et tout en remarquant que ce Désir a l'air très doux.

13° *Kazan*, par Plutus et Miss Krin, bai, a couru une fois, mais il ne faut pas le juger sur cette première épreuve, car il a été presque oublié au poteau de départ et par conséquent mis hors de lutte. Les marques noires assez accentuées qu'il a aux jambes sont un assez bon signe d'endurance et d'ardeur à vaincre. Les avant-bras sont excessivement musclés, il a cuisses et contre-cuisses ; c'est un hercule élégant, et je n'ai pas souvenance d'une silhonette de pur-sang qui me plaise davantage, au point de vue plastique.

14° *Peterborough*, par Wellingtonia et Pride of Kildare, alezan, avec une petite étoile en tête ; c'est un modèle de santé plantureuse ; il a le poil comme un cheval de printemps. On retrouve chez lui le cachet des grands galopeurs, comme chez la plupart des produits de Wellingtonia, mais il a le rein mieux fait que beaucoup d'entre eux ; il est soudé solidement de partout. S'il est condamné à sauter, je ne crois pas qu'il rechigne, à moins qu'on ne veuille lui faire subir trop d'entrainement, et que l'on compromette la victoire dans les allées d'exercice au lieu de se borner à la préparer.

15° *Birmanie*, par Saxifrage et Berline, baie brune, avec une grosse marque blanche en tête et une lice prolongée jusque sur les lèvres, trois balzanes, ressemble à sa mère d'une façon étonnante, mais il me semble qu'elle devra être moins lymphatique. Elle deviendrait une jument à grosses surprises que je n'en serais pas étonné. Elle a le rein long, mais bien fait et musclé aux bons endroits. Sa longueur en dessous sort tout à fait de l'ordinaire. Ses cuisses sont très développées et ses jarrets très bas, comme ceux des lévriers Sloughis de haute race ; les oreilles sont trop longues et ont l'air un peu bébête. En résumé, l'on trouve chez elle des qualités dignes d'une jument de courses très remarquable, et quelques défectuosités capables de compromettre plus d'un succès escompté d'avance. Je crois qu'il sera prudent de se métier de cette Birmanie, tout en ne l'abandonnait jamais si l'on veut parier. Elle a plus d'un point de ressemblance avec Ténébreuse, sa demi-sœur par Saxifrage, et sur les longues distances elle devait se bien comporter.

16° *Médyn,* par Plutus et Myette, alezane, avec une étoile en tête et une bande blanche prolongée jusque sur les lèvres, quatre balzanes; au point de vue plastique, il n'est pas possible de voir une plus belle pouliche; elle a été fort admirée par notre collaborateur, l'excellent peintre Cotlison. Sa condition est splendide, et son poil luisant comme un miroir, bien que nous soyons en plein hiver.

17° *Prophétie,* par Patriarche et Princess, alezane, avec une étoile en tête. C'est la propre sœur de Police. Comme Medyn, elle est fort belle au point de vue plastique, tout en présentant des points de force qui constituent la lutteuse de courses. Sa carrière devra être honorable.

18° *Istrie,* par Zut et Athalie, alezane, a couru à Maisons-Laffitte, dans le prix de Houdan, gagné d'une tête par Prophète, qui battait Reine-des-Prés deuxième et Heurteloup troisième à six longueurs. Il est évident que Istrie se trouvait là en société trop élevée pour elle; mais lorsqu'elle ne sera pas surclassée, il ne faudra pas la trop négliger.

Pouliches nées en 1887

1° *La Valkyrie,* par Wellingtonia et Miss Marguerite, alezane, avec une lice en tête, ladite lice très étroite et prolongée jusqu'au milieu des narines, une balzane a la jambe gauche de derrière. L'épaule est très belle, les avant-bras sont forts, les cuisses longues et musclées, les jarrets bas et puissants, mais un peu défectueux; le rein est solide. En résumé, l'ensemble de la pouliche est bon, et sa longueur, héritée du père, permet de bien augurer d'elle.

2° *Yolande,* par Narcisse et Analogy, alezane zain, a été achetée par M. Michel Ephrussi lors de la vente publique faite par le comte de Berteux; c'est la véritable pouliche de grande race. Il n'est pas étonnant que Georges Cunnington ait tenu à l'avoir;

elle ressemble beaucoup à Camélia, qui arriva tête à tête avec Enguerrande dans les Oaks d'Angleterre, et qui avait été essayée comme une bête de premier ordre, lorsqu'elle faisait ses premiers galops dans le dur métier de l'entraînement. Camélia avait été dressée et entraînée par G. Cunnington, lors de ses débuts comme entraîneur.

L'acquisition de Yolande doit être bonne. Cette très distinguée pouliche a une largeur de rein presque égale au rein de Plaisanterie, alors que bien reposée de l'entraînement et puissamment musclée, elle a été mise en vente publique et est devenue la propriété d'un grand éleveur anglais. Yolande a déjà l'aspect d'une reine du turf.

3° *Formose*, par Wellingtonia et Folle-Avoine, alezane, avec deux petites balzanes par derrière. Cette demi-sœur de Fripon, qui montra de la qualité en prenant un peu d'âge et qui, suivant moi, est un petit étalon pouvant donner des produits d'excellent ordre, a plus de taille que son aîné. Les membres de devant sont bons, robustes et solides, son rein court et musclé, ses jarrets puissants et placés bas comme ceux d'un lévrier, ses cuisses longues et bien en chair. Elle est vraiment belle, a l'air vaillant, presque vainqueur d'avance.

4° *Vintimille*, par Wellingtonia et Vivienne, baie, avec une balzane à la jambe droite de derrière, a toutes les apparences d'une pouliche très vite, et devra se bien comporter dans les courses de deux ans.

5° *Bernerette*, par Wellingtonia et Bellah, alezane, avec une lice en tête, très prolongée, une balzane à la jambe gauche de devant. Cette pouliche est assez remarquable par sa longueur en dessous et la puissance de son arrière-train. Elle appartient, du reste, par son père comme par sa mère, à une famille de galopeurs ayant tous gagné des courses. M. Michel Ephrussi n'aura pas, du moins nous le croyons, à se repentir d'avoir dans sa très-importante écurie plusieurs produits de Wellingtonia. L'aspect de quelques-unes de ses pouliches permet d'espérer qu'elles se montreront dignes d'être sœurs de la célèbre Plaisanterie.

6° *Badine*, par Victor-Emmanuel et Berline, baie, avec une

marque blanche prenant au-dessous du front et allant jusqu'au dessus du nez, quatre petites balzanes ; si cette forte pouliche, dont le rein est excessivement large et musclé, n'est pas bonne sur les longues distances, elle ne répondra ni à son aspect ni à son origine.

7° *Toujours*, par Rosicrucian et The Tees, baie avec une petite marque blanche fort étrange par les zig-zags qu'elle fait sur le front ; elle n'a rien de bien saillant, sinon la solidité et la robustesse de son rein. Cette qualité n'est jamais à dédaigner ; les vieux éleveurs l'appelaient, il n'y a pas encore bien longtemps, la cinquième jambe. Il est certain qu'un cheval au cœur généreux marche par l'impulsion du rein, alors même que les jambes sont devenues défaillantes.

8° *Livie II*, par Silvio et Louveciennes, baie avec une petite pelote en tête, et de très vigoureuses marques noires aux jambes. Son garrot n'est pas encore sorti, mais tout le reste approche de la perfection ; la raie de mulet est fort accentuée, et tout le corps admirablement proportionné est très près de terre. Elle a toute la silhouette d'une lutteuse aussi élégante que robuste, en même temps que le calme et la douceur des champions qui sont capables de vaincre sans trop grand effort. Il me semble que M. Michel Ephrussi trouvera dans Livie II une étoile du turf, et que le baron de Soubeyran peut dès à présent donner quelques caresses de plus à son magnifique étalon Silvio, qui a produit une pouliche aussi bien construite pour les hautes luttes.

Poulains nés en 1887

1° *Dourack*, par Victor Emanuele et Dulce Domum, alezan, avec une forte lice en tête, une balzane à la jambe droite de derrière.

Nous allons passer en revue les cinq fils de l'étalon Victor Emanuele, que M. Michel Ephrussi avait loué en Angleterre pour lui faire faire la monte en France. Tous les cinq sont remarquables par leur construction forte et résistante ; tous les cinq sont bien membrés et ont un rein très solidement attaché ;

tous les cinq devront se bien comporter sur les courses à longue distance.

M. Michel Ephrussi a eu grandement raison de conseiller à M. Stern d'acheter Victor Emanuele. D'après les cinq poulains que j'ai admirés comme des athlètes chevalins, cette acquisition d'un reproducteur, donnant des produits aussi robustes sans avoir l'air commun, est un véritable service rendu à l'élevage. Je ne dis pas qu'ils soient foudroyants de vitesse, et que dans les courses de deux ans ils se comportent comme des ténors, mais vous les verrez ensuite.

2° *Le Négus*, par Fontainebleau et Niche, bai zain, est un très beau poulain, bien conforme à la signature de la race Dollar, et construit en galopeur qui n'a pas besoin d'user ses forces à l'exercice, pour être prêt à affronter les luttes de l'hippodrome.

3° *Jamaïque*, par Victor-Emanuele et Athalie, alezan, avec une forte étoile en tête et deux balzanes par derrière. Je ne puis dire de ce fils de Victor-Emanuele que ce que j'ai déjà dit de son frère Dourack ; c'est un hercule. Il est déjà très développé et très musclé.

Si j'étais entraîneur, je ne demanderais à avoir que des soldats du turf aussi solides.

4° *Khan*, par Plutus et Kiva, alezan, avec une lice prolongée jusque sur le nez, trois balzanes. Il est petit-fils de Wellingtonia par sa mère Kiva, et demi-frère de Flageolet par son père Plutus. L'origine est parfaite, et il y a chez ce robuste poulain beaucoup d'analogie avec les bons produits du sang de Flageolet. Dans cette famille, lorsqu'on se mêle de galoper, on ne fait pas semblant.

5° *Makassar*, par Wellingtonia et Miss Krin, noir, avec une petite étoile en tête, Il est un peu tardif comme plusieurs des produits venant de chez le comte de Nicolay, parce que ces produits sont élevés sur des prairies un peu tourbeuses et trop en plaine, mais il a de très bons membres, et tout annonce qu'il aura de la résistance et beaucoup d'énergie, comme la plupart de ses devanciers nés au haras de Montfort-le-Rotrou.

6° *Cœur-Volant*, par Victor Emanuele et Crosspatch, bai, avec une petite marque en tête et une balzane à la jambe droite de derrière. Il était venu au monde six semaines avant terme et il semblait tellement chétif qu'on voulait le faire tuer. M. Michel Ephrussi lui fit grâce et il eut raison, car ce Cœur-Volant a diablement mis ordre à ses affaires. Malgré cela, il faut encore attendre un peu pour porter un jugement sur lui.

7° *Jaloux*, par Victor Emanuele et Jeannette II, noir avec une étoile en tête et deux balzanes. Il a les apparences d'un bon et honnête cheval, beaucoup de membres et tout ce qu'il faut pour être un galopeur peu facile à lasser. Il ressemble beaucoup à son père, qui fut un robuste et un résistant sur le turf.

8° *Caporal*, par Victor Emanuele et Californie, bai brun, avec une étoile en tête. La croupe est un peu relevée, mais l'ensemble est celui d'un cheval de bonnes courses moyennes; les jarrets sont très puissants et, dans un moment de lutte, devront servir de ressort vainqueur.

9° *Eclair*, par Stracchino et Enterprise, bai zain. Je ne crois pas me tromper en saluant ce propre frère d'Entente, la magnifique pouliche de 3 ans dont j'ai parlé précédemment, comme on doit saluer tout poulain susceptible de devenir un sérieux champion du Derby. Il est très complet comme force ; l'épaule a la direction voulue, les membres sont à l'épreuve des durs galops, le rein est bien attaché, les jarrets très forts et très bas soutiennent des cuisses très longues et très musclées; l'arrière-train est digne de pousser vigoureusement en avant toute la machine galopante. Si cet éclair ne jette pas des foudres de galop triomphal, il faudra qu'il lui tombe quelque tuile sur la tête.

* * *

Comme il y avait du trop plein chez Georges Cunnington, lui-même engagea M. Michel Éphrussi à confier trois pouliches et deux poulains au jeune et soigneux entraîneur Arthur Carter. Les voici :

1° *Balle Élastique*, par Bruce ou Border Minstrel et Brown Rosalind, alezane, avec une lice en tête et une balzane à la jambe gauche de derrière. C'est une belle pouliche, très bien musclée et ayant de grandes lignes. Elle provient de l'élevage du comte Dauger et est demi-sœur de Beaumesnil.

2° *Garancière*, par Patriarche et Garde-Mobile, alezane, avec une pelote en tête et deux balzanes derrière ; cette demi-sœur de Garde-des-Sceaux est forte pouliche, longue et bien musclée, puissante dans ses avant-bras et dans son arrière-main, c'est-à-dire dans les points essentiels. Elle est née et a été élevée chez la baronne de Bray.

3° *Bouillotte*, par Patriarche et Boulette, propre sœur de Bouledogue, alezane, avec une marque en tête en forme de croissant et une balzane à la jambe gauche de derrière, est trop enlevée et peu musclée en ce moment, mais il y a de l'étoffe chez elle, et, avec le temps, elle devra se parfaire aux bons endroits. Si j'étais son propriétaire, j'aurais confiance en elle.

4° *Dragon*, par Patriarche et Dragée, alezan brûlé zain, élevé chez la baronne de Bray, est d'un très joli modèle ; ses avant-bras sont forts, et son arrière-main a assez de puissance pour lui faire couvrir beaucoup de terrain en galopant. Il a grand air, bien qu'il manque un peu de taille. Il ressemble beaucoup à Firmin, et ce n'est pas étonnant, puisque le sang de Dollar se retrouve chez lui au même degré que chez Firmin ; tous les deux sont petits-fils de l'excellent étalon qui a créé la race Lupin.

5° *Dragon*, par Victor-Emanuele et Dosia, bai, avec une balzane à la jambe gauche de derrière, a l'air malingre et un peu souffreteux. Il paraît qu'il était ainsi à la prairie. Il ne fait pas bonne figure auprès de l'autre Dragon ; pourquoi ne pas changer tout de suite son nom et ne pas l'appeler Fantassin ? Ses quatre autres camarades sont dans une condition qui fait honneur à Arthur Carter.

LES JOCKEYS DE L'ÉCURIE

Les jockeys de l'écurie Michel Éphrussi ont été Dodge et Kearney. L'un et l'autre ont mené beaucoup de chevaux à la victoire et se trouvent actuellement dans la maturité de leur expérience des luttes hippiques. Ils gagneraient beaucoup tous les deux à ce que les poids soient relevés dans les courses classiques et dans les handicaps.

Si l'on ne porte pas les poids à 58 ou 60 kilos dans les grandes épreuves, et si l'on ne commence pas les handicaps à 72 kilos pour les terminer à 50, Dodge devra renoncer à monter, tout comme T. Lane, dans le Derby et le Grand Prix, et Kearney continuera à s'abîmer la santé pour monter en poids trop léger.

Il est triste et contraire au bon et viril sport de voir les plus robustes jockeys perdre le meilleur de leurs forces en privations de toute sorte pour obéir aux règlements routiniers des poids de plume, qui encouragent la production des chevaux ficelles et donnent prise, dans le public, aux dernières objections que l'on ose formuler contre les chevaux de pur sang.

Le jockey Dodge

Dodge fut amené en France par le comte de Lagrange, qui l'avait remarqué sur les hippodromes d'Angleterre. Dans nos grandes courses, il a toujours bien résisté aux jockeys d'Outre-Manche, mais il n'a pas encore eu la satisfaction de remporter, soit le Derby, soit le Grand Prix de Paris. La course où il a été le plus remarquable suivant moi, c'est le prix Gladiateur, où, montant Courtois, il parvint à battre, dans les dernières foulées, à force de tact et d'énergie, un adversaire bien supérieur, l'excellent cheval Clocher. Jamais fin de course ne fut mieux calculée.

Sur les longues distances, mieux que sur les courtes, Dodge sait prendre l'avantage et avoir raison de ses concurrents. Il a une parfaite connaissance du train, et excelle à ménager la vigueur de son cheval pour le moment suprême de la lutte décisive. Il a monté des chevaux qui exécutaient trop de variations à la Aumont, mais, aujourd'hui, il semble revenu à de meilleurs sentiments, grâce aux observations de la presse en général et aux miennes en particulier. Il se sent surveillé, et, de gré ou de force, il semble disposé à marcher droit.

Dodge

La nature humaine n'est point parfaite, il faut la prendre telle qu'elle est; à toute faiblesse miséricorde.

Aujourd'hui, je verrais avec peine Dodge disparaître du turf, où sa présence est utile, ne serait-ce que pour montrer aux jeunes son excellente manière de monter. Voilà pourquoi je ne cesserai de demander avec instance, que l'on relève les poids des chevaux dans toutes les courses. (1)

(1) Dodge n'a pas encore reçu sa licence pour l'année 1889. Je crois qu'il est souhaitable de la lui voir rendre ; la leçon a porté ; aujourd'hui Dodge estriche, et tout fait présager qu'il se gardera de tout écart.

Le jockey Kearney

Kearney doit sa position actuelle à Denman, qui est un excellent maître et un honnête homme. C'est Denman qui l'a formé à bien monter sur nos hippodromes français. Le propre de Kearney est d'être doux avec les chevaux et d'avoir une bonne main. Personne n'était capable de monter Polyeucte aussi bien que lui; il le prouva en arrivant second derrière Minting, dans le Grand Prix de Paris, et en remportant, avec ledit Polyeucte, le Grand Prix de Deauville.

* * *

En résumé, je ne crois pas possible d'avoir une écurie de courses mieux outillée pour la victoire, que celle de M. Michel Éphrussi. Les chevaux du classique et soigneux Georges Cunnington se présenteront sur le turf en pleine condition de vigueur musculaire et de santé; s'ils sont bien montés, un bel avenir doit être à eux.

HARAS DE DANGU

(Eure)

Richelieu, né en 1881, par Trocadéro et Reine de Saba

1883

1	Prix de Blaison, Chantilly.	3.750	»

1884

2	Vingt-Septième Biennal 1884-85, Paris.	1.000	»
1	Prix du Gros-Chêne, Chantilly.	4.475	»
2	Prix de la Néva, Paris.	500	»
1	Deuxième prix de la Société d'Encouragement (2e série), Boulogne-sur-Mer.	5.325	»
2	Prix de la Société d'Encouragement (1re série), Caen.	450	»
1	Deuxième prix de la Société d'Encouragement (Hors série), Caen.	11.550	»
1	Prix Spécial, Dieppe.	1.537	50
2	Prix de Glatigny, Paris	775	»
2	Prix du Prince d'Orange, Paris.	1.000	»
2	Prix de la Forêt, Chantilly.	300	»

1885

2	Prix d'Ivry, Vincennes	300 »
2	Prix de Bagatelle, Paris	500 »
2	Prix de Gouvieux (Handicap), Chantilly	500 »
2	Prix de l'Été (Handicap) (dead-heat avec Paridjâta)	250 »
2	Prix du Duc d'Aoste, Paris	200 »
1	Prix de la Société d'Encouragement (1re série), Lyon	10.187 50
2	Prix de Glatigny, Paris	650 »
2	Grand Prix de Genève, Genève	500 »
	1886	
1	Prix de la Seine, Paris	12.700 »
1	Prix de Bagatelle, Paris	7.375 »
1	Pari particulier, Paris	5.000 »
1	Prix de Clôture, Deauville	5.000 »
2	Prix de Bois-Roussel, Fontainebleau	500 »
	1887	
1	Prix de Lutèce, Paris	10.000 »
2	Prix du Conseil général (Handicap), Caen	400 »
	Total des sommes gagnées	84.725 »

Fera la remonte à raison de **1,200** fr.

—

Gamin, né en 1883, par Hermit et Grace

1885

1	Grand Prix de Dieppe, Dieppe	21.800 »
2	Quatrième prix Triennal 1885-86-87 (1re année), Fontainebleau	4.025 »
	1886	
1	Poule d'Essai des Poulains, Paris	57.300 »
1	Quatrième prix Triennal 1885-86-87, Paris	30.000 »
2	Grande Poule des Produits, Paris	2.000 »
2	Prix Seymour, Paris	1.000 »
1	Prix Royal Oak, Paris	56.000 »
1	Prix d'Octobre, Paris	22.200 »
	1887	
1	Quatrième prix Triennal 1885-86-87, Chantilly	40.000 »
1	Prix de Lonray, Paris	6.009 »
3	Prix de Seine-et-Marne, Fontainebleau	500 »
	Total des sommes gagnées	240.825 »

Fera la monte à raison de **1,200** fr., plus 20 fr. pour l'écurie.

A CHANTILLY

M. MAURICE EPHRUSSI

Entraineur particulier : O. ARCHER. — *Jockey :* CLOUT.

CHEVAUX A L'ENTRAINEMENT :

Chevaux de quatre ans

BÉGONIA, b., par Plutus et Belle Etoile. (Page 211.)
FOUGÈRE, b., par Plutus et La Fromentinière. (Page 213.)
DAUPHIN, b., par Dollar et Schooner. (Page 213.)

Poulains de trois ans

FLIGNY, al., par Zut et Mademoiselle de Fligny. (Page 215.)
LE VÉNITIEN, n., par Stracchino et La Vague. (Page 215.)
VALET DE CŒUR, al. brûlé, par Bariolet et Vaucluse. (Page 216.)

Pouliches de trois ans

CAYENNE, b., par Grand Master ou Brest et Mlle de Charolais. (P. 216.)
N., al., par Le Drôle et Feuille d'Or. (Page 217.)
LA FAVORITE, b., par Bariolet et La Flûte. (Page 217.)
MODESTIE, b., par Zut et Miss Capucine. (Page 217.)
SARCELLE, b., par Fontainebleau et Schooner. (Page 218.)

Pouliches nées en 1887

N., b., par Border Minstrel et La Flûte. (Page 219.)
N., al., par Border Minstrel et Bowstring. (Page 219.)
N., al., par Hermit et Madeira. (Page 219.)
N., al., par Zut et Miss Capucine. (Page 219.)
N., al., par Wellingtonia et Musette II. (Page 219.)
N., bb., par Retreat et Stitchery. (Page 220.)

Poulains nés en 1887

N., b., par Bruce et Carthage. (Page 220.)
N., al. brûlé, par Zut et Ironie. (Page 220.)
N., al. brûlé, par Bruce et Marcelle. (Page 220.)

N., par Clairvaux et Peticoat. (Page 220.)
N., al., par Wellingtonia et Sleeping Beauty. (Page 221.)

Pouliches nées en 1887

N., b. zain, par Plutus et Cadichette. (Page 221.)
N., al. brûlée, par Border Minstrel et La Vague. (Page 221.)
N., al., par San Stephano et Rosita. (Page 221.)

Poulains nés en 1887

N., n. zain, par Wellingtonia et Dauphine. (Page 221.)
N., bb., par Galard et War Point. (Page 221.)

O. ARCHER

Le jeune et sérieux propriétaire éleveur, M. Maurice Ephrussi, est un militant : à diverses reprises, il a monté en courses, et s'est montré chaque fois très bon cavalier. Je pourrais citer plus d'une arrivée où son énergie força la porte de la victoire. A ce titre, il faut le saluer comme l'un de nos jeunes princes du turf, qui offrent le plus de garanties de persévérance dans la dure carrière d'éleveur et de maître de chevaux de courses.

N'oublions pas que M. Lupin, le modèle impeccable des propriétaires de champions d'hippodromes, monta en courses dans sa jeunesse, et que le baron Finot fut en selle sur de nombreux vainqueurs. Le meilleur et le plus sûr moyen de réussir, c'est de bien connaître ce dont l'on s'occupe.

L'écurie de M. Maurice Ephrussi est fort bien tenue à Chantilly par O. Archer, qui est l'oncle du célèbre jockey Fred. Archer. Venu en France assez tard, O. Archer a déjà prouvé que sa méthode d'entraînement est bonne. Ses chevaux sont présentés bien en chair et en muscles sur les hippodromes ; leur préparation est parfaite ; ils ont tout le souffle et la vigueur nécessaires à la lutte, mais on ne leur a pas fait semer leur force naturelle en des exercices trop multipliés ; la course n'a pas été perdue dans les allées d'entraînement.

O. Archer fit son apprentissage chez H. May, dans le Wiltshire, puis il entraîna pour le captain Pigett et M. G. Myers. Il a été premier garçon chez le célèbre Matthew Dawson ; en cette qualité, il mit au dressage Minting et The Baron ; il fut, dans leur entraînement, un collaborateur très apprécié du sévère Matthew Dawson. Puis il vint en France chez M. Maurice Ephrussi.

Le premier garçon d'O. Archer est Wilburn, qui a monté en courses comme jockey de poids léger pour MM. Delamarre, Lupin et Henri Jennings. Wilburn parle très bien français, est fort intelligent et très soigneux.

Chevaux de quatre ans.

1° *Begonia*, par Plutus et Belle-Etoile, bai, avec une pelote en tête et deux balzanes par derrière, est toujours un peu enlevé et un peu droit sur ses jambes de devant, mais c'est une grande machine à galoper, et s'il n'avait mauvaise tête, il faudrait compter avec lui dans les plus importantes épreuves. En 1887, dans le Grand Criterium, il était second derrière Stuart. En 1888, il a couru seize fois et remporté cinq victoires.

Au Bois de Boulogne, dans le prix Fould, il se déroba, parce que son jockey Lashmar avait beaucoup de peine à s'entendre avec lui, et manquait de douceur de main. Il ne fut pas placé dans le prix du Lac, ni dans le prix d'Ibos. Dans le prix de Tourville, à Maisons-Laffitte, il arriva bon troisième, derrière Balzan et l'Honorable. Il courut sans succès à Valenciennes. Dans le prix de Beuzeval, à Maisons-Laffitte, il eut raison de Volubilis d'une courte encolure. A Saint-Ouen, il fut battu de trois quarts de longueur par Carafon. A Evreux, il gagna aisément le prix de la Société d'Encouragement. A Cabourg, monté par Kearney, il battit de trois longueurs Melbourne, qui était grand favori; jamais résultat ne fut plus logique, et ce jour-là nous ne pouvions comprendre l'engouement du public pour Melbourne, qui n'avait jamais valu Begonia, malgré un tas de racontars mystérieux dont le susdit Melbourne avait été l'objet avant le prix du Jockey-Club et le Grand Prix de Paris. Dans le prix des Ecuries, à Deauville, il arriva troisième derrière Manolo et l'intermittente Sibérie. Dans le prix de Longchamp, sur cette même piste de Deauville, toujours monté par Kearney, il fut second derrière Sibérie; Empire, monté par Dodge, n'arriva que troisième à deux longueurs et demie; les trois couraient à poids égal.

On le fit recourir encore à Deauville, dans le handicap du prix du Calvados; il était trop chargé et ne put être placé. Dans le prix de Versailles, au bois de Boulogne, il gagna très facilement; après quoi il fut racheté par son propriétaire pour 25.182 fr. Il ne courut pas bien dans le prix Royal Oak. A Vincennes, dans le prix de Fontainebleau, il battit Achéron d'une eneolure. Dans le handicap libre, au Bois de Boulogne, il courut mal.

Bégonia est aujourd'hui bien reposé et en bel état. Si, en 1889, on choisit pour le monter un jockey qui soit doux avec les chevaux et ait la main légère, comme Kearney ou Horan, avec lesquels il a fourni ses meilleures courses, je ne dis pas qu'il soit capable de triompher dans les grandes épreuves, mais il peut faire une bonne campagne. Il est impossible de rencontrer un rein plus puissant, ni un arrière-train mieux fait pour galoper ; avec cela, un pur-sang a droit au succès.

Bégonia remporta trois de ses victoires en bon terrain de piste, et une en terrain très lourd.

2° *Fougère* par Plutus et La Fromentinière, baie avec des traces de balzane à la jambe droite de derrière, est une jument un peu légère et construite de façon à avoir plus de vitesse que de tenue. Elle a pris part à quatorze courses l'année dernière, et a remporté trois victoires. Non placée dans le prix de Chantilly, à Vincennes, ni dans le prix de Lisieux à Maisons-Laffitte, elle a gagné facilement le prix de Lisieux à Saint-Ouen. Elle arriva troisième derrière Folie et Intervention à Saint-Ouen, et seconde derrière Lumière, dans le prix du Cambresis sur la même piste de Saint-Ouen. A Bernay elle gagna aisément le grand handicap, et fut placée cinquième, à Deauville, dans le prix de La Toucques. A Saint-Ouen, dans le prix de l'Yonne, elle eut un facile succès, et elle courut seule dans le Prix de la Société d'encouragement, à Agen. Dans le prix d'Aquitaine à Saint-Ouen, elle ne fut pas placée, et quelques jours après, sur la même piste, elle fut battue difficilement d'une courte encolure par Police à laquelle elle rendait 17 livres. Dans le prix des Tribunes, à Chantilly, elle ne fut pas placée.

Les handicapeurs se sont presque toujours montrés trop sévères pour cette petite jument sur laquelle le poids se fait trop rudement sentir. Elle n'a pas gagné ce qu'elle méritait.

Fougère semble avoir besoin, pour avoir tous ses moyens, d'une piste facile; elle ne va bien ni sur un terrain lourd, ni sur un terrain trop dur.

3° *Dauphin,* par Dollar et Shooner, bai avec une pelote en tête, s'est bien élargi dans sa croupe et a pris beaucoup de muscles dans les reins, ce qui lui avait manqué jusqu'à l'automne dernier. Il ne serait pas étonnant que ce propre frère de Martin-

Pêcheur II devienne un cheval de première classe comme son aîné, en prenant de l'âge. Aujourd'hui, il est splendide de condition et de puissance musculaire. Comme étalon, il vaut un très grand prix.

En 1887, il fit son début sans bien figurer dans le prix de la Seine. A Vincennes, il arriva second à trois quarts de longueur de Nogaret. Au Bois de Boulogne, il fut second aussi à une demi-longueur d'Empire, dans le prix de Bagatelle. Dans le prix d'Avril, au Bois de Boulogne, il battit Bercy d'une tête. Dans le prix du Printemps, sur 2.900 mètres et sur la même piste, il gagna facilement d'une longueur, battant Endymion, Firmin et Champagne II. On lui croyait une chance dans le prix du Jockey-Club, mais, bien qu'il fût monté par Dodge, il ne put arriver que mauvais sixième. Dans le prix du Cèdre, à Longchamp, il fut mauvais troisième derrière Reyezuelo et Chérif. A Rouen, il fut battu facilement par Charvet et Avril. A Maisons-Laffitte, il arriva loin derrière Max et Carafon, dans le prix de Bonnières. A Caen, dans le Grand Saint-Léger de France, Galaor le battit avec la plus grande facilité, et à Deauville le médiocre Porte-Plume lui infligea une défaite humiliante. Puis vint le triomphe de l'Omnium, au Bois de Boulogne, où Dauphin, monté par Dodge et portant 54 kil., un poids très lourd pour un poulain de 3 ans, gagna très facilement. Dans le prix d'Octobre il ne courut pas bien; il est vrai qu'il rencontrait là Galaor, Sibérie, Catharina et Bavarde, c'est-à-dire un sérieux dessus du panier.

Dauphin a fourni treize courses l'année dernière, et n'a remporté que trois victoires, toutes les trois sur la grande piste du Bois de Boulogne.

Lors de son premier succès sur 2.000 mètres, il était monté par Lashmar; le jeune French le pilotait dans le prix du Printemps sur 2.900 mètres; dans l'Omnium, sur 2.400 mètres, il avait le puissant auxiliaire de Dodge.

Monté par Lashmar, un jockey qui mérite d'être comparé plutôt à un jars qu'à un aigle en fait de courses, il ne remporta que d'une tête le prix d'Avril; à Deauville il se fit battre honteusement par Porte-Plume. Avec French, il gagna facilement d'une longueur le prix du Printemps. Avec Dodge il triompha sans peine dans l'Omnium. Il faut dire que Hervine, arrivée seconde derrière lui, et Indien III, arrivé troisième, sont des chevaux courageux, mais de qualité assez ordinaire.

Il semble résulter de la carrière de courses, fournies jusqu'à présent par Dauphin, qu'il est bien à son aise sur la grande piste de Longchamp, où son propre frère Martin-Pêcheur II eut le grand honneur de battre d'une tête l'illustre Plaisanterie. Je crois qu'il y remportera d'autres succès.

Il semble mieux à son aise sur le terrain dur que sur le terrain mou.

Poulains de trois ans

1° *Fligny*, par Zut et Mlle de Fligny, alezan avec une pelote en tête, est un très joli cheval bien fait de partout, près de terre et bâti en véritable vainqueur de courses. Le diable, c'est que son propre frère Frapotel, après avoir débuté sur le turf comme un ténor de première envolée, a fini comme un cabotin de province.

Dans le prix de Villers, à Deauville, Fligny est arrivé second à une longueur d'Amazon. Le surlendemain il ne fut placé qu'assez médiocre quatrième dans le prix de Deux-Ans, derrière Fontanas, Ventrebleu et Loyal. Dans le prix Yacowlef, toujours à Deauville, il arriva second à une longueur de Le Cordouan. A Saint-Ouen, dans le prix des Pyrénées, il fut victime d'un mauvais départ et figura mal dans la course. A Chantilly, dans le prix de la Salamandre, il ne fit rien de bon, pas plus que dans le prix de Condé.

Comme on vient de le voir, les courses fournies par Fligny n'ont pas été en s'améliorant, mais il est si beau et si solidement bâti qu'il ne faut pas désespérer de lui, malgré la mauvaise impression que l'on est autorisé à conserver de son frère le décevant Frapotel.

2° *Le Vénitien*, par Stracchino et La Vague, noir zain, est un très fort poulain, avec beaucoup de longueur de cuisses et de bons avant-bras, mais l'ensemble est décousu, les lignes ne se suivent pas et les points marquants ont besoin d'entrer en meilleure harmonie. Cela peut venir et cela viendra probablement avec l'âge, parce que l'origine de Le Vénitien est excellente.

A Fontainebleau, dans le premier Critérium, Le Vénitien courut mal ; dans le prix du Poitou, à Saint-Ouen, il ne se comporta pas mieux.

3° *Valet-de-Cœur*, par Bariolet et Vaucluse, alezan brûlé zain, est un très beau et très fort poulain. Il possède les grandes lignes des chevaux de tête, et devra faire honneur à son père Bariolet. M. Maurice Ephrussi désirerait beaucoup lui voir remporter des courses importantes, parce que Bariolet illustra ses jeunes couleurs sur le turf.

Dans le Grand Prix de Dieppe, Valet-de-Cœur ne courut pas bien ; dans le Triennal, à Fontainebleau, il figura peu ; il arriva quatrième dans le prix des Chênes, au Bois-de-Boulogne, derrière Tire-Larigot, Hélyette et Prophète ; dans le premier prix d'Automne, au Bois-de-Boulogne, il fit une mauvaise course.

Valet-de-Cœur n'était pas mûr pour les épreuves de deux ans. On est en droit de mieux croire en lui, à mesure qu'il arrivera en âge.

Pouliches nées en 1886.

1° *Cayenne*, par Grandmaster ou Brest et Mlle de Charolais, baie avec une étoile en tête, est un peu légère, n'a pas besoin de beaucoup de travail et est facile à tenir prête pour les premières courses du printemps prochain. Elle a, suivant moi, une bonne recommandation, c'est celle d'être née et d'avoir été élevée sur les herbages du vicomte Dauger, à la Chapelle, près de Sées, c'est-à-dire près du Merlerault ; l'on a eu grandement raison de la réclamer pour 15.390 fr. après sa victoire dans le prix de l'Aube, à Saint-Ouen ; l'entraîneur Archer saura en tirer bon parti ; en tout cas, cette fille de Mlle de Charolais, une poulinière qui a donné plusieurs bons galopeurs, doit être précieuse pour mener le travail des jeunes chevaux.

A Dieppe, dans le prix du Casino, Cayenne gagna au petit galop; à Saint-Ouen, dans le prix de l'Aube, elle remporta très facilement la victoire; dans le prix de Boran, à Chantillly, elle ne fut pas placée.

2° *N., par Le Drôle et Feuille-d'Or*, alezane avec une lice en tête, est une pouliche assez plaisante dans son ensemble, bien qu'elle ait le poitrail un peu serré. Elle vient de la plaine de Tarbes, et n'a pas encore couru.

3° *La Favorite*, par Bariolet et La Flûte, baie avec quelques poils blancs en tête, est une petite pouliche très bien faite de partout; elle doit avoir une assez grande vitesse, mais il me semble qu'il ne faudra pas la sortir de la catégorie des prix à réclamer.

Dans le prix du Bastion, à Saint-Ouen, elle fut battue d'une tête par Belfort; dans le prix de l'Ourcq, sur la même piste de Saint-Ouen, elle gagna aisément; à Maisons-Laffitte, elle remporta une facile victoire sur The Masher, qui galope un peu.

4° *Modestie*, par Zut et Miss Capucine, baie avec une étoile en tête et une petite balzane à la jambe gauche de derrière, est une admirable pouliche. Elle accuse beaucoup de sang. Ses muscles dans l'arrière-main sont très saillants, son épaule est superbe. sa poitrine large et profonde, ses avant-bras remarquables de force. Elle manque un peu de taille, mais c'est là son seul défaut, et elle apparaît si bien proportionnée et si puissante dans son ensemble qu'elle rachète amplement ou fait oublier ce manque de taille. Je crois à son bel avenir, et à l'étoile qu'elle porte en tête.

A Maisons-Laffitte, le 2 août, Modestie gagna d'une tête le prix d'Essai des Pouliches. Mimoza, qui n'est pas bonne, mais qui était admirablement préparée pour cette course, était seconde, Hélyette troisième. Sa victoire dans le prix du Premier Pas, à Caen, est beaucoup plus significative. Elle battit Chopine d'une demi-longueur, à poids égal; or, Chopine est une bonne pouliche et elle venait de le prouver en gagnant à Vincennes. Vendredi II était troisième et Ventrebleu quatrième; ce sont deux bons poulains, et Modestie leur rendait six livres en raison de sa victoire récente à Maisons-Laffitte. Dans le prix de Deux Ans, à Deauville, Modestie portait sept livres de surcharge ; elle succomba. Dans le Deuxième Criterium, à Fontainebleau, elle fut battue d'une tête par Chopine ; sa petite taille dut être cause de sa défaite sur la piste extra-sablonneuse de Fontainebleau. Dans le prix de la Forêt, à Chantilly, elle ne fut pas placée.

Elle doit mieux aller sur une piste ferme que sur une piste lourde.

Modestie

5° *Sarcelle,* par Fontainebleau et Shooner, baie avec une petite balzane à la jambe gauche de derrière. Elle a peu de viande à porter, et ses points de force sont remarquables ; son entraînenement est donc facile. Elle doit avoir de la vitesse. Dans le prix de Maintenon, à Maisons-Laffitte, elle n'a pas été placée.

Pouliches nées en 1887

1° *N.*, par Border Minstrel et La Flûte, baie avec une étoile en tête, une balzane à la jambe droite de devant et une balzane à la jambe gauche de derrière, est une jolie pouliche qui devra se mettre vite en lutte, et qui a bonne chance de gagner des courses à deux ans.

2° *N.*, par Border Minstrel et Bowstring, alezane avec une petite marque au front, est une petite pouliche un peu trop légère.

3° *N.*, par Hermit et Madeira, alezane avec une lice en tête et une petite balzane à la jambe gauche de derrière. C'est une splendide pouliche ; son aspect permet d'espérer de grands succès en courses, et quand bien même il y aurait déception de ce côté, elle vaudra un grand prix comme poulinière, par son origine d'abord, par sa forte et élégante construction ensuite. Elle a été importée en 1886 dans le ventre de sa mère, que M. Maurice Ephrussi paya un prix élevé. Madeira, née en 1873, était seconde dans le Middle-Park, gagné par Petrarch. Elle est par Thunderbolt et Léoville; Thunderbolt est par Stockwell.

Cette fille d'Hermit et Madeira est grande et forte, un peu haute sur jambes pour le moment, parce qu'elle n'est pas encore formée. Elle a de très grandes lignes et des points de force bien placés, mais elle manque de muscles actuellement, parce qu'elle a grandi trop vite. Elle est faite pour couvrir beaucoup de terrain. Sa longueur en dessous est remarquable, sa croupe et son rein sont larges ; le poitrail a besoin de se développer.

4° *N.*, par Zut et Miss Capucine, alezane, avec une lice en tête, et une balzane à la jambe gauche de devant. Propre sœur de Modestie, elle est belle et devra remporter plus d'un succès à deux ans.

5° *N.*, par Wellingtonia et Musette II, alezane avec une lice en tête et deux balzanes derrière, est belle et forte pouliche. Le système musculaire est déjà bien développé. Si elle ne fait pas de bons galops, je serai surpris, car elle est bien signée Vellingtonia.

6° *N., par Retreat et Stitchery,* baie brune avec une étoile en tête. Elle a été importée en 1886 dans le ventre de sa mère. C'est une belle pouliche, très bien faite pour galoper.

Poulains nés en 1887

1° *N., par Bruce et Carthage bai,* avec une lice en tête, une balzane à la jambe gauche de devant et des traces de balzane à la jambe droite de derrière. Ce poulain est fort bien fait dans son ensemble; il doit galoper facilement et prouve que la production de Bruce n'est pas à dédaigner.

2° *N., par Zut et Ironie,* alezan brûlé zain, est un peu léger, mais c'est bien le poulain que l'on peut désirer en vue des courses de deux ans. Dans une écurie bien ordonnée, il faut savoir préparer ses relais et choisir, lorsqu'on le peut, des champions de toute sorte.

3° *N., par Bruce et Marcelle,* alezan brûlé avec une étoile en tête, est tout à fait construit en grand cheval. Sapristi! si celui-là ne fait pas honneur à son père et ne l'élève pas en bonne place de nos premiers étalons, il ne faut pas se fier aux apparences. Je relate ici avec plaisir mon impression en songeant que je vais faire boire du lait à mon honorable ami M. Froidevaux, le très distingué et le presque impeccable inspecteur général des Haras. Il m'a dit maintes fois : — Bruce doit produire de bons chevaux de course, parce qu'il possède au plus haut degré la toute-puissante impulsion de l'arrière-train. C'est la qualité primordiale qu'il faut demander aux grands générateurs de pur sang.

Très musclé, d'une bonne taille, ce fils de Bruce et Marcelle a des membres solides et de grandes lignes de force galopante. L'épaule, le poitrail et l'arrière-main approchent de la perfection; il est très près de terre. C'est un lutteur complet; je le dis avec admiration.

4° *N., par Clairvaux et Petticoat,* alezan avec une lice en tête et trois petites balzanes. Il a été importé en 1886, dans le ventre de sa mère. Pettitcoat est par Blair Athol et Crinon. Il n'y a pas grand'chose à dire de ce poulain pour le moment, sinon qu'il est bien proportionné et devra être solide à l'ouvrage.

5° *N.*, par Wellingtonia et Sleeping Beauty, alezan avec une étoile en tète et une petite balzane à la jambe droite de derrière. C'est un fort beau poulain, très bien fait et très près de terre. Il est difficile à juger en l'heure présente.

CHEZ T. LANE

Pouliches nées en 1887

1° *N.*, par Plutus et Cadichette, baie zain. Cette propre sœur de Colchique a des points de force très appréciables. Si elle ne réussit pas en courses plates, elle est presque assurée de devenir une sauteuse remarquable.

2° *N.*, par Border Minstrel et La Vague, alezane brûlée zain, est une très séduisante pouliche, forte, bien faite et près de terre, elle manque un peu de taille.

3° *N.*, par San Stephano et Rosita, alezane avec des traces de balzane à la jambe gauche de derrière, est trop légère.

4° *N.*, par Border Minster et Victoire, alezane zain, a beaucoup de longueur, est bien musclée, et toute sa construction se trouve assez bien en harmonie pour qu'elle puisse sauter sans difficulté, après sa carrière de courses plates.

Poulains nés en 1887

1° *N.*, par Wellingtonia et Dauphine, noir zain, a beaucoup de force bien répartie. Si on lui faisait passer un examen de révision, il en sortirait la note spéciale : bon pour les courses d'obstacles.

2° *N.*, par Galard et War Point, bai brun avec une étoile en tète, est un très beau poulain, fort et bien proportionné.

LE JOCKEY CLOUT

C'est un jeune, qui ne manque ni d'intelligence ni d'énergie, il l'a prouvé en menant plusieurs fois à la victoire les chevaux de M. Pierre Donon, dont il avait autrefois la seconde monte. Après un séjour à l'étranger, il est revenu à l'automne dernier en France, où il a monté plusieurs fois pour M. J. Prat.

M. Maurice Ephrussi vient de l'engager; ce jeune cavalier, sous les ordres d'un tel maître, ne peut que profiter, et nous lui souhaitons de prendre place parmi nos jockeys sérieux.

*
* *

Il est évident que M. Maurice Ephrussi, s'occupant beaucoup de ses chevaux, sachant les choisir et ayant un entraîneur aussi sérieux que O. Archer, a grande chance d'obtenir des succès en courses. Il a l'honneur et la grande puissance d'être gendre du baron de Rothschild, par conséquent, son écurie ne peut que prendre davantage d'importance et progresser. C'est un immuable sportsm n.

HARAS DU MANDINET

Par Lognes (Seine-et-Marne), station d'Émerainville-Pontault

Feront la monte en 1889 :

Nougat, né en 1872, par Consul et Nébuleuse

	1874		
1	Maiden Two Year Old Plate, Chelmsford	1.250	»
1	The Hurst Stakes, Hampton	3.500	»
1	The Feather Plate, Newmarket	3.750	»
	1875		
2	Prix de Lutèce, Paris	1.450	»
1	Prix de la Seine, Paris	12.950	»
1	La Coupe, Paris	11.887	50
2	Prix du Jockey-Club, Chantilly (partagé)	1.000	»
2	Grand Prix de Paris	10.000	»
1	Prix de Longchamps, Paris	6.600	»
	1876		
1	Prix de Chevilly, Paris	6.587	50
1	Prix Rainbow, Paris	16.062	50
1	La Coupe, Paris	12.100	»
2	Prix du Printemps, Paris	1.012	50
1	Prix de Deauville, Paris (partagé)	6.750	»
2	Prix des Pavillons, Paris	875	»
1	Prix de Seine-et-Marne, Fontainebleau	21.750	»
1	Prix Principal, Caen	3.100	»
2	Prix National, Caen	1.400	»
1	Grand Prix, Deauville	15.800	»
1	Prix Gladiateur, Paris	21.812	50
	Total des sommes gagnées	159.637	50

A raison de **750** fr.

Martin Pêcheur II, né en 1881, par Dollar et Schooner

	1884		
1	Prix Daumesnil, Vincennes	3.750	»
2	Prix des Tilleuls, Paris	350	»
2	Prix des Acacias, Paris	2.000	»

1	Prix du Conseil municipal, Rouen	11.300	
2	Prix de la Société d'Encouragement (2e série), Beauvais	250	»
2	Prix de la Ville du Havre, Le Havre. . . . . , , . .	800	»
1	Prix de la Société d'Encouragement (2e série), Le Pin.	5.150	»
3	Handicap libre, Paris (partagé).	250	»
1	Prix de la Société d'Encouragement (1re série), Marseille	10.300	»
	1885		
1	Prix de Chantilly, Vincennes.	4.450	»
1	Prix du Poligone, Vincennes.	4.300	»
1	Prix de Chevilly, Paris.	6.650	»
2	Prix de la Seine, Paris	1.000	»
1	Prix de Bagatelle, Paris	7.700	»
2	Prix du Printemps, Paris	1.075	»
1	Prix du Prince de Galles, Paris	10.675	»
1	Prix de Satory, Paris.	7.337	50
1	Prix de La Moskowa, Paris	7.337	50
1	Prix de Meudon, Paris.	10.725	»
1	Prix de Seine-et-Marne, Fontainebleau	19.400	»
1	Prix du Conseil municipal, Rouen	11.950	»
2	Grand Prix de Beauvais, Beauvais.	1.000	»
1	Prix Principal, Caen	2.600	»
2	Prix National, Caen.	1.200	»
	1886		
2	Grand Handicap, Beauvais.	600	»
	Total des sommes gagnées.	132.150	»

A raison de **500** fr.

Plus 20 fr. pour l'écurie.

Pension : juments suitées	3 fr.	50
— juments non suitées	3	»

Pour les inscriptions, s'adresser à M. ÉPHRUSSI, 19, avenue du Bois-de-Boulogne, Paris.

AU PORT DE LA CROIX-SAINT-OUEN

M. J. PRAT

Entraîneur particulier : W. CLOUT. — *Jockey* : BARTHOLOMEW

CHEVAUX A L'ENTRAINEMENT :

Chevaux de cinq ans

INDIEN III, ch. bb., par Fontainebleau et Iphigénie. (Page 228.)
NINICHE, jt al., par Gabier et Navette III. (Page 229.)

Chevaux de quatre ans

FOLIE, pche al., par Faisan et Feuille de Frêne. (Page 230)
INDUSTRIE, pche b., par Salvator et Iphigénie. (Page 232.)
NANAN, pn al., par Salvator et Navette III. (Page 232.)
PHOCÉEN, pn b., par Faisan et Prospérité. (Page 233.)

Poulains et Pouliches de trois ans

CHOPINE, pche bb., par Stracchino et Chauve Souris. (Page 233.)
FICHTRE, pn al., par Zut et Feuille de Frêne. (Page 234.)
INDÉPENDANT, pn bb., par Insulaire et Iphigénie. (Page 235.)
JOJOTTE, pche al., par Stracchino et Jujube. (Page 235.)
LURON, pn b., par Saxifrage et Lucy Bertram. (Page 235.)
MAUVIETTE III, pche b., par Saxifrage et Muriel. (Page 235).
NABAB, pn al., par Insulaire ou Faisan et Navette III. (Page 236.)
PROPHÈTE, pn n., par Faisan et Prospérité. (Page 237.)

Poulains et Pouliches de deux ans

FAON, pn al., par Stracchino et Félicité. (Page 240.)
CALCHAS, pn bb., par Faisan et Saxifrage. (Page 241.)
JOLIETTE, pche al., par Saxifrage et Jujube. (Page 240.)
LÉDA, pche b., par Saxifrage et Lucy Bertram. (Page 240.)
LILIANE, pche bb., par Barcaldine et N. de Lizzie Distin. (Page 239.)
MANON, pche b., par Saxifrage et Myriel. (Page 240.)
PRADO, pn b., par Faisan et Prospérité. (Page 240.)

Il n'y a que vingt et un chevaux chez M. J. Prat, mais quelle troupe d'élite et comme cet établissement est tenu ! Par cela même qu'il est moins grand et moins coûteux que beaucoup d'autres, il est plus usuel et présente un intérêt plus pratique.

C'est donc un bon exemple donné.

M. Prat a fait pendant longtemps de lourds sacrifices pour l'élevage, en son haras de la Celle-Saint-Cloud, situé tout à côté de celui qui appartient aujourd'hui à M. Edmond Blanc. Ses

M. J. PRAT

chevaux étaient presque toujours battus, au lieu de se décourager, il a redoublé d'efforts, qui ont enfin trouvé leur récompense, car depuis deux ans ses couleurs ont triomphé dans plusieurs grandes courses.

Pour surveiller l'entraînement de ses champions pendant la belle saison, M. Prat a fait construire un magnifique château tout proche de la rivière l'Oise.

L'ensemble est admirable comme coup d'œil, et en plein été le séjour doit y être délicieux ; mais il me semble que les écuries sont un peu trop voisines de l'eau. Il est vrai que tout est aménagé avec le plus grand soin et que l'on a tout fait pour combattre l'humidité.

En tout cas, les chevaux se portent bien, et je n'ai pas vu de sellerie plus proprement tenue. Tout y brille.

Les parisiens accueillent avec beaucoup de plaisir les victoires remportées par les chevaux qui portent les couleurs de M. Prat. Il peut m'en croire, car je ne sais pas flatter, et j'ai coutume de dire ce que j'observe comme ce que je pense.

Le public des courses voit assez juste, et il tient compte aux propriétaires de la franchise qu'ils apportent dans leur manière de faire courir. Sous ce rapport, M. Prat est très bien coté dans l'esprit parisien.

C'est la meilleure récompense de sa correction sur le turf.

* * *

Depuis déjà quatre ans, M. Prat a fait choix de W. Clout comme entraîneur. Voici les états de service de ce très intelligent et très bon serviteur.

Venu en France pendant l'année 1864, il a fait son apprentissage chez son oncle Jem Bartholomew. Papa Jem, en vertu du principe : Qui aime bien ses parents doit être dur pour eux, lui fit faire dix ans d'apprentissage en place des cinq années réglementaires.

W. Clout ne s'en plaint pas. Il dit : « C'était souvent bien ennuyeux, mais j'ai appris à travailler; c'est le point essentiel. »

Après avoir enfin été élevé à la dignité de premier garçon chez son terrible oncle Jem, Clout entra en cette même qualité d'aide de camp équestre chez Wheeler, qui était alors entraîneur de M. Edmond Blanc, et qui, avec une simple demi-douzaine de chevaux à l'entraînement, trouva le moyen de remporter trois victoires le même jour à Chantilly : le prix de Diane avec Nubienne, qui devait, trois semaines plus tard, gagner le Grand Prix de Paris; l'autre avec Porcelaine et la troisième avec Fitz-Plutus.

Clout, montant Tourangelle, la fit triompher dans le prix de Viroflay, au bois de Boulogne.

Il entra ensuite comme garçon de voyage chez M. Michel Éphrussi, dans les premiers temps où Georges Cunnington devint entraîneur chez ce grand propriétaire de chevaux.

M. Lupin engagea Clout comme premier garçon chez son entraîneur Rothera ; au sortir de là, il obtint son bâton de maréchal en devenant l'heureux entraîneur des chevaux de M. Prat, qui est très content de lui et qui doit l'être, puisque tout marche bien depuis qu'il s'est assuré ses services.

M. Prat a fait garder Tobby Mould comme premier garçon. Il est là depuis quinze ans ; chez M. Prat, comme dans toutes les bonnes maisons, l'on tient aux vieux serviteurs.

L'Entraîneur W. CLOUT

Chevaux de cinq ans

1° *Indien III*, par Fontainebleau et Iphigénie, bai brun avec une petite étoile en tête, est très fortement construit et s'est toujours montré ardent à la lutte sur les hippodromes.

Non placé dans le Handicap au bois de Boulogne, sur 2.200 mètres en bon terrain, il gagna de trois quarts de longueur le Prix de Mai, à Vincennes, sur 2.100 mètres en terrain dur, malgré les 62 kilos qu'il avait à porter. Sur la même piste de Vincennes, il succomba d'une longueur derrière Barbassou, qui portait seulement une livre de plus que lui ; la distance était de 2.000 mètres et le terrain était fort dur. Dans l'Omnium, au Bois de Boulogne, sur 2.400 mètres en bon terrain, il arriva troisième derrière Dauphin et Hervine. A Vincennes, sur 2.100 mètres en terrain dur, il battit facilement Chlamyde et Modiste. A Lille, sur 3.000 mètres, il fut battu d'une encolure par Rêve, qui est assez bon cheval. A Chantilly, sur 2.400 mètres en bon terrain, il ne fut pas placé, ni à Vincennes, dans le Handicap de Clôture, sur 2.100 mètres en bon terrain.

Toutes les fois qu'Indien III se présentera sur l'hippodrome de Vincennes, et qu'il ne sera pas accablé par le poids, il défendra bien sa chance. Sur cette piste montueuse il faut de la force dans les jarrets, un bon rein, des poumons sains et du bon vouloir à l'ouvrage. Indien III, sans être un cheval de grand ordre, possède tout cela, et c'est fort appréciable. Il peut faire un excellent étalon de croisement, et si M. Prat le présente à l'Administration des Haras, ce fils de Fontainebleau mérite d'être payé un assez bon prix. Les chevaux de guerre et de service qu'il produira sont assurés d'avoir beaucoup d'endurance.

2° *Niniche*, par Gabier et Navette III, alezane, a couru douze fois en 1888, et n'a remporté qu'une seule victoire, bien qu'elle ait toujours été montée par de bons jockeys, soit Dodge, soit Kearney, soit G. Bartholomew, soit Rolfe. Son propriétaire, sachant qu'elle va bien à l'exercice, s'adressait à nos meilleurs cavaliers, mais la jument faiblissait ou ne voulait pas s'employer au moment décisif de la course. Elle est arrivée trois fois seconde. Le jour où elle a gagné à Saint-Ouen, sur 2.000 mètres en bon terrain, elle portait un petit poids ; son jockey, G. Bartholomew, a pu aller en tête d'un bout à l'autre du parcours, sans être ni rejoint ni menacé par ses adversaires.

C'est une jument décevante. Ceux qui, aux courses, font des

paris raisonnés au lieu de se livrer au hasard du jeu, doivent s'abstenir de lui accorder leur confiance ; je crois qu'ils s'en trouveront bien.

Chevaux de quatre ans

1° *Folie*, par Faisan et Feuille-de-Frêne, alezane, avec une étoile en tête et une lice se prolongeant jusque sur les lèvres, est une superbe jument de courses. Il n'est pas étonnant qu'elle lutte avec beaucoup de persévérance; la force est tellement bien répartie dans tout son organisme, que les plus violents efforts ne doivent lui occasionner aucune souffrance.

Lorsque sa carrière sera terminée sur le turf, elle a tout ce qu'il faut pour devenir une très belle et très bonne reproductrice. M. Prat en a bien jugé ainsi, lorsqu'il a repoussé l'offre de 75.000 fr. qui lui a été faite pour l'achat de Folie et son

Folie

exportation dans l'Amérique du Sud. On ne saurait trop le féliciter d'avoir résisté à la tentation de l'or.

Les courses de Folie ont été très brillantes à deux ans. Elle remporta aisément le prix du Premier Pas, à Caen, et à Chantilly elle résista très honorablement à Galaor.

En 1888, elle a couru dix-sept fois et a remporté huit victoires; on peut même dire neuf, puisque, au Bois de Boulogne, dans le prix Vanteaux, le juge appointé de la Société d'Encouragement, se trompant de couleur, la plaça seconde alors qu'elle était bel et bien arrivée première.

Dans le prix de Lutèce, au Bois de Boulogne, sur 2.000 mètres en terrain lourd, elle arriva troisième derrière Avril et Embellie. Sur 2.000 mètres en bon terrain, elle gagna visiblement; le juge, honnête mais simple, crut et décida qu'elle avait été battue d'une courte tête par Verveine. M. Prat prouva qu'il est très gentleman, en ne témoignant pas la plus petite mauvaise humeur contre ce verdict un tantinet révoltant.

Sur 2.500 mètres en bon terrain, dans le prix Fould, Folie ne courut pas bien, ni dans le prix du Lac, sur 2.200 mètres en terrain dur. A Chantilly, sur 1.000 mètres en terrain dur, elle arriva troisième derrière Frapotel et Carlo. Elle fut troisième aussi à Maisons-Laffitte, sur 2.400 mètres en bon terrain; puis vint une série de victoires.

Elle triompha trois fois de suite à Saint-Ouen, sur 1.800 mètres en terrain un peu mou, sur 1.300 mètres en bon terrain, et sur 2.000 mètres en bon terrain. A Bernay, sur 2,000 mètres en bon terrain, elle fut battue par Carafon qui, depuis, se montra excellent cheval.

A Saint-Ouen, sur 2.300 mètres en bon terrain, elle gagna aisément. Sur 2.300 mètres, quelques jours après à Saint-Ouen, elle tomba pendant la course. A la Guerche, elle se présenta seule dans le Prix de la Société d'Encouragement. A Maisons-Laffitte, sur 2.000 mètres en bon terrain elle gagna, A Saint-Ouen sur 2.300 mètres en terrain lourd, elle fut battue de trois quarts de longueur par Catharina, qui est la meilleure jument de son année et à laquelle il lui fallait rendre 4 livres. A Chantilly, sur 2.400 mètres en terrain dur, elle battit aisément Saladin et Sergent-Major, qui ne manquent pas de qualité. A Chantilly aussi, sur 2.400 mètres en terrain dur, elle gagna le prix de la Faisanderie.

Comme on vient de le voir, Folie a fourni une très bonne campagne de courses en 1888; elle a bien terminé l'année, en gagnant deux fois de suite sur 2.400 mètres, distance qui semblait excéder ses moyens. Je crois qu'elle se comportera bien en 1889; elle est dans une condition de vigueur peu ordinrire; G. Bartholomew la monte bien et avec confiance; c'est uue garantie de succès.

2° *Industrie,* par Salvator et Iphigénie, baie zain, est un peu trop enlevée; les hanches sont saillantes et les jarrets forts.

Elle arriva troisième à Chantilly sur 2.000 mètres en terrain dur, derrière Blue-Silk et Electrisante. Non placée à Maisons-Laffitte, sur 1.600 mètres en bon terrain, elle fut seconde à Bernay, derrière Bercy, sur 2.200 mètres en bon terrain; seconde encore à Dieppe sur 2.300 mètres en bon terrain; seconde toujours à Saint-Ouen, sur 1.800 mètres en bon terrain; à La Guerche, sur 2.400 mètres en bon terrain, elle battit facilement de deux longueurs Io et Melbourne, qui lui rendaient l'un et l'autre douze livres. A Craon, sur 2.000 mètres, elle fut troisième derrière Roland et Nathalie; troisième aussi, à Maisons-Laffitte, sur 2.400 mètres en bon terrain; non placée à Maisons-Laffitte, sur 2.000 mètres en bon terrain.

Industrie gagnerait bien son avoine en 1889, que je ne serais pas étonné, à la condition qu'elle ne soit pas surclassée dans ses engagements.

3° *Nanan,* par Salvator et Navette III, alezan avec une toute petite marque au front, bon cheval, taillé en force. Si M. Prat voulait le vendre pour les courses d'obstacles, celui qui l'achèterait ne devrait pas s'en repentir.

Non placé au Bois de Boulogne, sur 2.100 mètres en bon terrain, dans le prix Greffulhe; malgré cette défaite, le handicapeur, sans savoir pourquoi, lni infligea de gros poids et le mit ainsi hors d'état de figurer dans bon nombre de handicaps.

Non placé à Dieppe, sur 2.500 mètres en bon terrain, il gagna à Maisons-Laffitte sur 1.600 mètres en bon terrain. Non placé à Vincennes, sur 2.000 mètres en terrain dur; non placé à Maisons-Laffitte, sur 1.600 mètres en bon terrain; non placé à Saint-Ouen, sur 1.600 mètres en terrain lourd; non placé à Maisons-Laffitte, sur 1.600 mètres en bon terrain.

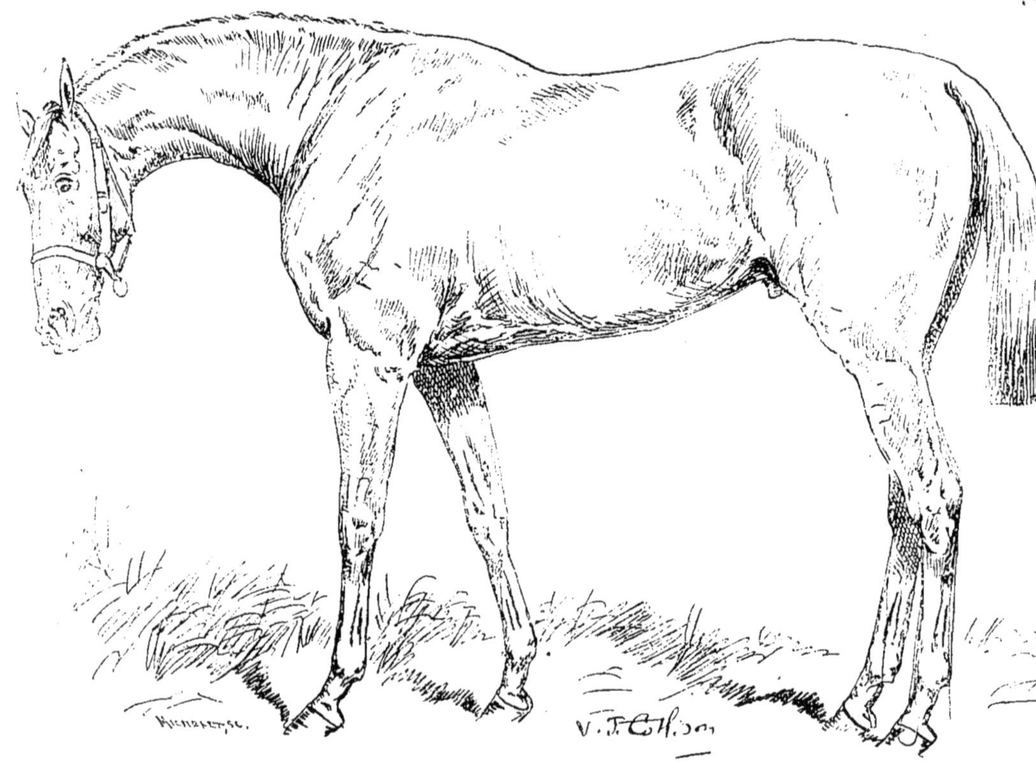

Nanan

4° *Phocéen,* par Faisan et Prospérité, bai zain, a toutes les apparences d'un très honnête cheval et d'un champion toujours prêt à se mettre en bataille acharnée.

Je voudrais voir les inspecteurs des Haras, chargés des achats d'étalons pour l'Etat, porter leur choix sur des sujets pouvant faire des produits aussi résistants. Malheureusement, ils subissent un tas d'influences malsaines, et leurs bonnes intentions comme leurs connaissances spéciales se trouvent trop souvent paralysées. Il y a bien des réformes à faire, et des revisions à opérer de ce côté-là.

A Maisons-Laffitte, sur 1.000 mètres en bon terrain, Phocéen fut battu de deux longueurs par Vendredi II, auquel il rendait neuf livres ; les douze autres concurrents de cette course étaient loin des deux premiers. A Vincennes, sur 1.600 mètres en terrain lourd, il gagna aisément. Au Bois de Boulogne, sur 2.000 mètres en bon terrain, il arriva second à une longueur de Faust, qui est bon cheval. A Saint-Ouen, sur 2.000 mètres en terrain lourd, il gagna facilement. Non placé à Chantilly, sur 2.200 mètres en bon terrain, il arriva troisième à Compiègne, sur 1.600 mètres en terrain lourd. A Maisons-Laffitte, sur 2.200 mètres en terrain lourd, il fut battu d'une demi-longueur par Saladin, auquel il rendait quatre livres. A Saint-Ouen, sur 2.300 mètres en bon terrain, il arriva second à une longueur derrière Achéron.

Ses courses sont honorables ; il devra ne pas péricliter en 1889.

Chevaux nés en 1886

1° *Fichtre,* par Zut et Feuille-de-Frêne, alezan avec un étoile en tête et une raie blanche allant en pointe du milieu de la tête au-dessus du nez, une balzane à la jambe gauche de derrière, est tout à fait construit sur le modèle à la fois robuste et léger des chevaux de M. Prat. Il n'a pas été heureux en 1888, mais la chance peut tourner. Ce demi-frère de Folie devra avoir son jour.

Non placé à Saint-Ouen, sur 1.100 mètres en bon terrain, il arriva troisième à Chantilly, sur 1.100 en bon terrain, derrière M. de Fly et William. A Compiègne, sur 900 mètres en terrain lourd, il arriva second derrière Achille, monté par F. Webb, l'excellent jockey venu expressément pour monter le fils de Tristan. A Vincennes, sur 1.000 mètres en bon terrain, dans le prix du Donjon, une course disputée en pleine obscurité par la faute du starter qui permit aux jockeys de faire plus d'une douzaine de faux départs, il ne fut pas placé.

2° *Luron*, par Saxifrage et Lucy Bertram, bai, a toutes les apparences d'un beau poulain de qualité moyenne. Il est très fort, très râblé et bien construit pour devenir un remarquable sauteur.

A Maisons-Laffitte, dans le prix d'Essai des Poulains, sur 800 mètres en bon terrain, il ne fut pas placé. A la Guerche, sur la même distance de 800 mètres en bon terrain, il gagna aisément; parmi les vaincus de cette course on trouve Saint-Claude, qui est considéré comme assez bon dans l'écurie Aumont, et Carmaux, de l'écurie Soubeyran. A Vincennes, sur 800 mètres en bon terrain, il ne fut pas placé.

3° *Indépendant*, par Insulaire et Iphigénie, bai brun, est trop grand pour le moment et a besoin de prendre des muscles. Le rein est trop long et le devant trop léger, mais les jarrets ont de la puissance. Il faut avoir de la patience avec lui et attendre pour savoir ce qu'il est capable de faire.

4° *Mauviette III*, par Saxifrage et Muriel, baie avec une petite étoile en tête, trois balzanes, devra devenir une grande et bonne jument. L'épaule est belle, le rein solide; les canons sont courts, et les cuisses très fortes; elle a beaucoup de longueur en dessous, et doit couvrir pas mal de terrain en galopant. Elle n'a couru qu'une fois, dans le prix de Saint-Firmin, à Chantilly, sur 1.200 mètres en terrain dur; elle ne fut pas placée.

5° *Jojotte*, par Stracchino et Jujube, alezane avec une étoile en tête et une lice prolongée jusque sur le nez, une balzane à la jambe gauche de devant et une balzane à la jambe droite de derrière, est très forte, a une épaule magnifique, de forts avant-bras et des cuisses très musclées, mais un énorme suros rend son entraînement difficile.

6° *Chopine*, par Stracchino et Chauve-Souris, baie brune zain, est une belle et une bonne pouliche, bien soudée et très forte aux endroits les plus importants, mais elle a un jardon sorti comme je n'en ai jamais vu, malgré les soins très rationnels qui lui ont été donnés. Je ne crois pas qu'il faille désespérer de la ramener en condition de courir, mais ce ne sera pas facile. Si l'on y parvient, elle remportera encore des victoires ; son énergie est à toute épreuve.

Elle débuta par une victoire à Vincennes sur 800 mètres en bon terrain, dans la Première Poule d'Essai des Pouliches. Dans le prix du Premier Pas, à Caen, sur 900 mètres en terrain un peu lourd, elle ne fut battue que d'une demi-longueur par Modestie ; elle était devant plusieurs bons chevaux, tels que Ventrebleu, Tantale et Lugano. Dans le Grand Prix de Dieppe, sur 1,000 mètres en bon terrain, elle arriva quatrième derrière May-Pole, Tantale et Gevraise ; elle rendait quatre livres à Tantale et à Gevraise, et elle courait à poids égal avec May-Pole. La piste sablonneuse et malaisée de Fontainebleau lui fut favorable ; sur 1.100 mètres, elle parvint, à force de courage, à triompher d'une courte tête de Modestie, qui l'avait battue d'une demi-longueur à Caen. Dans le Criterium de Vincennes, sur 1.100 mètres en bon terrain, elle fut battue d'une demi-longueur par Tantale après une belle lutte.

On vient de voir que Chopine est une vaillante ; il serait vraiment dommage de ne plus la revoir sur le turf.

7° *Nabab*, par Insulaire ou Faisan et Navette III, alezan avec trop de blanc dans la tête, trois balzanes, a trois et même quelquefois quatre mois de moins que la plupart de ses concurrents, puisqu'il vint au monde par un beau jour du mois de mai 1886, le 21, je crois ; voilà pourquoi il a manqué de force pour finir plusieurs de ses courses, mais il a beaucoup profité et s'est bien musclé depuis qu'il a pris ses quartiers d'hiver ; je le crois destiné à donner plus d'une satisfaction à son excellent maître. C'est un remarquable poulain de toutes façons, et il est aujourd'hui dans un état de vigueur admirable. Il me plaît au moins autant que son camarade et son voisin Prophète.

Dans le Triennal, à Fontainebleau, sur 1.100 mètres dans le sable, il ne fut pas placé, ni dans le Grand Critérium, sur 1.600 mètres en bon terrain. A Maisons-Laffitte, sur 1.200 mètres en bon terrain, il battit facilement d'une longueur Frisco, qui est un bon poulain. A Chantilly, sur 1.000 mètres en terrain dur, il ne fut pas placé, pas plus qu'à Vincennes, sur 900 mètres en bon terrain.

L'année 1889 devra être favorable à Nabab, il doit prendre une revanche qui étonnera sans doute beaucoup ceux qui l'ont suivi pendant sa campagne de seconde année.

Nabab

8° *Prophète*, par Faisan et Prospérité, noir, avec une étoile en tête et une lice prolongée jusque sur les lèvres, une balzane à la jambe droite de derrière, a couru quatre fois, a remporté deux victoires et est arrivé deux fois troisième. L'épaule a la meilleure direction. le rein est très fort, très court, très large, très musclé; les cuisses ont une puissance remarquable, et les jarrets peuvent donner les plus décisives poussées dans une lutte finale. Tout le corps de ce poulain, destiné à plus d'un triomphe, est soudé très solidement.

Dans le sable de Fontainebleau, sur les 1.100 mètres du Premier Critérium, Prophète arriva troisième derrière Tantale et Diamant; il n'était pas encore bien prêt à courir, et la distance se trouvait trop courte pour lui. A Maisons-Laffitte, sur 1.400 mètres en bon terrain, il battit Reine-des-Prés, qui s'est montrée bonne pouliche. Au Bois de Boulogne, sur 1.600 mètres en bon terrain, il n'arriva que troisième derrière Tire-Larigot et Hélyette, mais s'il fut battu en cette occasion, je crois qu'il y a de faute de son honorable propriétaire, qui avait donné ordre à son jockey de faire une course d'attente; Tire-Larigot, auquel, du reste, Prophète rendait quatre livres, prit une grande avance; Prophète usa une partie de ses forces dans un galop trop raccourci au lieu de s'allonger dans les grandes foulées conformes à sa nature, et lorsque, dans la ligne droite, son jockey, suivant les ordres reçus, lui demanda de rattraper le terrain perdu, il était trop tard pour pouvoir vaincre.

A Chantilly, sur les 2.000 mètres du prix de Condé en terrain dur, la tactique adoptée pour la course à fournir par Prophète ne fut pas du tout la même que celle du Bois de Boulogne. Aussi, le poulain de M. Prat remporta-t-il une facile victoire, parce que ses moyens n'avaient pas été paralysés. Monté par Clout, le frère de son entraîneur, Prophète mena le train résolument d'un bout à l'autre du parcours et gagna de deux longueurs, malgré les efforts de Volcan et de Nick, qui ne purent ni le rejoindre, ni même le menacer.

Un poulain qui a triomphé aussi vaillamment dans cette épreuve à longue distance, épreuve que le comte de Lagrange avait surnommée le prix Gladiateur des produits de deux ans, mérite qu'on fasse attention à lui. Pour mon compte, je ne l'oublierai pas en 1889.

La réunion de Vincennes promet d'être fort intéressante dès le 15 mars prochain, jour d'ouverture des courses plates. Dans le prix de Vincennes, nous verrons probablement en présence Prophète, Tantale et La Brume ; cette première rencontre promet un gros intérêt.

Prophète

Pouliches nées en 1887

1° *Liliane*, par Barcaldine et N. de Lizzie-Distin, baie brune, avec un fer à cheval dessiné en blanc sur le front, a le rein un peu creux, mais très large; elle a beaucoup de force, répartie également par devant et par derrière. Elle est née en France, mais a été conçue en Angleterre.

2° *Joliette,* par Saxifrage et Jujube, alezane, avec une étoile en tête et une petite marque blanche sur le nez, est très près de terre et très bien faite en tout point. Montée, elle est très coquette et elle ferait une admirable jument de selle.

3° *Léda,* par Saxifrage et Lucy Bertram, baie, est la propre sœur de Luron: comme son aîné, elle est admirablement construite pour faire une remarquable jument de courses d'obstacles. Les avant-bras sont très forts et le rein est parfait, mais l'aspect général est trop commun, comme celui d'un grand nombre des produits de Saxifrage.

4° *Manon,* par Saxifrage et Muriel, baie, avec une étoile en tête et une marque blanche allant du côté de la narine droite, a tout pour devenir une bonne jument de courses. Très près de terre, elle a des membres vigoureux, un rein puissant et beaucoup d'harmonie dans tout son être. Je la crois destinée à récompenser M. Prat d'avoir été acheter en Angleterre une aussi belle reproductrice que Muriel. Elle mérite de grands engagements.

Poulains nés en 1887

1° *Prado*, par Faisan et Prospérité, bai marron avec une petite étoile en tête, a tout l'aspect d'un bon et résistant lutteur. L'épaule est bien faite, mais un peu trop chargée de chair embarrassante, les membres sont bons, les jarrets forts et sains, les genoux bien établis.

Il est propre frère de Phocéen et de Prophète ; c'est une bonne recommandation.

2° *Faon*, par Stracchino et Félicité, alezan, avec une étoile en tête, est déjà fort poulain et deviendra très fort cheval. Quel superbe type d'étalon futur! Il ressemble énormément à son demi-frère Beauregard, de sculpturale mémoire. Il a très grand air ; les jarrets sont forts, les cuisses puissantes ; le rein est un peu long, mais sa largeur et sa musculature sont rassurantes. L'œil semble inquiet, et il paraît être d'humeur un peu ombrageuse, comme son père Stracchino, mais son entraîneur, qui était chez le père Jem Bartholomew du temps de Stracchino,

Faon

saura le rassurer et le rendre doux en lui parlant avec la politesse que les pur sang méritent.

3° *Calchas*, par Faisan et Chauve-Souris, bai brun, avec une étoile en tète et une raie blanche sur la lèvre droite, ressemble à sa demi-sœur Chopine. Il est né très tard, fin mai 1887, et par cela même, il est excusable d'être encore un peu petit, mais son ensemble a très bonne apparence. S'il est aussi bon que sa demi-sœur, tout ira bien.

Le jockey G. Bartholomew

M. J. Prat a choisi Georges Bartholomew pour monter ses chevaux ; il l'a attaché à son écurie par un bon traité. Bartholomew est un excellent serviteur, et M. J. Pratt ne pouvait mieux placer sa confiance. De tous nos jockeys de France, Georges Bartholomew est peut-être le plus convaincu ; très ardent à la lutte, il espère toujours la victoire et son honnêteté est proverbiale.

Il est né le 3 février 1865 ; son père le fit élever, comme ses autres enfants, avec tout le soin possible. Bartholomew père était entraîneur du baron Rothschild, ce qui fait que dès sa plus tendre enfance le petit Georges se trouvait à cheval.

G. Bartholomew

Son père le prit avec lui en novembre 1877 ; tous les sportsmen de l'époque se rappellent ce petit néophyte portant dès l'année suivante en épreuve publique les couleurs du baron de Rothschild. Sa première monte victorieuse fut sur Le Marquis, au baron de Rothschild, dans le prix de Vineuil, à Chantilly, où il battait Mourle, à M. André. Georges Bartholomew avait juste treize ans.

En 1879, il montait Bruyère, à M. Delamarre, dans le prix du Lac, qu'il gagna au petit galop. M. Delamarre se montra tellement satisfait de la façon dont le jeune cavalier avait mené la pouliche qu'il l'engagea pour ses secondes montes.

La même année, il gagnait le prix de Villers à Deauville, en montant Louis d'Or, au baron de Rothschild; derrière lui, il laissait plusieurs bons chevaux.

En 1881, il fut placé second dans le prix du Premier Pas; quelques jours plus tard, il remportait le prix Calenge, à Cabourg, avec la Lyre.

En 1882, il remporta le prix du Pavillon, à Bruxelles, sur Basilique.

En 1884, il quitta le service du baron de Rothschild en même temps que son père, et les chevaux du comte de Nicolay et du marquis de Mac-Mahon lui furent confiés.

En 1885, il monta Mon Premier en obstacles.

Jusqu'en 1888 il fut en selle successivement pour différents propriétaires ; pendant la première partie de l'année 1888, il fut engagé comme premier jockey par M. le comte Le Marois, qui rompit son traité avec lui au mois d'août, époque à laquelle M. J. Prat le prit à l'essai.

Pendant cette dernière année sportive, il eut 24 montes gagnantes.

Georges Bartholomew s'est marié, il y a deux ans, avec une fille de Th. Carter, l'excellent entraîneur du baron de Soubeyran.

Depuis l'année dernière, il est père d'une adorable petite fille, qui a complété ainsi un intérieur charmant.

Le haras de M. J. Prat

Il est juste de donner ici un souvenir au père Besnée qui gère le haras de M. J. Prat. C'est un Normand du département de l'Orne. Il est né dans les environs du Haras du Pin, et il a de naissance le culte des chevaux.

Très dévoué à son maître, il n'a d'autre souci ni d'autre rêve que celui d'élever des gagnants de grands prix. Il y arrivera, grâce aux splendides poulinières que M. Prat a fait venir d'Outre-Manche, et qui forment le quatuor suivant :

1° Sly Glance, baie, par Général Peel et Bonny Blue Eyes ; 2° Muriel, baie brune, par Parmesan et Chevisauce ; 3° N. de Lizzie Distin, baie brune, par Rosicrucian et Lizzie Distin ; 4° Lucy Bertram, baie, par Newminster et Annie Laurie.

L'herbe des prairies de M. Prat est très forte et pousse au sang de telle façon que l'œil des chevaux en est injecté, comme s'ils étaient malades. Malgré cela, tous les animaux sont en bonne santé et en bel état, grâce à l'attention de chaque instant que leur donne le père Besnée.

L'étalon Faisan fut pendant trop longtemps délaissé. On l'accusait, par avance, de ne pouvoir donner de fond à ses produits. Il a répondu en devenant père de Prophète, qui vient de montrer une tenue remarquable en gagnant le prix de Condé.

Par son père Monitor, Faisan est dépositaire du précieux sang de Monarque. Il n'est donc pas étonnant qu'il donne une triomphale action galopante à ses produits, et qu'en même temps il leur inculque du courage, de l'énergie et du fond.

Sur les distances moyennes, c'est-à-dire jusqu'à 1.800 mètres, sa carrière de courses fut très honorable ; il triompha en Angleterre et sur la fin de l'année 1878, il fut inscrit parmi les chevaux gagnants en Angleterre pour une somme de 12.555 francs, ce qui n'est pas le moindre de ses exploits.

La douceur de Faisan est exemplaire. C'est le calme des forts et des souriants dans leur force. Il est soumis et docile comme un molosse bien dressé.

Lorsque les juments et les jeunes pouliches passent à côté du vaste enclos qui lui est réservé, et où il se livre à de multiples galops, qui prouvent sa vigueur et sa virilité, Faisan prend un coquet plaisir à se faire saluer comme pacha et pasteur de la troupe confiée au père Besnée ; il ne fait jamais montre de violence ni d'appétit sensuel.

Malgré cette placidité philosophique et exemplaire, il a une grande puissance génératrice et prolifique. Presque toutes les juments qu'il saillit engendre des produits. Une année, sur douze poulinières qui lui avaient été amenées, onze ont été mères ; la douzième a avorté.

Faisan donne de la vitesse, beaucoup de tempérament, et, aujourd'hui, l'on est mal venu à dire qu'il ne donne pas de fond ; Prophète a prouvé le contraire.

Il est bien certain maintenant que M. Prat obtiendra dans l'avenir de meilleurs résultats que ceux du passé. Il le mérite bien, car il a fait tout ce qu'il faut pour cela. Ses écuries étaient très humides. Il a organisé des tranchées souterraines, qui enlèvent ce principe délétère et assainissent tout. Il agira de même sur les prairies, où l'on est tout étonné de trouver trop d'eau en pleine altitude de colline. C'est facile et tout indiqué.

Le petit établissement de M. Prat peut et doit devenir une sorte de haras modèle. Partout il est possible d'établir le semblable. A ce point de vue il se trouve encore plus appréciable que les grandes installations, et il convient de souhaiter bon succès à l'initiateur, qui deviendra ainsi un vulgarisateur de l'élevage du pur sang.

M. Prat a une fortune assez considérable pour lui permettre d'en faire un noble et intéressant usage. Il ne pouvait l'employer plus utilement au point de vue national.

FERME DE BÉLÉBAT

A La Celle-Saint-Cloud (Seine-et-Oise)

Faisan, né en 1875, par Monitor II et Fluke

1878

1	Prix de Courteuil, Chantilly	5.462	»
1	Prix de Fay, Paris	5.700	»
1	Prix du Conseil général (Handicap), Paris	10.350	»
2	Prix de la Forêt, Chantilly	300	»
1	Hamilton Stakes, Brighton	6.425	»
1	Rous Stakes, Brighton	6.125	»
	Total des sommes gagnées	34.362	»

Fera la monte à raison de **1.000** fr.

A LA MORLAYE

M. LE COMTE LE MAROIS

Entraîneur particulier : CH. CUNNINGTON. — *Jockeys* : MADGE, FRENCH

CHEVAUX A L'ENTRAINEMENT :

Chevaux de cinq ans

CÉSAR, ch. al., par Beaurepaire et Certitude. (Page 249.)
VOLUBILIS, ch. b., par Guy Dayrell et Rosemary. (Page 249.)

Chevaux de quatre ans

RÊVE, pn n., par Montargis et Rêverie. (Page 250.)
WAWERLEY, pn b., par Narcisse et Bagatelle. (Page 251.)

Chevaux de trois ans

BARON, pn al., par Stracchino et Baroness Clifden. (Page 253.)
BRAHMA, ex-JETHRO, pn al., par Beaurepaire et Jézabel. (Page 254.)
CASANOVA, pn r., par Montargis et Castalie. (Page 254.)
GRISOLET, pn al., par Flageolet et Olgouriska. (Page 254.)
HONGROIS, pn b., par Insulaire et Hortense. (Page 254.)
MADEMOISELLE PATAPOUF, pche bb., par Insulaire et Sacoche. (P. 254.)
MALGACHE, pn b., par Bariolet et Miss Bowstring. (Page 254.)
PLEURNICHEUSE, pche al., par Plutus et Lacryma. (Page 254.)
VALÉRIEN, pn al., par Le Drôle et Viola. (Page 254.)

Poulains et Pouliches de deux ans

ALGUAZIL, pn al., par Don Carlos et Carpette. (Page 255.)
ATHOS II, pn b., par Ladislas et Asphodèle. (Page 255.)
CÉLINA, pche al., par Vignemale et Certitude. (Page 255.)
CHALET, pn b., par Beauminet et The Frisky Matron. (Page 255.)
CRESSON, pn bb., par Ladislas et Incertaine ex-Craintive. (Page 255.)
DRUIDE, pn al., par Flavio et Velleda. (Page 255.)
FÉLICIE, pche baie, par Ruy Blas et Faïence. (Page 255.)
HURLUBERLU, pn al., par Poulet et Catacomb. (Page 255.)
MATHILDE, pche al., par Flavio et Mathilde. (Page 255.)
RÉVEILLÉ, pn al., par Border Minstrel et Rêverie. (Page 256.)
SAINT GEORGES, pn bai foncé, par Insulaire et Cantine. (Page 256.)
TEMPÊTE, pche al., par Border Minstrel et Brunilda. (Page 256.)
WISKY, pche bb., par Beauminet et Acid. (Page 256.)
YANKEE, pn bai, par Narcisse et Dalnamaine. (Page 256.)

M. le comte LE MAROIS

Vivent les jeunes ! La fortune les aime, et ils sont fort utiles à la réussite d'une œuvre militante, comme l'élevage des chevaux de courses. Il semble que le destin veuille le reconnaître, puisqu'il accueille presque toujours avec faveur les débutants. Le jeune comte Le Marois a été jugé digne des meilleurs sourires, que les Dieux sportifs prodiguent aux néophytes, car dès l'année 1888 il arrive huitième sur la liste des propriétaires gagnants, précédant MM. le comte de Berteux, le baron de Nexon, Maurice Ephrussi, J. Prat, Robert Hennessy, Edmond Blanc, Clossmann, H. Delamarre, A. Fould, C.-J. Lefèvre, de La Charme, H. Jennings, Guestier, Jorel, André, baron Roger, etc., qui sont des vétérans. Il a gagné 165.850 fr., dont 63.337 fr. 50 avec un seul cheval. Il a eu le plaisir et l'honneur de triompher dans le Grand Prix de Bade.

Il faut dire que le comte Le Marois s'est trouvé tout de suite bien secondé par son secrétaire, M. Grillot, homme d'expérience et de travail, par son entraîneur Ch. Cunnington et par son jockey Madge.

Chevaux de cinq ans

César, par Beaurepaire et Certitude, alezan, a couru trente-deux fois en 1888, est arrivé trois fois premier en courses plates et trois fois premier en courses d'obstacles, sept fois deuxième en courses plates, trois fois troisième en courses d'obstacles, dix fois non placé.

Mes lecteurs seront d'avis que, demander à un cheval de fournir trente-deux courses dans la même année, c'est confiner à l'abus de l'endurance de pur-sang ; c'est presque se mettre dans le cas de faire croire que l'on court pour la décharge en vue des handicaps.

Sous ce rapport, M. le comte Le Marois est certainement à l'abri de toute suspicion. Son excuse est toute trouvée : Il est heureux de voir courir ses couleurs ! Il me semble toutefois qu'il aurait agi sagement en ménageant un peu plus César, d'autant mieux que bien souvent le cheval a couru sur des distances excédant ses moyens. Son ancien propriétaire, M. Abadie, et l'entraîneur T. Hurst, que je tiens pour un excellent juge, ont dit et reconnu hautement qu'en courses plates César ne pouvait faire, en pleine vitesse et en plein souffle, plus de deux mille à deux mille deux cents mètres. Par conséquent, les nombreuses épreuves à distance plus longue, auxquelles le fils de Beaurepaire a pris part, lui laissaient peu de chance de gagner, et il aurait été mieux placé dans son boxe qu'en bataille d'hippodrome.

Je sais fort bien que tout propriétaire est maître de faire ce qu'il lui plaît, et je n'y contredis pas, mais si j'étais à la place du comte Le Marois, je ne voudrais pas qu'on puisse me confondre avec les spéculateurs de courses.

Volubilis, par Guy Dayrell et Rosemary, bai, s'est présenté dix-sept fois en courses plates et deux fois en courses d'obstacles. Il a gagné deux fois en courses plates, est arrivé cinq fois second, six fois troisième et quatre fois non placé. En courses de haies, la première fois il a dû se contenter de la seconde place, derrière César, son camarade d'écurie ; la seconde fois, il a été vainqueur.

Il a assez de vitesse et de qualité pour fournir une bonne carrière sur les obstacles, et son propriétaire a eu raison de refuser de le vendre lorsque, l'année dernière, M. Schmolck en a offert un prix assez élevé.

Chevaux de quatre ans

Rêve, par Montargis et Rêverie, noir, a montré beaucoup

L'entraîneur Ch. CUNNINGTON

d'endurance, bien qu'il ait été réformé pour cause de jardon par son premier propriétaire, M. Edmond Blanc, malgré l'avis judicieux de son excellent entraîneur, M. L'Hoste. Il a couru dix-neuf fois en 1888, et a remporté sept victoires. A Maisons-Laffitte, sur 2.400 mètres en bon terrain, il gagna de trois longueurs ; à Vincennes, sur 2.500 mètres en bon terrain, il devança Porté Plume de deux longueurs ; à Vincennes, sur 2.500

mètres en terrain lourd, il battit d'une tête Sarabande, à laquelle il rendait six livres. Au Bois de Boulogne, sur 2.400 mètres en bon terrain, il ne fut pas placé. A Nantes, il remporta deux victoires : l'une sur 2.000 mètres, l'autre sur 3.000 mètres. A Chantilly, sur 3.000 mètres en terrain dur, il courut mal, bien qu'il eût seulement 44 kil. 1/2 à porter dans le Handicap libre. Au Bois de Boulogne, sur 4.000 mètres en terrain dur, il battit Frondeuse d'une longueur ; sur la même piste, trois jours après, en 4.000 mètres et terrain dur, il arriva second tête à tête avec Sapajou derrière Endymion. Dans le Grand Prix d'Amiens, sur 3.200 mètres en terrain lourd, il ne fut pas placé. A Deauville, sur 2.000 mètres en bon terrain, il courut mal, mais deux jours après, sur 3.500 mètres, il arriva second à une longueur et demie de Faust. Dans le Grand Prix de Bade, sur 2.800 mètres, il mena le train en faveur de son camarade d'écurie Waverley, qui remporta ce beau fleuron de couronne étrangère. Au Bois de Boulogne, sur 3.200 mètres en bon terrain, il fut troisième derrière Sibérie et Bocage, et troisième aussi dans le prix de Saint-Cloud, sur 4.000 mètres en bon terrain. A Lille, sur 3.000 mètres, il battit d'une encolure Indien III. Ses trois dernières courses de l'année furent trois défaites ; il avait manifestement besoin de repos.

Aujourd'hui la condition de Rève est bonne.

Waverley, par Narcisse et Bagatelle, bai, a été une excellente acquisition pour le comte Le Marois. Aucun cheval n'a eu une carrière mieux remplie que Waverley en 1888. Après avoir couru quatre fois sous les couleurs d'Henri Jennings, le comte Le Marois l'acheta ; on va voir s'il fit bien.

Pour Henri Jennings, Waverley débuta à Vincennes, sur 2.100 mètres en terrain lourd ; il arriva troisième, derrière Athos et Boucanier, auxquels il rendait six livres. Au Bois de Boulogne, sur 2.000 mètres en terrain lourd, il fut second derrière Bocage ; puis, sur 3.200 mètres en bon terrain, il arriva second derrière Brisolier et devant Sibérie, à laquelle il rendait six livres ; puis second encore, sur 2.500 mètres en bon terrain, derrière Athos.

Pour le comte Le Marois, à Nantes, sur 3.000 mètres, il arriva second derrière Rêve, son camarade d'écurie. A Maisons-Laffitte, sur 2.000 mètres en terrain dur, il battit de deux longueurs La Jarretière ; il recourut le même jour sur 2.200 mètres et triompha de nouveau facilement. A Vincennes, sur 2.400

Waverley

mètres en terrain dur, il battit aisément Max ; sur la même piste, en 2.500 mètres et terrain lourd, il gagna de cinq longueurs. Au Bois de Boulogne, sur 2.000 mètres en bon terrain, il battit

Avril de quatre longueurs. Dans le prix de Satory, sur 4.000 mètres en bon terrain, il n'arriva que troisième pour laisser gagner Rêve, son camarade d'écurie ; dans le prix du Duc d'Aoste, il était arrivé second, mais il fut distancé parce que son jockey n'avait pas le poids voulu. A Deauville, sur 2.400 mètres en bon terrain, il fut troisième derrière Boucanier et Bercy. A Bade, sur 2.800 mètres, il eut l'honneur de remporter le Grand Prix, puis il termina sa laborieuse année en courant mal dans le prix de Chantilly, sur 3.200 mètres en bon terrain.

En résumé, sur les quinze courses fournies par lui en 1888, Waverley a été six fois vainqueur, et aurait pu l'être huit fois, puisque à deux reprises il a cédé le pas à son camarade Rêve; il est arrivé cinq fois second, deux fois troisième et deux fois non placé.

Waverley a prouvé en 1888, comme Maxico l'avait déjà prouvé en 1887, que Narcisse est un excellent étalon. Le comte Le Marois a donc fait œuvre d'éleveur, en n'hésitant pas à débourser 65.000 fr. pour se rendre acquéreur de Narcisse, l'élégant et courageux fils de Trocadéro, le digne et vaillant petit-fils de Monarque.

Chevaux nés en 1886

En 1888, le comte Le Marois avait fait de bons choix dans ses achats : Waverley et Rêve lui ont rapporté beaucoup d'honneur, et 101.050 fr. d'argent public. A-t-il chance de réussir aussi bien avec les chevaux de trois ans, dont il est devenu acquéreur ? Je le désirerais, mais je ne le crois point, et je donnerai peu de détails sur eux, n'ayant rien de très bon à en dire.

Voici ce qu'ont fait ceux qui ont couru l'année dernière.

1° *Baron*, alezan, par Stracchino et Baroness Clifden, a mal couru trois fois, et est arrivé second une fois à Maisons-Laffitte, sur 1.400 mètres en bon terrain ; Aventurier, qui lui rendait dix livres, le battit aisément d'une encolure, et Aventurier a de bien mauvais boulets.

2° *Casanova*, rouan, par Montargis et Castalie, a très mal couru les trois fois où il s'est mis en ligne de bataille sur un hippodrome. C'est un très beau cheval de selle, et comme tel, si le comte Le Marois veut le vendre, je lui achèterais volontiers, mais comme cheval de courses, bernique !

3° *Grisolet*, par Flageolet et Olgouriska, alezan rubican, avec une grosse lice en tête et quatre balzanes.

C'est un très beau poulain pour l'attelage. Il s'est présenté deux fois en course, et il s'est classé tout de suite dans la catégorie des refusés.

4° *Hongrois*, par Insulaire et Hortense, bai, a mal couru trois fois.

5° *Mlle Patapouf*, par Insulaire et Sacoche, baie brune, s'est présentée trois fois en public et a fait trois mauvaises courses.

6° *Malgache*, par Bariolet et Miss Bowstring, bai, a gagné deux courses de suite sous les couleurs de M. Maurice Ephrussi, son premier propriétaire, et a couru vainement six fois sous la casaque du comte Le Marois.

7° *Pleurnicheuse*, par Plutus et Lacryma, alezane, est arrivée deuxième à une longueur et demie d'Old-Bridge, à Chantilly, sur 2.000 mètres en terrain dur, a mal couru quatre fois et a été placée une fois à une longueur d'Heurteloup, sur 800 mètres.

Cette seconde place fut conquise à Châteauroux.

8° *Valérien*, par Le Drôle et Viola, alezan, a pour lui une bonne recommandation, c'est d'être le demi-frère de Valentin, qui était un très bon cheval; par conséquent il n'y a pas encore à désespérer de lui, bien qu'il se soit médiocrement comporté dans les six épreuves auxquelles il a pris part en 1888.

9° *Brahma*, par Beaurepaire et Jézabel, alezan, est un grand et fort poulain. Son entraîneur a agi très sagement, en ne le faisant pas courir avant sa troisième année ; il a de bonnes lignes et, s'il peut supporter les duretés de l'entraînement, il gagnera des courses.

Chevaux nés en 1887

La génération de deux ans chez le comte Le Marois ne m'a pas autrement séduit non plus ; à part un ou deux sujets, l'ensemble m'a paru ordinaire ; il n'y a pas d'animal qui vous frappe à première vue et vous captive après examen.

J'espère que ces jeunes seront capables de défendre les intérêts de l'écurie, mais ils ne doivent posséder aucune chance de gagner une grande épreuve, et c'est l'encouragement que je serais désireux de voir obtenir par le jeune comte Le Marois, qui trouverait ainsi une juste récompense des très grosses sommes d'argent qu'il sacrifie pour l'élevage.

1° *Alguazil,* par Don Carlos et Carpette, alezan, avec une petite étoile en tête, est assez beau poulain, et a l'air actif et bon garçon. Il devra galoper sans faiblesse, d'autant mieux que plusieurs de ses aînés se sont assez bien comportés en courses.

2° *Athos II,* par Ladislas et Asphodèle, bai, avec deux balzanes à droite, est assez fort mais trop commun.

3° *Célina,* par Vignemale et Certitude, alezane, avec une petite étoile en tête, est la demi-sœur de César ; les avant-bras sont très forts, le rein est solide, et les jarrets ont toute la puissance désirable. Il me semble que cette pouliche est bien construite pour gagner des courses.

4° *Chalet,* par Beauminet et The Frisky Matron, bai avec deux balzanes par derrière, est trop commun.

5° *Cresson,* par Ladislas et Incertaine, ex-Craintive, bai brun zain, est fort comme un limonier ; bon cheval pour atteler à une voiture lourde.

6° *Druide,* par Flavio et Velleda, alezan, avec une forte étoile en tête et une balzane à la jambe gauche de derrière, est très près de terre et a de longues lignes aux bons endroits.

7° *Hurluberlu,* par Poulet et Catacomb, alezan, avec une petite balzane à la jambe gauche de derrière, a de bons membres et beaucoup de puissance dans les cuisses.

8° *Mathilde,* par Flavio et Mathilde, alezane, avec une étoile en tête, est très forte pouliche et devra assez bien galoper.

9° *Félicie,* par Ruy-Blas et Faïence, baie, avec une lice en tête et une balzane à la jambe droite de derrière, n'est pas belle, mais a tout à fait la construction du lévrier, et par conséquent est apte à galoper.

10° *Réveillé,* par Border-Minstrel et Rêverie, alezan, avec une étoile en tête prolongée jusque sur les narines, et deux balzanes à droite, est un beau poulain, bien que son rein soit un peu bas. Il a de beaux engagements, et il me semble qu'il devra s'en rendre assez digne. Le malheur pour lui, c'est que dans toutes les grandes écuries d'entraînement il y a de très beaux pur-sang du même âge que le sien. Gagner des courses devient, et surtout deviendra plus difficile que par le passé.

11° *Saint-Georges,* par Insulaire et Cantine, bai foncé, paraît très robuste.

12° *Tempête,* par Border Minstrel et Brunilda, alezane, avec une forte raie blanche allant du front au nez et deux balzanes à gauche, est remarquable par la solide attache de son rein. Comme son demi frère Ajax, elle devra bien sauter.

13° *Wisky,* par Beauminet et Acid, baie brune, avec une étoile en tête, est petite, mais bien faite pour gagner son avoine.

14° *Yankee,* par Narcisse et Dalnamaine, bai. Ce demi frère de Walter-Scott a grand besoin de se former ; c'est un bébé.

Presque tous ces produits de deux ans manquent de taille. Je répète à nouveau que je ne serais pas étonné que leur jeune et sympathique propriétaire soit moins heureux dans le plus proche avenir qu'il ne l'a été en débutant. Il est pourtant bien servi par son entraîneur Charles Cunnington et son jockey Madge.

L'entraîneur Ch. Cunnington

Charles Cunnington est venu en France en 1872. Séduit par les succès de ses deux frères, Georges et Tom, et justement fier de la haute situation qu'ils avaient su se faire, il se lança à son tour dans la carrière où ses aînés le précédaient.

Ce fut son frère Georges qui l'initia aux premiers principes, puis il s'en alla comme premier garçon chez Tom, jusqu'au jour où il vola de ses propres ailes et devint à son tour entraîneur particulier.

En 1881, il eut la direction de l'entraînement des chevaux du haras de la Christinière, appartenant à M. Blanchard, puis ceux de M. Girardin.

Il entraîna ensuite pour le marquis de Villamejor, pour M. Herbinière, pour le prince d'Arenberg et pour M. de la Charme. En 1885, il gagna l'Omnium avec Précy, et depuis dix-huit mois il est au service du comte Le Marois, qui ne doit pas avoir à se plaindre de lui, en raison du rang qu'il occupe parmi les propriétaires gagnants en 1888.

Charles Cunnington est un travailleur, il aime ses chevaux et veille sans cesse à ce qu'ils soient bien nourris ; c'est un point essentiel. Il a eu la bonne fortune d'épouser une fille de Charles Pratt, un des maîtres en entraînement que nous ayons ; Ch. Pratt ne lui ménage point ses conseils pas plus que ses deux frères ; Charles Cunnington se trouve donc admirablement placé pour bien faire.

Les Jockeys de l'Écurie

Le comte Le Marois a su s'attacher deux des cavaliers hors ligne parmi la phalange de jockeys qui montent en France. Du petit French, ce diablotin, si éveillé et si plein d'énergie, je ne dirai rien ici, me réservant d'en parler en m'occupant de l'établissement de M. le baron de Schickler.

Voici quelques détails biographiques sur Madge, le premier jockey du comte Le Marois.

Madge a fait ses cinq années d'apprentissage chez Porter, à Kingsclere, en Angleterre, de 1879 à 1884. Il fut engagé par le comte de Berteux au mois d'août 1884 ; il monta, sans succès, Satinette, à Chantilly. Ce fut sa seule monte de l'année.

En 1885, il remporta sa première victoire en pilotant Statira au Bois de Boulogne. Il gagna une course sur Tourterelle, à Chantilly, avant de la piloter dans le prix du Jockey-Club, où la pouliche arriva quatrième. Il remporta cinq victoires, sur vingt-trois montes.

En 1887, il eut la chance de monter trente-deux gagnants. Ses principales victoires furent remportées avec Maxico, dans le prix des Acacias, dans le Grand Prix de Bruxelles et dans l'Omnium, puis avec Stuart dans le Grand Criterium.

M. Michel Ephrussi lui confia Gournay, dans le Grand Prix de Paris.

En 1888, il a monté vingt-un gagnants, entre autres Wotan dans le prix de Vincennes, Walter Scott dans le prix du Nabob, Widgeon dans la Poule d'Essai des Pouliches, Waverley dans le Grand Prix de Bade.

Madge se distingue surtout par sa grande énergie dans la lutte finale ; c'est le Carver de l'heure présente. Il a pour lui une excellente note, à mes yeux, c'est la confiance que lui témoigne Richard Carter de Royallieu. Richard prétend qu'il ne connaît pas de meilleur ni de plus sûr jockey, et Richard est un excellent juge.

Le malheur, c'est que si le Comité de la Société d'Encouragement n'élève pas les poids dans les courses, Madge ne va plus pouvoir monter. Il pèse, en ses moments de repos, 64 kilos ; par conséquent, il lui est presque impossible, sans ruiner sa santé, perdre sa force musculaire et débiliter son jugement en courses, de se ramener au poids de 54 kilos. Il faut qu'il exécute des tours de force pour se tenir en état, et l'on sait ce que coûtent les tours de force en pareille circonstance.

Nous avons en France trois excellents jockeys qui se trouvent dans le même cas : T. Lane, Madge et Dodge. Je compte Dodge, parce que je crois que sa licence lui sera rendue, après qu'on lui aura fait de sévères observations et qu'il aura promis d'être très correct à l'avenir. Si la Société d'Encouragement n'y prend garde, et s'obstine à protéger les mauvais chevaux contre l'amélioration qui s'accentue chaque jour chez les éleveurs comme MM. le baron de Soubeyran, Lupin, Pierre Donon, Ed. Blanc, le baron de Rothschild, Michel Ephrussi, Maurice Ephrussi, J. Prat, le comte de Juigné, H. Say, le duc de Feltre, C.-J. Lefèvre, Aumont et plusieurs éleveurs du Midi, elle se frappera elle-même de décadence. Son devoir est de faire la guerre aux pur-sang incapables de porter du poids, et d'encourager ceux qui peuvent prouver leur force en même temps que leur légèreté.

Or, aujourd'hui pour monter à 54 kilos, T. Lane et Madge sont obligés de se faire maigrir en se purgeant à outrance, tout en s'astreignant à des marches forcées. Il y a cruauté, et abus de l'homme dans ces exigences.

Le comte Le Marois éleveur

Le comte Le Marois va s'adonner sérieusement à l'élevage; l'installation de ses boxes sur les excellentes prairies qu'il a louées à M. Legoux-Longpré dans le département de l'Orne, a été très bien faite par l'ami Tiercelin, et je suis persuadé qu'avec un étalon d'élite comme Narcisse, petit-fils de Monarque et déjà père de Maxico et de Waverley, le jeune éleveur se trouve en bonnes conditions de réussite. Mais il faut, avant tout, qu'il tâche de produire des pur-sang avec de forts et solides membres comme ceux de la race Lupin, et non pas des lourdauds à tête idiote qu'il faut trop tracasser à l'entraînement pour les mettre en état de courir. Le pur-sang doit pouvoir porter de gros poids. Or, pour atteindre ce résultat, la première condition est que les chevaux ne soient pas embarrassés par leur propre pesanteur.

L'œuvre de M. le comte Le Marois s'annonce comme très intéressante et digne des plus grands encouragements. Personnellement, le jeune propriétaire est très sympathique, ses couleurs le sont également. Vivent les jeunes ! ai-je crié en commençant l'étude de cette écurie, et c'est par cette même acclamation que je veux terminer : Vivent les jeunes !

HARAS DU GAZON

Près la gare de Montabart (Orne)

Narcisse, né en 1876, par Trocadéro et Julia Peel

1879

2	Prix de l'Espérance, Paris	1.112 50
2	Prix du Bois Rouaud, Paris	1.200 »
2	Prix du Trocadéro, Paris	200 »
2	Prix de la Pelouse (H. I.), Chantilly	1.000 »
1	Prix de Rueil, Paris	4.425 »
1	Prix de Meudon, Paris	6.500 »
2	Prix de Toulouse (Handicap), Fontainebleau	500 »
2	Prix de la Société d'Encouragement (1re série), Caen	900 »
1	Deuxième Prix de la Société d'Encouragement (1re série), Caen	12.400 »
1	Prix du Calvados, Deauville	7.937 50
2	Prix Spécial, Dieppe	150 »
2	Prix de la Société d'Encouragement (1re série), Amiens	1.237 50

1880

2	Prix de Chevilly, Paris	875 »
2	Prix de Nanterre, Paris	387 50
1	Prix La Moskowa, Paris	6.437 50
1	Prix d'Argenteuil, Paris	5.625 »
1	Prix Principal, Le Mans	2.650 »
2	Prix de la Société d'Encouragement, Rouen	862 50
1	Prix de la Société d'Encouragement (1re série), Caen	10.412 50
2	Prix du Calvados, Deauville	937 50
1	Prix de Château-Laffitte (Handicap), Paris	4.850 »
1	Prix de Coye, Paris	4.075 »

1881

2	Prix de Chevilly, Paris	625 »
1	Prix d'Ermenonville, Chantilly	4.000 »
1	Prix de la Table, Chantilly	5.850 »
1	Prix National, Bordeaux	4.200 »

1882

2	Prix du Prince de Galles, Paris	2.550 »
1	Prix National, Angoulême	4.450 »
1	Prix National, Nantes	4.200 »
1	Prix de la Société d'Encouragement (hors serie), Vincennes	3.300 »
1	Prix de la Société d'Encouragement (Hors série), Caen	12.350 »
	Total des sommes gagnées	115.900 »

Fera la monte à raison de **1.200** fr., plus 20 fr. pour l'écurie.

Julius Cæsar, né en 1873, par Saint Albans et Julie.

1875

1	Westminster Stakes, Epsom	9.375 »

1876

1	Deux Mille Guinées, Newmarket	» »

1877

1	City and Suburban Handicap, Epsom	31.125 »

1878

1	Royal Hunt Cup, Ascot	25.250 »
1	Surrey and Middlesex Stakes (Handicap), Hampton	5.750 »
1	Her Majesty Plate, Hampton	5.250 »
1	Plate, Newmarket	2.500 »
1	Portholme Cup, Huntingdon	7.250 »
1	Huntingdonshire Stakes (Handicap), Huntingdon	8.375 »
1	Her Majesty Plate, Leeves	5.250 »
1	Lothians' Handicap, Edinburgh	6.675 »
	Total des sommes gagnées	106.800 »

Fera la monte à raison de **100** fr.

Pour les inscriptions, s'adresser à M. GRILLOT, 32, rue Montaigne, à Paris.

A LA CROIX-SAINT-OUEN

M. EDMOND BLANC

Entraîneur particulier : CH. LHOSTE

CHEVAUX A L'ENTRAINEMENT :

Chevaux de quatre ans

ARA, pche bb., par Le Petit Caporal et The Abbess. (Page 267.)
BRILLANT, pn al., par Clocher ou Reggio et Lady Atholstone. (P. 268.)
FAUST, pn al., par Saxifrage et Finance. (Page 268.)
SAINT MARTIN, pn al., par Montargis et Bijou. (Page 270.)
SAPAJOU, pn b., par Milan et Stephanotis. (Page 270.)

Chevaux de trois ans

BONHOMME, pn b., par Coq du Village et Berthona. (Page 271.)
GRENADIER, pn b., par Milan et Gladia. (Page 271.)
PRINCE DU SANG, pn al., par Wellingtonia et Poetess. (Page 271.)
VENTREBLEU, pn b., par Silvio et Violette. (Page 272.)

Poulains et Pouliches de deux ans

ALICE, pche bb., par Wellingtonia et Asta. (Page 274.)
BARONNE, pche b., par Little Duck et Baroness Clifden. (Page 275.)
CANTONNADE, pche b., par Bruce et Princesse Catherine. (Page 275.)
FINE LAME, pche al., par Soukaras et Freudenau. (Page 275.)
GLORIEUSE, pche al., par Milan et Gladia. (Page 275.)
HONOLULU, pn al., par Wellingtonia et Honora. (Page 275.)
LA NÉGLIGENTE, pche b., par Tristan et La Noue. (Page 275.)
NORMA, pche al., par Soukaras et Nubienne. (Page 275.)
PREMIÈRE FEUILLE, pche bb., par Brest et Putiphar. (Page 276.)
PRINCESSE ROYALE, pche al., par Wellingtonia ei Poetess. (Page 276.)
RAGOBERT, pn al., par Tristan et Rêveuse. (Page 277.)
ROI DES PRÉS, pn b., par Soukaras et Reine des Prés. (Page 277.)
SOLITUDE, pche b., par Milan et Swift. (Page 277.)
YACOUB, pn b., par King Lud et Julia Peel. (Page 277.)

A NEWMARKET

CLOVER, pn al., 3 ans, par Wellingtonia et Princess Catherine. (P. 273.)

M. Edmond BLANC

M. Edmond Blanc, bien qu'étant encore très jeune, doit être classé parmi les anciens propriétaires, car voilà bien près de quinze ans qu'il possède des chevaux de course.

Déjà, alors qu'il était sur les bancs du collège, il faisait courir sous le nom d'un entraîneur quelconque, tant son goût le poussait vers les choses du sport.

Malgré une série de déboires, il n'hésita pas à faire de gros sacrifices et à monter une grande écurie dès qu'il fut maître de sa fortune, et je ne crains pas de dire qu'il serait à la tête de la première écurie du monde entier, étant donné ses aspirations et ses connaissances, s'il n'avait pas été chercher l'émotion du côté du ring, émotion bien factice si on la compare à celle de l'éleveur qui voit son produit remporter une brillante victoire.

On a cité et on cite encore certaine histoire dans laquelle M. Edmond Blanc, tout jeune propriétaire, n'ayant pas trouvé la cote qu'il était en droit d'espérer sur un de ses chevaux, fit descendre son jockey de cheval, lui fit quitter ses éperons en plein pesage et lui enleva sa *cravache des mains*.

Cette histoire montre surabondamment, à mon avis, que M. Edmond Blanc n'aimait pas à cette époque *qu'on lui changeât* sa cote ; je préfère bien autrement entendre parler de la grande énergie déployée par le propriétaire de Nubienne, huit jours avant le Grand Prix de Paris, remporté par la jument. Tout le personnel de l'établissement d'entraînement fut consigné, et toute infraction à la règle était impitoyablement punie de renvoi immédiat ; des gens se relayant, veillaient sur le boxe où reposait Nubienne, et on ne peut nier que cette grande surveillance contribua beaucoup au succès de la jument, car, à cette époque, on ne se gênait guère pour mettre à mal, avant les épreuves, les concurrents les plus sérieux et surtout les plus pontés.

Depuis cette époque, M. Edmond Blanc a changé sa manière ; il était propriétaire, il est devenu éleveur, et je puis même ajouter qu'aucun propriétaire n'a fait plus vite, et sans lésiner, autant de sacrifices d'argent pour l'élevage.

Cette belle ardeur aura-t-elle seulement la durée d'un feu de paille ? Je ne le crois pas, et tout le passé sportif de M. Edmond Blanc m'assure que je suis dans le vrai. Lorsque grâce aux excellents soins de son entraîneur Ch. L'Hoste, quelques produits des haras de la Celle-Saint-Cloud et de Villebon auront rapporté honneur et profit à leur jeune maître, pourquoi abandonnerait-il en pleine vitalité une œuvre si audacieusement entreprise ?

Un de mes bons amis, M. Henri Hawes, possède un petit haras à Suresnes, tout voisin de celui de la Celle-Saint-Cloud ; il alla dernièrement rendre visite à Energy, le superbe étalon que M. Edmond Blanc a importé d'Angleterre, et il fut reçu par le propriétaire lui-même, qui lui fit les honneurs de son établissement.

Après chaque présentation, M. Blanc énonçait les raisons qui l'avaient déterminé à opérer tel ou tel croisement entre les différentes familles de pur-sang.

Il y avait, m'a dit mon ami M. Hawes, énormément de bon

sens et de savoir dans ces explications données rapidement ; or, lorsqu'on a pris la peine de se lancer dans de telles études, on s'y attache et de telle façon qu'il devient impossible de les abandonner. Par conséquent M. Edmond Blanc est désormais un éleveur inamovible. Nous ne saurions trop l'en féliciter ; il ne peut faire de sa grosse fortune un plus utile et plus national usage.

Le jeune propriétaire possède, du reste, des auxiliaires très

L'entraîneur Ch. L'HOSTE

sérieux tout d'abord en son secrétaire, M. Leduc, un jeune homme rempli de tact et d'intelligence, qui sait écarter de lui les influences néfastes et les mauvais conseils des parasites ; ensuite en son entraîneur, le très habile L'Hoste, un vrai Français, homme d'expérience et de droiture sans faiblesse ; puis enfin, en ses deux gérants de haras.

Celui de la Celle-Saint-Cloud est confié à Eugène Lechat, un élève de Phanor, l'excellent collaborateur de M. Lupin; celui de Villebon à Édouard, gendre du père Forget, qui éleva Gontran, Sornette, Bigarreau, Franc-Tireur, Swift, etc , et beau-frère du fils Forget, qui a eu la gloire de faire naître et d'élever Stuart, après avoir eu le plaisir d'envoyer à l'entraînement un cheval comme Le Destrier, père de Stuart.

Parmi tous les établissements d'entraînement que j'ai visités, comme situation, c'est celui de l'Hoste qui m'a le mieux convenu. Placé tout au haut de la Croix-Saint-Ouen, en bordure de la forêt de Compiègne, il se trouve à l'abri des brouillards de l'Oise, et garanti de toute humidité. Construit par M. Renaud, l'architecte auquel on doit déjà l'établissement de M. Charles Pratt, à La Morlaye, et à Chantilly celui de T. Hurst, il permet à l'entraîneur de tout voir sans être vu, et d'exercer une surveillance incessante sur son personnel.

Le terrain et les constructions appartiennent à M. l'Hoste, qui a dépensé à leur érection près de 200.000 fr. C'est un capital bien placé. Le jour où M. l'Hoste voudra prendre sa retraite, il ne manquera pas d'acheteurs. On trouverait avec difficulté une installation plus saine, plus confortable et plus pratique à tous les points de vue.

Chevaux de 4 ans

Ara, par Le Petit Caporal et The Abbess, baie brune, vient de chez le baron de Soubeyran. Elle fut réclamée pour 25.760 fr. au Bois de Boulogne par M. Edmond Blanc, après avoir gagné le prix de Senailly, sur 2.400 mètres en bon terrain. Elle avait couru dix fois, et remporté quatre modiques victoires pour la grande écurie d'Avermes. Le jour du Grand Prix de Paris, sur 2.200 mètres en terrain dur, elle fit triompher les couleurs de son nouveau propriétaire, qui la racheta pour 32.231 fr. A Rouen, sur 3.000 mètres en bon terrain, elle arriva troisième derrière Empire et Fifre. A Beauvais, sur 2.200 mètres en bon terrain, elle fut battue par Cat, mais Cat, âgée de 4 ans, ne portait que 58 kilos, alors que Ara, seulement dans sa troisième année, en avait 57. A Saint-Ouen, sur 2.200 mètres, elle succomba derrière Carafon, mais elle lui rendait dix livres et Carafon n'était pas commode à battre. Elle a couru deux autres fois sans être placée.

Brillant, par Clocher ou Reggio et Lady Atholstone, alezan, ne fut pas placé au Bois de Boulogne, sur 2.200 mètres en terrain lourd, ni à Maisons-Laffitte, sur 2.000 mètres en bon terrain. Au Bois de Boulogne, après avoir gagné sur 2.400 mètres en bon terrain, il fut réclamé pour 18.775 fr. par M. Blanc, et sur 2.000 mètres en terrain lourd, il battit Boucanier à Maisons-Laffitte. Dans le Handicap du prix de Viroflay, il fut trop chargé ; le handicapeur avait sans doute oublié que Brillant est un simple cheval de prix à réclamer, en lui faisant rendre sept livres à Patrice. Celui-ci gagna au petit galop et Brillant ne put arriver que troisième ; à Chantilly, sur 2.400 mètres en terrain dur, il ne fut pas placé. A Vincennes, sur 2.100 mètres en terrain lourd, il fut battu d'une encolure par Modiste. Au Bois de Boulogne, sur 1.600 mètres en terrain dur, il arriva second à une longueur de Gyp. A Maisons-Laffitte, sur 2.000 mètres en bon terrain, et à Saint-Ouen, sur 1.800 mètres en bon terrain, il gagna. A Amiens, sur 3.000 mètres en terrain lourd, il était vainqueur, mais les étonnants juges, qui ont eu si souvent une berlue picarde dans leurs verdicts de courses, firent afficher que Polyeucte avait gagné d'une courte tête; il y avait de quoi demander, non pas la tête des juges, mais leur démission. A Caen, sur 2.000 mètres en bon terrain, il ne fut pas placé.

En résumé, Brillant est un honnête cheval de classe secondaire, rien de plus.

Faust, par Saxifrage et Finance, alezan. Ah ! celui-là est tout à fait transformé à son avantage depuis qu'il a quitté l'écurie Aumont. Avant d'être réclamé dans le Grand Prix de Beauvais, il avait couru huit fois pour le compte de son honorable et excellent propriétaire, M. André; il débuta par deux brillantes victoires, dans le prix des Cars, au Bois de Boulogne, sur 2.000 mètres en bon terrain, et dans le Grand Prix de Bruxelles, sur 1.700 mètres; puis il montra de la mauvaise volonté en courses, suivant l'habitude prise par un trop grand nombre de chevaux entraînés chez M. Aumont, et il se fit battre cinq fois de suite. A Beauvais, il remporta un méchant prix Principal et le second jour il devint la propriété de M. Edmond Blanc, sous les couleurs duquel il a couru sept fois.

A Maisons-Laffitte, sur 1.000 mètres en bon terrain, il fut battu par Master Albert, un vieux spécialiste des courses à petite distance. A Deauville, sur 2.600 mètres en bon terrain, il ne fut pas placé ; sur la même piste, en 3.500 mètres, il gagna. A Dieppe, sur 2.500 mètres en bon terrain, il fut battu par Charvet, un vieux cheval qui lui rendait seulement trois livres. Au Bois de Boulogne, sur 3.000 mètres en terrain très lourd, il remporta une méritante et brillante victoire dans le Handicap libre, en portant 58 kil. 1/2. A Chantilly, sur 3.000 mètres en terrain dur,

Faust

il rendait neuf livres à Endymion; malgré cela, il ne fut battu que d'une encolure par le cheval de M. Lupin. M. Edmond Blanc eut le tort de l'envoyer courir à Saint-Ouen; la piste est trop tournante pour convenir à un cheval aussi grand et aussi fort; il se déroba.

Je le répète, Faust, en prenant de l'âge et depuis qu'il reçoit les soins de M. L'Hoste, a beaucoup changé à son avantage; ne soyez pas étonné de le voir battre de bons chevaux en 1889.

Saint-Martin, par Montargis et Bijou, alezan, est aussi un réclamé. Après avoir couru onze fois sous les couleurs du vicomte de Tredern et avoir gagné quatre courses, il s'est présenté sept fois en portant la casaque de M. Edmond Blanc. Voici sa carrière de second mode.

Il débuta par une facile victoire contre Reine, à laquelle il rendait cinq livres sur 2.200 mètres, en bon terrain, à Maisons-Laffitte; puis il battit Sergent-Major en lui rendant six livres, à Vincennes, sur 2.100 mètres en terrain lourd. A Saint-Ouen, sur 1.800 mètres en terrain lourd, il ne fut pas placé, pas plus qu'à Chantilly sur 2.200 mètres en bon terrain. A Chantilly, sur 2.400 mètres en bon terrain, il fut battu facilement d'une demi-longueur par Folie, qui est une bonne jument. A Compiègne, sur 1.600 mètres en terrain lourd, il gagna de deux longueurs. A Maisons-Laffitte, sur 1.600 mètres en bon terrain, il ne fut pas placé.

En résumé, les courses de Saint-Martin prouvent que, chez L'Hoste, l'avoine n'est pas meilleure que chez les autres entraîneurs, mais qu'elle est bien distribuée.

Sapajou, par Milan et Stephanotis, bai, a couru six fois en 1888. Non placé au Bois de Boulogne, sur 2.000 mètres en bon terrain, il fut vainqueur à Chantilly, sur 2.000 mètres en terrain dur. Son propriétaire le fit partir, dans le prix du Jockey-Club, qu'y venait-il faire, ô mon Dieu! Il est vrai qu'il faut être indulgent pour les éleveurs qui tiennent à voir figurer leurs produits dans le Derby français, bien qu'il n'y ait rien de flatteur à les voir figurer au dernier rang; le susdit Sapajou avait bien rêvé de faire galoper Galaor dans le prix de Juin, au Bois de Boulogne, sur 2.400 mètres en bon terrain; je vous laisse à penser si le jockey de Galaor sourit de cette prétention. Dans le prix de la Moskowa, sur 4.000 mètres en bon terrain, Sapajou arriva tête à tête pour la seconde place avec Rêve, à une longueur d'Endymion. Le jour du Grand Prix de Paris, sur 2.400 mètres en bon terrain, il fut troisième et dernier, derrière Embellie et Verveine.

Chevaux nés en 1886

Bonhomme, par Coq du Village et Berthona, bai avec une étoile en tête et une lice prolongée, une balzane à la jambe droite de derrière, est un très fort poulain. Il ressemble beaucoup à son père Coq du Village, en plus grand. L'épaule est très séante, le rein peut porter sans peine les plus gros poids, l'arrière-train a beaucoup de puissance, mais le devant est un peu léger. Il est très doux et devra montrer bon vouloir dans les courses. Son propriétaire l'a cru digne d'être engagé dans le prix du Jockey-Club et dans le Grand Prix de Paris; sans prétendre qu'il gagnera une de ces grandes épreuves, je crois que ce Bonhomme ne fera pas mauvaise figure sur le turf.

Grenadier, par Milan et Gladia, bai, est un énorme poulain. Il a tout à fait la tête de sa mère Gladia et l'encolure de son père Milan. Il brille par la force bien répartie. On l'a fait courir trois fois à deux ans, toujours en bonne société; il n'a pas été placé, mais il devra mieux faire en prenant de l'âge. M. Edmond Blanc l'avait acheté 20 fr., trouvant la chose drôle. Il est probable qu'il n'a jamais fait une aussi bonne spéculation.

Prince-du-Sang, par Wellingtonia et Poetess, alezan avec une étoile en tête et une lice prolongée jusque sur le nez, une balzane à la jambe droite de derrière, est le propre frère de Plaisanterie; il a beaucoup plus de force que sa glorieuse sœur, et beaucoup de ce qu'il faut pour marcher sur ses traces, mais son entraînement ne doit pas être facile et son œil annonce des velléités de violence comme en avait son frère Peloton, que R. Count eut le malheur de perdre à l'âge de deux ans. Il n'y a rien à dire pour le moment sur ce magnifique poulain. S'il tourne du côté du bien, sa carrière peut devenir illustre, mais il faut attendre pour se prononcer sur son compte.

Ventrebleu, par Silvio et Violette, bai avec une petite étoile en tête, n'a pas eu de chance dans ses courses de deux ans, mais il doit mieux faire et j'ai grande confiance en lui.

C'est le plus beau produit de Silvio que j'ai vu jusqu'à ce jour.

Il a beaucoup profité cet hiver, et je ne doute pas que les connaisseurs le trouvent fort à leur convenance, lorsqu'ils le reverront sur le turf.

A Caen, dans le prix du Premier Pas, sur 900 mètres en bon terrain, il aurait dû gagner, mais il eut à subir un mauvais départ et une bousculade; malgré cela il arriva bon quatrième. A Deauville, dans le prix de Deux ans, sur 1.200 mètres en bon terrain, il arriva second à une longueur de Fontanas, qui était très prête à vaincre ce jour-là; les chevaux qui se trouvaient derrière lui dans cette course étaient Loyal, Fligny, Salvanos, May-Pole, Frisco, Modestie, Sans-Peur, Tire-Larigot, Flatteur, Heurteloup, Lorédan, Valérien, Sérapis, Diamant, Hautbois, Milly-Amy.

A Fontainebleau, dans le Triennal, sur 1.100 mètres en terrain sablonneux, Ventrebleu fut battu d'une encolure par Crinière, après une belle lutte, mais il est probable qu'il aurait gagné s'il n'avait changé de pied, en traversant la piste de longue distance qui vient faire bosse. Au Bois de Boulogne, dans le prix de Sablonville, sur 1.600 mètres en bon terrain, il fut monté brutalement par F. Barrett et ne put résister à l'attaque finale de La Brume, qui le battit de trois quarts de longueur; il rendait six livres à La Brume, qui est une bonne pouliche. A Chantilly, dans le prix de la Salamandre, sur 1.400 mètres en terrain un peu dur, il arriva troisième derrière Tantale et Reine-des-Prés; Dodge, qui le montait, pour la première fois, dit après la course qu'il aurait gagné s'il avait mieux connu le poulain; celui-ci s'était jeté de côté au moment de l'attaque décisive, parce qu'il s'était souvenu de la façon brutale dont il avait été monté au Bois de Boulogne par F. Barrett; le repos hivernal l'aura remis en confiance, et il sera vainqueur en 1889, au lieu de se borner, comme l'année dernière, à être placé cinq fois sur six courses fournies.

Clover, par Wellingtonia et Princess Catherine, alezan, est un magnifique poulain. J'ai en lui la plus grande confiance, et cette confiance date de longtemps ; je l'ai vu chez le vicomte Dauger à l'âge de six mois, et je l'ai retrouvé sur les prairies de la Celle-Saint-Cloud à l'âge de 15 mois ; je n'ai pas douté un instant qu'il ne devienne illustre sur le turf. Il a toutes les qualités galopantes de sa demi-sœur Catharina, et ses jambes sont excellentes; il peut supporter les plus grandes exigences de l'entraînement. Ses deux courses à deux ans auraient dû être deux victoires. Au Bois de Boulogne, dans le prix de Villiers, il se trouva prison-

Clover

nier dans le peloton de ses concurrents par la faute de son jockey ; lorsque celui-ci le délivra, en arrivant devant les tribunes, il était trop tard pour pouvoir gagner la course, mais il la termina en grand cheval ; ses foulées avaient une puissance extraordinaire. A Newmarket, dans le Middle Park, il arriva bon troisième, et il aurait été beaucoup plus près, si son jockey avait eu plus de confiance en lui ; il finit très bien, et son galop fut très remarqué par les meilleurs sportsmen d'Angleterre.

T. Jennings père m'a dit à Newmarket : « Aucun poulain ne m'a jamais rappelé Mortemer comme ce Clover; en prenant de l'âge, je crois qu'il deviendra bon. »

Il est très regrettable pour M. L'Hoste, qui avait dressé et préparé Clover, que cet excellent poulain lui ait été enlevé au moment où le plus difficile était fait, mais il s'en console en songeant que ce fils de Princess Catherine a chance de gagner le Derby anglais. Il n'est pas engagé dans le Grand Prix de Paris. Il est probable que M. Edmond Blanc suivra l'exemple de M. Lupin, et qu'il renoncera au Prix du Jockey-Club pour conserver Clover tout frais en vue du Derby anglais, comme M. Lupin conserva Xaintrailles. Je crois à ce sacrifice de véritable éleveur, parce que M. Edmond Blanc est, à l'heure présente, dans la meilleure voie. Il serait très utile à l'avenir de notre élevage de voir un jeune remporter ce beau fleuron de couronne sportive, qui est le rêve de tous.

Si la génération de trois ans permet à M. Edmond Blanc de concevoir de légitimes espérances, je crois qu'il n'aura pas de déboires non plus avec ses poulains de deux ans, qui se présentent on ne peut mieux.

J'ai remarqué, dans le nombre, plusieurs sujets de très bon ordre, qui, grâce aux excellents soins de l'habile entraîneur L'Hoste, doivent fournir une bonne carrière.

Chevaux nés en 1887

Alice, par Wellingtonia et Asta, baie brune, avec une étoile en tête, une balzane à la jambe gauche de derrière, a des avant-bras d'hercule, le rein très court et un fort garrot; c'est le type du pur sang de grande force.

Baronne, par Little-Duck et Baroness Clifden, baie, avec une étoile en tête, est forte, mais commune.

Cantonnade, par Bruce et Princess Catherine, baie, avec une étoile en tête et une balzane à la jambe droite de derrière, est engagée à très juste titre dans le prix de Diane, le prix du Jockey-Club et le Grand Prix de Paris. Elle rappelle tout à fait la silhouette de Bruce, mais en plus grand; par conséquent, son arrière-train a beaucoup de puissance; c'est l'essentiel pour faire des foulées victorieuses.

Fine-Lame, par Soukaras et Freudenau, alezane, avec une étoile en tête et deux balzanes à droite, est admirable de proportion et de force. Soukaras produit vraiment bien.

Glorieuse, par Milan et Gladia, alezane, avec une étoile en tête et une lice allant jusque sur les lèvres, est tout à fait construite en jument devant être victorieuse dans sa carrière de courses; ses membres ont l'aspect d'être solides, à toute épreuve.

Honolulu, par Wellingtonia et Honora, alezan, avec une étoile en tête et deux balzanes par derrière, a l'air un peu commun dans sa physionomie, parce que ses oreilles sont pendantes, mais il est bien construit en galopeur. On peut lui reprocher d'être trop long jointé.

La Négligente, par Tristan et La Noue, baie zain, est un peu petite, mais paraît devoir être solide au poste. Sa robustesse est frappante, et l'équilibre de ses forces semble parfait. Qu'elle réussisse ou non en courses, elle a de la valeur comme future poulinière.

Norma, par Soukaras et Nubienne, alezane, avec une étoile en tête. Cette étoile devra être celle du succès; M. Edmond Blanc en sera doublement heureux, parce que cette belle pouliche est fille d'un étalon lui appartenant et de Nubienne, qui gagna, sous ses couleurs, le Grand Prix de Paris en 1879. Elle est engagée dans les Portland Stakes, dans le prix de Diane, le prix du Jockey-Club et le Grand Prix de Paris. Elle a beaucoup de force, bien répartie de tous côtés et surtout aux bons endroits; son rein et son garrot sont absolument remarquables.

Première Feuille, par Brest et Putiphar, baie brune, avec une étoile en tête et une petite ligne blanche allant jusqu'au chanfrein, deux balzanes par derrière, a de forts avant-bras, de bonnes hanches et des jarrets bien faits. Si l'étalon Brest n'a pas fait là une galopeuse, il ne faut pas s'en rapporter aux apparences. M. Lefèvre aurait plaisir à voir ce beau produit et il en serait fier à juste titre.

Princesse Royale, par Wellingtonia et Poetess, alezane avec une étoile en tête, deux balzanes par derrière, devra se montrer digne d'être la propre sœur de Plaisanterie. Sa construction est beaucoup mieux en harmonie que celle de son aînée. Le rein est large et court, le garrot est très élevé, la longueur de la hanche au jarret est très remarquable, les membres sont solides. Princesse Royale a les plus grands engagements dans les courses françaises et dans les courses anglaises. S'il ne lui arrive rien,

Princesse Royale

elle fera honneur à M. Edmond Blanc et justifiera la confiance qu'il a eue dans l'élevage du vicomte Dauger. Elle est née seulement le 1er mai; malgré cela elle est forte et assez grande.

Ragobert, par Tristan et Rêveuse, alezan brûlé, a des oreilles de mulet, mais pour le reste du corps il ressemble beaucoup à son père Tristan. Certes, il ne pouvait rien faire de mieux; il ne s'agit plus que de voir si son ramage ressemble à son plumage, comme disait le bon La Fontaine, et si Ragobert aura autant de qualité que de plastique. Je crois qu'il gagnera des courses.

Roi-des-Prés, par Soukaras et Reine-des-Prés, bai, est très fort et très rablé. Il devra sauter admirablement ; il a l'air excessivement doux ; c'est fort appréciable et toujours de bon augure.

Solitude, par Milan et Swift, baie zain, est une pouliche fort plaisante. Ses tendons sont bien nets et très solides; les cuisses ont beaucoup de longueur. Tout fait croire qu'elle devra se montrer digne de sa mère Swift, dans ses courses de deux ans.

Yacoub, par King-Lud et Julia Peel, bai avec de petits poils blancs au front, une balzane à la jambe gauche de derrière, est très robuste et très puissant dans son arrière-train. Il a eu des suros, mais les soins de son entraîneur ne lui ont pas manqué et onf fait passer ces bobos. Il est probable que M. Blanc n'aura pas à se repentir d'avoir acheté Yacoub à la vente publique faite récemment par le comte de Berteux.

*
* *

D'ici à peu de temps les produits de la Celle-Saint-Cloud et du haras de Villebon pourront prétendre aux plus grands succès. M. Edmond Blanc ne s'est pas borné à acheter d'excellentes poulinières en France et en Angleterre, il a importé d'Outre-Manche et à prix d'or un reproducteur fort remarquable, ce qui ne l'empêche pas d'envoyer chaque année dans l'une des meilleures régions de l'Orne un étalon, pour donner des saillies gratuites, en se réservant, d'acquérir, moyennant 2.500 francs, ses produits à l'âge de six mois. Rien n'est plus progressiste, et c'est un grand service rendu au pays. L'étalon est à poste fixe au haras de La Chapelle, près Sées, chez le vicomte Dauger, qui eut l'honneur de faire naître et d'élever Plaisanterie sur ses excellents herbages. Les produits du haras de La Chapelle appartiennent, suivant un traité de cinq années, à M. Edmond Blanc.

Dans de telles conditions, il me semble qu'en peu de temps l'écurie de courses de M. Edmond Blanc doit prendre un développement considérable et faire honneur à son propriétaire.

Ainsi que je l'ai déjà fait observer plus haut, M. Edmond Blanc a changé du tout au tout sa façon sportive de voir; c'est un grand bonheur pour la production française, car avec de telles avances d'argent la réussite se trouve toujours au bout de l'entreprise.

Le superbe étalon Energy se trouve en pleine force de production; il a neuf ans, ce qui permet d'espérer de beaux et forts descendants.

Energy, né en Angleterre en 1880, alezan brûlé, fait la monte à La Celle-Saint-Cloud. Il est par Sterling et Cherry Duchess. On trouve dans son arbre généalogique le sang de Stockwell, de Pocahontas, de Melbourne, de Touchstone, de Plenipotentiary, d'Orlando et de West Australian; rien que cela, sportsmen mes amis.

L'année dernière il obtint le premier prix des Etalons de pur-sang à l'Exposition Internationale de Bruxelles.

Le second étalon de la maison est Fripon, qui a fourni une honorable carrière en portant les couleurs de M. Edmond Blanc.

Fripon, né en France en 1883, bai, doit faire la monte chez le vicomte Dauger, dans l'Orne. Il est par Consul et Folle-Avoine. Il appartient, du côté paternel, au sang de Monarque, et du côté maternel, à celui de Parmesan et de Melbourne.

Ce Fripon est devenu superbe, il s'est développé d'une façon qui promet beaucoup, et je suis persuadé qu'il fera d'excellents produits.

L'entraîneur Ch. L'Hoste

J'ai déjà dit à plusieurs reprises tout le bien que je pensais de l'entraîneur de M. Edmond Blanc.

Tout d'abord il est français, et c'est pourquoi je suis heureux de le voir réussir aussi complètement et tenir tête aux entraîneurs d'outre-Manche, qui sont devenus entraîneurs de France en adoptant notre pays.

L'Hoste est un homme sérieux, très honnête, très consciencieux. Il aime beaucoup ses chevaux et il les soigne on ne peut mieux.

Émile L'HOSTE

Il est aidé dans sa besogne par son fils, le jeune Emile L'Hoste, qui est devenu excellent cavalier et qui surveille le travail des chevaux avec beaucoup d'intelligence.

Je citerai aux jeunes gens malingres des générations présentes et futures, Emile L'Hoste comme un exemple vivant, du bien que l'on peut tirer de cette vie réconfortante menée par les entraîneurs.

Emile L'Hoste était très délicat de santé ; si son père l'avait placé dans des bureaux ou dans un ministère, cette existence factice et démoralisante l'eût certainement conduit à une maladie de langueur quelconqne ; au lieu de cela L'Hoste laissa son fils à ses côtés ; dès le lever du jour, E. L'Hoste monte à cheval et pendant plusieurs heures il promène au galop les pensionnaires de son père ; aussi il faut voir aujourd'hui comme il est solide et robuste.

Jeunes décadents, qui avez les moyens de dépenser de l'argent, achetez des chevaux de courses, entraînez-les vous-mêmes, cela vous vaudra mieux que de courir les filles, et de mener la vie abrutissante que vous osez appeler « à grandes guides. »

A CHANTILLY

M. LE BARON A. DE SCHICKLER

Entraîneur public : WEBB. — *Jockeys* : HOPKINS et FRENCH

CHEVAUX A L'ENTRAINEMENT :

Chevaux de cinq ans

KRAKATOA, ch. b., par Thunderbolt et Little Sister. (Page 283.)
LE SANCY, ch. gr., par Atlantic et Gem of Gems. (Page 283.)

Chevaux de quatre ans

EMBELLIE, pche b., par Perplexe et Rafale. (Page 284.)
INTERVENTION, pche bb., par Perplexe et Tyro. (Page 285.)
POROROCA, pn b., par Atlantic et Perplexité. (Page 285.)

Chevaux de trois ans

CHATEAU D'IF, pn b., par Palais Royal et Vengeance. (Page 286.)
HÉCLA, pche b., par Perplexe et Little Sister. (Page 286.)
KANDAHAR, pche b., par Perplexe et Brotherto Strafford mare. (P. 286.)
LA BRUME, pche b., par Perplexe et Rafale. (Page 287.)
LA GALLEGADA, pche b., par Perplexe et Lady of Mercia. (Page 287.)
LA GIRALDA, pche b., par Perplexe et Agnès Sorel. (Page 288.)
PAVILLON ROYAL, pn b., par Perplexe et North-Wiltshire. (Page 287.)
REINE BLANCHE, pche gr., par Atlantic et La Dauphine. (Page 287.)
RETARDATAIRE, pn b., par Perplexe et Dolly Pentreath. (Page 288.)
RIZOTTO, pn b., par Perplexe et Japonica. (Page 288.)
ROCAMADOUR, pn b., par Perplexe et Mystical. (Page 288.)
SAGITTARIA, pche b., par Atlantic et Sterling mare. (Page 288.)
SALVANOS, pn al., par Atlantic et Leap Year. (Page 289.)
VICTORIA REGIA, pche bb., par Stracchino et Perplexité. (Page 288.)
XIBALBA, pche b., par King Lud et Tyro. (Page 288.)

Poulains et Pouliches de deux ans

FITZ ROYA, pn b., par Atlantic et Perplexité. (Page 289.)
HARA KIRI, pn b. ou bb., par Perplexe et Leap Year. (Page 289.)
JUMIEGES, pn b., par Palais Royal et Mystical. (Page 290.)

Je ne saurais mieux commencer mon étude de l'écurie du baron de Schickler qu'en citant le jugement porté par Ned Pearson, il y a dix-sept ans, sur le grand propriétaire éleveur du haras de Martinvast :

« Le baron Arthur de Schickler est l'un des propriétaires de chevaux les plus sympathiques au public des courses. La faveur dont jouit son nom tient à l'estime particulière qu'ont pour sa personne tous ceux qui le connaissent et au caractère éminemment sportif de son écurie. Jamais le baron n'a même été soupçonné de ce que, dans le langage vulgaire des courses, on nomme un coup. Les chevaux courent toujours régulièrement pour gagner et ne présentent point ces brusques changements de forme, auxquels sont sujets les produits de certaines autres écuries. Le meilleur cheval qu'ait eu M. Schickler fut Suzerain, gagnant du prix du Jockey-Club en 1868. Ce cheval arriva second la même année dans le Grand Prix de Paris, derrière The Earl, le champion anglais, et il ne reparut plus sur aucun hippodrome. C'est à M. Schicker que l'on doit l'importation en France de l'étalon The Nabob, père de Vermout et de Bois-Roussel. »

Ce qui était vrai il y a dix-sept ans l'est encore aujourd'hui. Le baron de Schickler fait courir en grand seigneur sans s'inquiéter de ee que ça coûte ni de ce que ça peut rapporter. La note à payer se monte chaque année à 300.000 francs, soit pour le haras situé à Martinvast, dans le département de la Manche, soit pour l'écurie d'entraînement sise à Chantilly. L'année 1888 est la seule dans laquelle le baron ait pu couvrir ses frais. Il ne se plaint jamais et solde toujours les pertes sans sourciller.

Aucun autre n'a mieux le feu sacré de l'élevage que le propriétaire du haras de Martinvast; aucun autre n'aime davantage notre beau pays de France; aucun autre n'a fait à la grande cause du sport hippique plus de sacrifices. M. le baron de Schickler est un grand propriétaire-éleveur dans la plus vaste acception du mot.

Chevaux de cinq ans

Krakatoa, par Thunderbolt et Little Sister, bai, avec une étoile en tête, est un admirable type d'étalon. Si le baron de Schickler ne l'a pas vendu 100.000 francs, c'est uniquement par délicatesse; du moins, on me l'a affirmé. Un intermédiaire avait demandé 10 0/0 de commission au baron pour lui faire vendre son cheval, et le baron avait accepté cette condition; mais l'intermédiaire voulut doubler la dose en demandant un reçu de 110.000 francs au lieu de 100.000, et l'honorable propriétaire de Krakatoa répondit simplement : « Je ne fais pas de ces choses-là. » Il garda son cheval, qui a couru trois fois en 1888. Après avoir gagné le prix du Cadran, sur 3.200 mètres en terrain lourd, Krakatoa fut battu dans la Coupe, sur 3.200 mètres. Il portait 63 kil, 1/2, et l'on eut le tort de lui faire mener le train dès le début: il ne put aller jusqu'au bout. Dans le Triennal, à Chantilly, sur 4.400 mètres en terrain dur, il fut battu d'une courte tête par Silène et rentra en boitant un peu. Depuis cette époque, il n'a pas revu le poteau de départ dans une course, mais je crois son entraîneur assez soigneux et assez habile pour le remettre en condition de courir.

En tout cas, Krakatoa vaut un beau prix comme étalon; il est construit en excellent reproducteur. J'ai ouï dire que M. Arnaud de l'Ariège tâtonne depuis deux ans pour se mettre sérieusement à faire de l'élevage et acquérir un bon étalon. En voilà un tout indiqué.

Le Sancy, par Atlantic et Gem of Gems, gris, est en belle condition. En 1888, après avoir été battu sur 2.200 mètres en bon terrain, au Bois de Boulogne, dans un handicap où il portait 63 kilos, Le Sancy arriva premier sur 2.000 mètres en terrain dur. A Chantilly, sur 2.000 mètres en bon terrain, il gagna facilement de trois longueurs; Ténébreuse était dans cette course; elle se comporta atrocement mal. Au Bois de Boulogne, sur 2.000 mètres en bon terrain, il n'eut à battre que Carlo, et il triompha sans peine; puis, sur 2.400 mètres en terrain dur, il battit Walter Scott au petit galop. A Fontainebleau, sur 2.200 mètres en terrain sablonneux, il succomba d'une tête derrière Bavarde, après une lutte acharnée ; à Deauville, sur 1.600 mètres en bon terrain, il gagna sans aucun effort; puis, sur 2.500 mètres, dans le Grand Prix de Deauville, il fut battu d'une encolure par Galaor, mais il lui tint tête pendant plus de 500 mètres, et la lutte fut des plus émouvantes. A Fontainebleau, sur 2.200 mètres, il battit au petit galop Avril et Maxico. A Manchester, dans la grande course du Lancashire Plate, il arriva troisième derrière Seabreeze et Ayrshire. A Chantilly, il se présenta dans le prix de la Forêt, mais il avait été pris d'un saignement de nez deux jours avant la course et ne disposait pas de tous ses moyens. Aujourd'hui, il semble bien remis.

Chevaux de quatre ans.

Embellie, par Perplexe et Rafale, baie avec une petite étoile en tête et une lice s'élargissant jusqu'à la narine gauche, est une bonne pouliche brillant surtout par son ardeur dans la lutte, mais elle a des jarrets qui demandent beaucoup de soins et il faut un entraîneur aussi habile que Webb pour l'amener en bon état sur un hippodrome.

Au Bois de Boulogne, dans le prix de Lutèce, sur 2.200 mètres en terrain lourd, elle arriva seconde, derrière Avril ; Folie était troisième. Sur la même piste, en 2.000 mètres et bon terrain, elle ne fut pas placée ; puis, sur 2.200 mètres en terrain dur, elle gagna ; puis elle remporta le prix des Acacias sur 2.400 mètres en terrain dur. A Chantilly, sur 3.000 mètres en terrain dur, elle ne fut pas placée. Le jour du Grand Prix de Paris, sur 2.400 mètres en terrain dur, elle gagna facilement.

Intervention, par Perplexe et Tyro, baie zain, est une bonne jument de classe moyenne. Elle se trouve en splendide état. Elle débuta sans succès dans le prix de Diane à Chantilly, sur 2.100 mètres en bon terrain. A Maisons-Laffite, sur 2.000 mètres en bon terrain, elle ne fut pas placée. Sur le même terrain, en 1.200 mètres, elle courut mal une seconde fois ; à Saint-Ouen, sur 1.800 mètres, par un temps pluvieux, elle arriva seconde derrière Folie, qui la battait de trois longueurs en lui rendant sept livres. A Boulogne-sur-Mer, elle gagna facilement sur la distance de 2.000 mètres, en bon terrain. Au Bois de Boulogne, sur 1.600 mètres, en bon terrain, elle ne fut battue que d'une tête par Le Cordouan, mais celui-ci lui rendait dix livres. A Maisons-Laffite, sur 2.000 mètres en bon terrain, elle arriva tête à tête avec Folie, qui lui rendait cinq livres. Au Bois de Boulogne, sur 2.200 mètres en terrain lourd, elle battit très facilement Firmin.

En résumé, Intervention s'est montrée constamment en progrès dans ses courses, et devra être utile à son écurie en 1889, comme elle l'a été en 1888.

Pororoca, par Atlantic et Perplexité, bai avec deux balzanes par derrière, est beaucoup trop haut perché. Il est probable que l'union de la belle Perplexité avec Atlantic n'est pas bien assortie.

A Maisons-Laffitte, sur 2.200 mètres en terrain lourd, Pororoca arriva second à une demi longueur de Solange, qui lui rendait cinq livres. Au Bois de Boulogne, dans le prix Greffulhe, sur 2.100 mètres en bon terrain, il fut second derrière Bocage ; sur la même piste, en terrain dur et en 2.400 mètres, il gagna aisément, mais il battait deux adversaires peu redoutables ; puis, sur 2.400 mètres en terrain dur, il fut battu par Redingote à laquelle il rendait quatre livres. Dans le handicap du prix d'Ibos, sur 2.400 mètres en terrain dur, il portait 50 kilos et il ne fut pas placé. Le jour du Grand Prix, sur 3.200 mètres en terrain dur, il arriva quatrième, il ne portait que 45 kilos et demi. Dans le Grand Prix d'Amiens, sur 3.200 mètres en terrain lourd, il courut mal. Au Bois de Boulogne, sur 4.000 mètres en bon terrain, il ne fit pas bonne figure. A Chantilly, sur 2.200 mètres en bon terrain, il ne fut pas placé dans le prix des Tribunes, mais la course fut gagnée par Reyezuelo son camarade d'écurie; sur le même hippodrome, en terrain dur et en 2.400 mètres, il arriva troisième derrière Folie et Saint-Martin. Folie portait 51 kilos et demi, Saint-Martin 46 et demi, Pororoca 46. A Maisons-Laffitte, sur 2.200 mètres en bon terrain, il ne fut pas placé.

Je le crois destiné à finir sa carrière dans les prix à réclamer, comme la plupart des chevaux sous le ventre desquels passe trop d'air. Dans cette catégorie il pourra briller.

Chevaux nés en 1886

Château-d'If, par Palais-Royal et Vengeance, bai avec deux balzanes par derrière, est un assez beau poulain ; il a beaucoup de force bien répartie et un bon rein. Signe caractéristique : c'est un veinard ; à Chantilly il fut placé premier dans une course qu'il n'avait pas gagnée ; le juge était de très bonne foi ; il avait été surpris par Château-d'If, qui était arrivé sur lui presque en se dérobant.

Non placé à Saint-Ouen, sur 1.100 mètres en bon terrain, il arriva quatrième à Maisons-Laffitte, sur 1.200 mètres en bon terrain ; puis il fut troisième au Bois de Boulogne, sur 1.600 mètres en terrain lourd ; enfin, à Chantilly, sur 1.000 mètres en terrain dur, le juge se persuada qu'il avait gagné d'une longueur, alors que Kearney, montant Frisco, l'avait battu sans aucun effort, comme il l'avait déjà laissé loin de lui à Maisons-Laffitte.

Hécla, par Perplexe et Little-Sister, baie avec une étoile et une lice allant jusqu'au nez, deux balzanes par derrière, a beaucoup de ressemblance avec son demi-frère Krakatoa, mais elle est plus petite. Elle a couru une seule fois, dans le Criterium, à Bernay, sur 1.000 mètres en bon terrain ; elle ne fut pas placée.

Kandahar, par Perplexe et Brother to Strafford mare, baie

avec une étoile en tête, s'est présentée dans le prix Saint-Firmin à Chantilly; elle courut mal. Ses jarrets ne sont pas bons ni ses boulets, mais on travaille si bien à solidifier le tout que Kandahar pourra gagner son avoine. Elle est trop haute sur ses jambes, comme un assez grand nombre des produits du haras de Martinvast.

La Gallegada, par Perplexe et Lady of Mercia, baie avec une étoile en tête et une forte lice se prolongeant jusque sur le nez, est trop grande et doit être difficile à nourrir.

Pavillon-Royal, par Perplexe et North Wiltshire, baie avec une petite bande blanche sur la tête, a beaucoup profité et a changé à son avantage depuis que son entraîneur l'a mis au repos, après l'avoir fait courir une seule fois l'année dernière, dans le prix de Grignon, à Maisons-Laffitte. Il arriva troisième derrière Aventurier et Rincette, sur 1.200 mètres en bon terrain; il était à réclamer pour 5.000 fr. dans cette épreuve; je ne crois pas qu'il se retrouve à acquérir pour aussi peu; il vaut beaucoup plus, car il est devenu très fort et très bien établi.

Reine-Blanche, par Atlantic et La Dauphine, grise avec une étoile en tête et une lice prolongée jusqu'aux narines, une balzane à la jambe droite de derrière, est une bonne pouliche, très fortement soudée. Je serai bien étonné si elle ne gagne pas des courses. A Deauville, sur 900 mètres en bon terrain, elle ne fut pas placée, ni à Dieppe, sur 1.000 mètres en bon terrain, ni au Bois de Boulogne, sur 1.600 mètres en bon terrain. A Chantilly, sur 1.000 mètres en terrain dur, elle arriva troisième, derrière Illusion II et Lavinie.

Reine-Blanche a toujours couru en bonne société, et dans des prix assez marquants.

La Brume, par Perplexe et Rafale, baie avec une étoile en tête est une bonne pouliche; l'épaule est très bien faite; elle a le rein solide, les membres sains et son arrière-train offre une puissance de très grande projection en avant; c'est ce qu'il faut dans les luttes finales des courses. Cette brume fera voir de l'azur à son propriétaire.

Non placés dans le prix du Premier-Pas, à Caen, sur 900 mètres en bon terrain, elle arriva seconde à Cabourg à une encolure de Lugano, sur 1.000 mètres en bon terrain; au Bois de Boulogne, sur 1.600 mètres, elle eut l'honneur de battre Ventrebleu. Elle ne fut pas placée à Chantilly, dans le prix de Condé, sur 2.000 mètres en terrain dur.

Sur les hippodromes, en plaine, elle aura toujours sa chance.

Retardataire, par Perplexe et Dolly Pentreath, bai brun zain, a les canons trop minces pour porter son corps. Il semble devoir justifier son nom.

Rizotto, par Perplexe et Japonica, bai zain est un assez bon poulain. Il est surtout bien construit pour faire un remarquable cheval de courses.

Rocamadour, par Perplexe et Mystical, bai, avec une étoile en tête, est un peu léger dans ses membres de devant, mais le reste est bon et solide.

Sagittaria, par Atlantic et Sterling mare, baie avec une étoile en tête et une large lice allant à droite jusque sur le nez, deux balzanes par derrière, est un peu trop enlevée; sans cela elle serait très plaisante et elle offre, en bonne posture comme dirait un écrivain des nouvelles couches, les points essentiels pour gagner des courses.

A Fontainebleau, sur un terrain trop sablonneux pour convenir à sa charpente encore peu équilibrée, elle n'a pas été placée dans le troisième Critérium, sur 1.100 mètres, mais au Bois de Boulogne, bien que le terrain fût lourd, elle a gagné de deux longueurs sur 1.600 mètres.

Victoria Regia, par Stracchino et Perplexité, baie brune zain, a beaucoup de race, mais est trop légère et trop grêle.

Xibalba, par King-Lud et Tyro, baie zain, est très forte, mais trop commune. Les boulets ne sont pas bons.

La Giralda, par Perplexe et Agnès Sorel, baie avec une étoile en tête, est un peu petite, mais parfaite de plastique dans sa petite taille ; les jarrets sont très forts et l'arrière-train semble créé pour conquérir la victoire. Elle est propre sœur de Sakountala, qui fut assez malheureuse sur le turf, mais qui était une bonne pouliche.

Salvanos, par Atlantic et Leap Year, alezan avec une étoile en tête et une balzane à la jambe gauche de derrière, a beaucoup progressé cet hiver. Le rein est magnifique, mais dans son devant Salvanos est défectueux ; les canons sont trop frêles et ressemblent à des fuseaux, mais l'épaule est très légère et ce fils d'Atlantic n'a aucun poids incommodant à porter ; l'arrière train est superbe et a des airs vainqueurs.

Salvanos gagnera sûrement des courses en 1889, à moins qu'il ne subisse des accidents.

A Deauville, dans le prix de Villers, sur 900 mètres en bon terrain, il ne fut pas placé, ni dans le prix de Deux Ans, sur 1.200 mètres en bon terrain. A Maisons-Laffitte, sur 1.000 mètres en bon terrain, il gagna d'une longueur et il battait plusieurs concurrents qui sont assez bons galopeurs. A Chantilly, dans le prix de la Salamandre, sur 1.400 mètres en bon terrain, il ne fut pas placé.

Salvanos, en avant ! Il sera victorieux plus d'une fois.

Chevaux nés en 1887

Fitz Roya, par Atlantic et Perplexité, bai, avec une étoile en tête et une bande blanche s'épanouissant jusque sur les narines, est assez fort et ressemble à sa mère Perplexité. Il a quatre balzanes ; je n'aime pas ça ; il a eu un vésicatoire sur le bas des reins ; je n'aime pas ça non plus.

Hara Kiri, par Perplexe et Leap Year, bai, avec une étoile en tête et une toute petite marque sur la narine gauche, a les canons trop minces et de mauvais pieds de devant, comme beaucoup trop des produits du haras de Martinvast. Le baron de Schickler devrait bien remédier à cela ; combien de fois n'a-t-il pas été obligé de faire pratiquer des rainures dans la corne par l'excellent vétérinaire Chapard, lorsque ses chevaux arrivent à l'entraînement ? Le plus souvent, l'opération a réussi, mais il vaut mieux prévenir le mal que d'avoir à le guérir. Si l'honorable propriétaire du haras de Martinvast le désire, je lui enseignerai un moyen de parer à cet inconvénient, qui provient de la nature du sol.

Jumièges, par Palais Royal et Mystical, bai, avec une étoile en tête, a grandi trop vite et n'est pas encore formé suivant sa haute taille, mais son propriétaire est en droit de fonder sur lui de belles espérances. L'épaule est bonne, les avant-bras sont forts, et les cuisses très longues mais pas encore assez musclées ; les jarrets sont bas et puissants. Il faudrait, je crois, qu'il soit réservé pour les courses de trois ans. Parmi les produits de son âge que j'ai vus dans l'écurie du baron de Schickler, c'est Jumièges qui a le mieux l'aspect d'un cheval de Derby. Il m'a tellement plu que je suis allé immédiatement rendre visite à son père Palais Royal, que je savais être chez M. Chapard à Chantilly et, par ma foi, j'ai été fort satisfait de ce premier mouvement. Palais Royal est en splendide état.

Jumièges a pas mal de ressemblance avec Galaor.

Karadja, par Tristan et Brother to Strafford Mare, baie, avec une étoile en tête et une petite ligne blanche allant jusqu'au chanfrein, poils blancs entre les naseaux, une petite balzane à la jambe gauche de derrière, a besoin qu'on lui fasse crédit pour la juger ; elle est petite mais très bien faite dans son ensemble ; un peintre l'adorerait, mais on ne gagne pas des courses avec la beauté des formes. Elle a eu un vésicatoire à l'épaule ; il faut lui accorder du temps pour lui permettre de devenir elle-même.

Kuro Sivo, par Atlantic et Grande Mademoiselle, alezan, avec une étoile en tête et une balzane à une jambe gauche, je ne me rappelle plus laquelle, mais il n'y en a pas deux, est petit, mais sapristi quel modèle irréprochable. Impossible d'avoir les points de force plus près de terre, et de mieux supporter la critique de détail.

Si Kuro Sivo ne gagne pas de courses à deux ans, je ferai fi de toutes les remarques basées sur l'expérience.

La Horta, par Perplexe et Little Sister, baie avec une petite étoile en tête, est demi-sœur de Krakatoa. C'est une très bonne pouliche ; elle a de la culotte comme un hunter et un rein à toute épreuve.

Paradisia, par Atlantic et La Dauphine, grise, devra avoir beaucoup de vitesse et bien figurer dans les courses de deux ans.

Le Mazarin, par King Lud et Gem of Gems, bai zain, a la tête commune, manque de muscle dans les reins et a trop de viande dans les épaules, mais le reste est bien fait pour la course et il a des membres solides.

La Galerna, par Palais-Royal et Rafale, alezane, avee une étoile et une lice en tête, une balzane à la jambe gauche de derrière, a la tête trop forte, mais le reste est bon; l'arrière-main est fait pour couvrir et gagner beaucoup de terrain.

M. Chapard, le millionnaire de Chantilly, a fait une riche affaire en achetant le jeune étalon Palais-Royal; ses produits sont remarquables, et nous croyons devoir engager les éleveurs à lui envoyer de bonnes poulinières; tout annonce qu'ils s'en trouveront bien.

La Pourpre, par Atlantic et North Wiltshire, baie avec une étoile en tête, est petite, a le rein trop long et sans muscles.

Puchero, par Perplexe et Japonica, bai, est fort, mais commun. Ses avant-bras sont très solides; il pourra faire un bon cheval de courses d'obstacles.

Puerta del Sol, par Atlantic et Lord Clifden Mare, baie avec une petite étoile en tête, une balzane à la jambe gauche de derrière, est la propre sœur de Candelaria, que son entraîneur avait essayée bonne. Elle est beaucoup plus forte dans son devant que son aînée, et je la crois appelée à gagner des courses.

***

L'impression générale que l'on rapporte d'une visite attentive à l'écurie du très honorable baron de Schickler, est que ses chevaux sont difficiles à entraîner; leur qualité est certaine, mais ils pèchent par les fondations, c'est-à-dire par les jambes qui, devant surtout, sont trop souvent grêles, et par les pieds qui sont petits, serrés ou encastellés.

Le remède est tout indiqué: c'est de choisir des poulinières ayant des membres très forts et des pieds larges. Perplexe a bien réussi comme étalon au haras de Martinvast, justement parce que le propre de sa famille est de posséder les deux qualités dont nous venons de parler.

L'entraîneur Webb

Webb, le très correct et très habile entraîneur du baron de Schickler, fit son apprentissage chez Buttler, à Newmarket; après avoir passé quelque temps dans l'écurie de Boyce, il entra au service du célèbre Matthew Dawson comme premier garçon. En 1877, il passa la Manche pour venir entraîner les chevaux de son maître actuel.

Parmi les plus heureux on peut citer El Rey, gagnant du Grand Prix de Deauville en 1879, et qui faisait partie, l'année dernière, des pur sang montés au Carrousel par les écuyers de Saumur; Perplexité gagnante du Grand Critérium en 1880 et du prix Royal-Oak en 1881; Escarboucle, gagnante du Royal-Oak en 1885 et du Prix Gladiateur en 1886; Sycomore, qui partagea le prix du Jockey Club avec Upas en 1886; Krakatoa, second dans le prix du Jockey Club en 1887 et troisième dans le Grand Prix de Paris; Le Sancy gagnant du Grand Prix de Dieppe en 1886, et du Prix Daru en 1887; Reyezuelo, gagnant de la Poule d'Essai des Poulains en 1888, et Embellie, gagnante du prix des Acacias.

Les chevaux entraînés par lui ont gagné 28.900 fr. en 1878; 55.100 fr. en 1879; 134.300 fr. en 1880; 158.000 fr. en 1881; 82.500 fr. en 1882; 115.500 fr. en 1883; 79.700 fr. en 1884; 148.700 fr. en 1885; 251.000 fr. en 1886, plus un objet d'art de 10.000 fr.; 179.600 fr. en 1887; 300.000 fr. en 1888.

Webb a pris comme premier garçon son frère Henri, qui avait fait son apprentissage chez Matthew Dawson. Il est très fidèlement secondé par lui.

Le jockey Hopkins

Hopkins, le premier jockey de l'écurie, fit ses cinq ans d'apprentissage chez Blanton, à Newmarket. Il est venu en France vers la fin de 1880; il pilota neuf gagnants; en 1881, il fut dix-neuf fois vainqueur; dix-sept fois en 1882; dix-huit fois en 1883; dix fois en 1884; douze fois en 1885; seize fois en 1886; douze fois en 1887; vingt-sept fois en 1888.

Il a monté cinq fois dans le prix du Jockey-Club. En 1882, il arriva tête-à-tête avec Dandin, en montant Saint-James. En 1883, il fut placé quatrième en montant Rubens ; en 1885, il arriva troisième avec Extra ; en 1887, il fut placé second avec Krakatoa ; en 1888, il ne put rien tirer de Reyezuelo, qui souffrait déjà de la maladie de cœur dont il est mort.

Il a eu trois montes dans le Grand Prix de Paris ; en 1883, il fut placé quatrième avec Dictateur II ; en 1886, il arriva troisième sur Sycomore ; en 1887, il figura pas avec Le Sancy.

Il a gagné deux fois le prix Royal Oak, avec Perplexité et avec Escarboucle ; deux fois aussi le Grand Criterium, avec Perplexité et Fra Diavolo.

Il a été vainqueur dans le prix Gladiateur avec Escarboucle, dans la Poule d'Essai des Pouliches avec Sakountala et dans la Poule d'Essai des Poulains avec Reyezuelo.

J'aime sa monte parce qu'il a une bonne connaissance du train et qu'il est doux pour les chevaux, ce qui ne l'empêche pas d'être énergique en la lutte finale, lorsqu'il y a lieu.

Le jockey T. French

T. French a vingt-deux ans. Il vint en France en 1881 et fit son apprentissage chez Webb, auquel revient l'honneur d'en avoir fait un très bon jockey de poids léger. Il commença à monter en courses en 1885 et remporta trois victoires ; en 1886, il obtint cinq succès ; en 1887, il en a eu dix-sept, et en 1888 il a été cinquante-huit fois premier. Son avenir est désormais assuré, à la condition qu'il sache demeurer sage et honnête. Je crois qu'il ne s'écartera jamais de la ligne droite, parce qu'il a été élevé à bonne école.

***

Je veux terminer par une simple remarque : en parlant de l'écurie Lupin, j'ai signalé le profond respect dont le doyen de nos éleveurs est justement auréolé par tous ses serviteurs. Chez le baron de Schickler, il en est de même, et je suis très heureux de pouvoir lui en donner la certitude.

HOPITAL VÉTÉRINAIRE ET HARAS DE CHANTILLY

MONTE DE 1889

PALAIS-ROYAL

Etalon de pur sang, par PERPLEXE et KING TOM MARE

APPROUVÉ ET PRIMÉ PAR L'ÉTAT

Fera la monte à raison de 100 fr. pour les juments de pur sang et 50 francs pour les autres juments

***Pension :** 3 fr. 50 par jour pour les Juments suitées, et 3 fr. pour les autres*

S'adresser à M. MATHIEU, à l'Etablissement, à Chantilly (Oise)

A LA MORLAYE

MM. le comte G. de Juigné & le prince A. d'Arenberg

Entraîneur public : Ch. Pratt. — *Jockey* : Hartley

CHEVAUX A L'ENTRAINEMENT :

Chevaux de six ans

Bouvreuil II, ch. b., par Fontainebleau et Bouvines. (Page 297.)

Chevaux de quatre ans

Boucanier, pn al., par Montargis et Bouvines. (Page 297.)
Franc, pn b., par Bay Archer et Flamme. (Page 301.)
Nogaret, pn b., par Montargis et Ma Normandie. (Page 300.)
Roland, pn b., par Nougat et Rosita. (Page 299.)
Mignardise, pche bb., par Narcisse et Michelette. (Page 299.)

Chevaux de trois ans

Alvarado, pn bb., par Montargis et Adalgise. (Page 302.)
Bellini, pn al., par Montargis et Belle Croix. (Page 303.)
Heurteloup, pn al., par San Stefano et Heurtebize. (Page 302.)
Miquelet, pn bb., par Narcisse et Michelette. (Page 303.)
Mousse II, pche al., par Stracchino et Mosquée. (Page 304.)
Olympe, pn b., par Ladislas et Cybèle. (Page 303.)
Rose d'Or, pche al., par San Stefano et Roscoff. (Page 303.)
Targette, pche b., par Narcisse et Tarlatane. (Page 303.)
Tantale, pn b., par San Stefano et Tartane. (Page 302.)

Poulains et Pouliches de deux ans

Adieu, pn bb., par Montargis et Adalgise. (Page 305.)
Alouette, pche al., par Saltéador et L'Hirondelle. (Page 304.)
Brise, pche b., par Farfadet et Ballerine. (Page 305.)
Boulangère, pche b., par Tristan et Bossette. (Page 305.)
Fiord, pn al., par Moorlands et Feuille de Frêne. (Page 305.)
Glandée, pche b., par Montargis et Glencara. (Page 305.)
Hercule, pn b., par Plutus et Herzégovina. (Page 304.)
Le Chat, pn bb., par Bruce et La Romanerie. (Page 304.)
La Fileuse, pche b., par Jonville et La Boulaie. (Page 304.)
Witikind, pn al., par Julius Cæsar et Wild Girl. (Page 304.)
Yellow, pche al., par Dutch Skater et Miss Hannah. (Page 304.)

Certes il est indispensable d'avoir de grands éleveurs qui donnent l'exemple, comme ceux dont nous avons parlé jusqu'à présent dans cette étude sur les diverses écuries d'entraînement, mais il est fort utile, pour former des jockeys et pour vulgariser l'élevage, d'avoir des entraîneurs publics, chez lesquels les modestes du turf puissent faire préparer convenablement leurs chevaux.

Sous ce rapport, il faut remercier le prince d'Arenberg et le comte de Juigné d'avoir permis à Charles Pratt de prendre à l'entraînement d'autres chevaux que les leurs. Cette tolérance n'a pas lieu d'étonner; le prince d'Arenberg est l'un des très rares grands seigneurs qui restent en France, et le comte de Juigné l'un de nos très rares députés qui songent au bien de leur pays.

Les premiers succès un peu marquants de l'écurie d'Arenberg et de Juigné furent obtenus en 1871, 1872 et 1873 par Fleur-de-Péché, qui, montée par Wheeler, gagna facilement le premier Omnium couru après la néfaste guerre de 1870. Les chevaux de ces propriétaires étaient alors entraînés par H. Jennings. Puis vint Tartane, la mère de Tantale; elle était petite, mais très bonne et très digne d'être fille de Dollar. En 1877, Jongleur fit triompher les couleurs de l'écurie dans le prix du Jockey-Club et en Angleterre. Il gagna facilement le Cambridgeshire, en portant un gros poids. Dans le Grand Prix de Paris, il ne fut battu qu'après avoir subi cinq luttes successives contre cinq chevaux différents. C'était un très bon cheval, bien construit en étalon; il mourut du tétanos, survenu à la suite d'une légère blessure qu'il s'était faite en galopant dans les allées d'exercice. J'ai toujours regardé cette fin violente comme une grande perte pour l'élevage français.

Depuis cette époque, le prince d'Arenberg et le comte de Juigné n'ont mis en ligne que des chevaux de qualité moyenne. Il faut un entraîneur aussi habile que Ch. Pratt pour leur faire gagner leur avoine, en courant sur les hippodromes secondaires.

Un moment on parla de la disparition des sympathiques couleurs de ces deux propriétaires; heureusement leur décision n'était pas sans appel.

Charles Pratt est une des personnalités les plus sympathiques parmi les entraîneurs; il peut en outre être placé à la tête des habiles et des soigneux; je compte donc à la fin de cette étude m'étendre un peu longuement sur les connaissances et les qualités de cet homme de cheval, qui peut rendre de très grands services à la cause de l'élevage et des jockeys.

Chevaux de 4 ans et au-dessus

Bouvreuil II, 6 ans, par Fontainebleau et Bouvines, bai avec une étoile et une lice se prolongeant jusque sur le nez, a couru quatorze fois en courses plates, pendant l'année 1888 pour ne remporter que trois victoires provinciales. En courses de haies, il a couru une fois sans être placé; puis il a remporté une facile victoire sur 2.500 mètres en bon terrain; dans sa troisième course, sur 3.000 mètres en terrain lourd et glissant, il a été battu par Fifine, à laquelle il rendait onze livres.

En courses plates, après avoir été battu quatre fois sur de petites distances ou sur du terrain lourd, il remporta deux victoires peu concluantes à Châlon-sur-Saône. A Gand, il fut battu par Verzenay sur 2.000 mètres. Dans les courses de la tournée d'été en Normandie, il n'obtint que deux places de second. A Marseille, après avoir battu Ary sur 4.000 mètres, le jeudi, il succomba le dimanche suivant derrière Serpentine, bonne pouliche de trois ans à laquelle il ne rendait que neuf livres. A Saint-Ouen, il courut mal sur 2.300 mètres en bon terrain.

Il est en belle condition, et devra gagner plus d'une course de haies, en 1889.

Boucanier, 4 ans, par Montargis et Bouvines, alezan avec deux balzanes par derrière, est un beau et solide cheval. Les membres sont très forts, l'épaule n'a pas de lourdeur gênante et le rein s'est musclé. Je crois qu'il ferait un sauteur hors ligne, et il a de qui tenir, puisque sa mère Bouvines est par Trocadéro et Bohémienne et se trouve, par conséquent, être la propre sœur de Basque, l'excellent steeple-chaser du baron Finot. Il me semble qu'à cause du sang, le comte de Juigné n'aurait pas dû vendre Bouvines, comme il l'a fait il y a quelque temps.

Non placé à Vincennes, sur 2.100 mètres en terrain lourd, il arriva second sur la même piste derrière Athos, en 2.100 mètres et terrain lourd ; il fut second encore à Vincennes, sur 2.100 mètres ; la piste était détrempée par la neige et le grésil. Son abonnement à la seconde place continua à Maisons-Laffitte, sur 2.000 mètres, toujours en terrain lourd. A Nantes il ne fut pas placé dans le Derby de l'Ouest, sur 2.200 mètres, mais il battit Nanie sur 2.100 mètres. A Maisons-Laffitte, sur 1.600 mètres en terrain dur, il ne fut pas placé. A Angers, sur 2.400 mètres en terrain dur, il fut battu de deux longueurs par Io à poids égal ; le lendemain, sur la même piste, en 3.000 mètres, il fut vainqueur, mais ses adversaires avaient peu de qualité. A Maisons-Laffitte, sur 2.000 mètres en bon terrain, il arriva troisième derrière Brillant et Murcie.

A Rouen, sur 2.000 mètres en bon terrain, il fut second derrière Halbran et Redingote. A Beauvais, sur 2.400 mètres en bon terrain, il battit Amiral et Hotte. A Vincennes, sur 2.100 mètres en bon terrain, il arriva troisième derrière Képhyr et Chlamyde. Dans le Derby du Pin, sur 3.000 mètres, il fut battu très facilement par Galaor, qui lui rendait dix livres. A Caen, sur 3.000 mètres en bon terrain, il fut battu de trois longueurs par Sibérie, à poids égal.

A Deauville, sur 2.400 mètres en bon terrain, il battit aisément Bercy, auquel il rendait cinq livres, et Waverley et Halbran à poids égal. A Dieppe, sur 3.000 mètres de bon terrain, il arriva facilement premier devant N. de Tunisie, qui lui rendait deux livres. Dans l'Omnium, sur 2.400 mètres en bon terrain, au Bois de Boulogne, il partit second favori, mais il ne courut pas bien. Sur la même piste et la même distance, il fut battu facilement huit jours après l'Omnium par Le Cordouan. A Vincennes, sur 1.600 mètres en terrain très lourd, il battit La Jarretière d'une courte tête ; il portait 58 kilos et La Jarretière 62. Il avait un gros poids, 59 kilos et demi, à Vincennes dans le Handicap de Clôture, sur 2.100 mètres en bon terrain ; il ne fut pas placé.

Mignardise, 4 ans, par Narcisse et Michelette, baie, avec une petite étoile en tête, a pris part à cinq courses plates en 1888, sans se distinguer, puis elle a fait ses débuts en courses de haies, sans gagner. Elle est en condition superbe, et dans les courses secondaires d'obstacles, elle devra gagner son avoine. C'est une bonne acquisition à faire pour ceux qui aiment à courir après les prix à réclamer.

Roland, 4 ans, par Nougat et Rosita, bai zain, est le demi-frère de Rostrenen, qui fut un bon cheval de steeple-chase. Il a bon rein et ses avant-bras sont forts ; je ne suis pas de l'avis de M. Fould, de M. Ledat et du baron de Bizi, qui, paraît-il, l'ont refusé comme cheval d'obstacles, après être venus l'examiner. Je crois que s'il est dressé à sauter, il réussira dans le métier. Il a déjà fait preuve de grande endurance en 1888, et a gagné sept courses.

Non placé à Maisons-Laffitte, sur 2.400 mètres en bon terrain, il arriva quatrième à Vincennes, sur 2.100 mètres en terrain lourd. Au Bois de Boulogne, sur 3.000 mètres en bon terrain, il fut troisième derrière Amiral et Punch. A Nantes, il arriva second sur 2.000 mètres et troisième sur 3.000 mètres. A Chantilly, sur 2.400 mètres en bon terrain, il ne fut pas placé. A Lyon, sur 2.600 mètres en terrain lourd, il gagna, puis le second jour il fut battu sur 1.900 mètres par Etretat. A Valenciennes, sur 2.300 mètres en bon terrain, il arriva troisième. A Maisons-Laffitte, sur 2.000 mètres en bon terrain, il battit Modena qui lui rendait trois livres.

Au Pin, sur 2.200 mètres, il eut raison d'Hervine. A Caen, sur 3.000 mètres en bon terrain, il battit César. A Deauville, sur 3.500 mètres en bon terrain, il arriva troisième derrière Faust et Rêve ; il fut troisième aussi sur 2.400 mètres. A Dieppe, sur 2.300 mètres en bon terrain, il fut placé second derrière Lionne et courut mal sur 2.500 mètres.

A Vincennes, sur 2.400 mètres en bon terrain, il gagna ; dans l'Omnium, il courut mal ; à Craon, sur 2.000 mètres en terrain dur, il triompha, de même qu'à Tours, sur 2.400 mètres, mais là, sur 2.200 mètres, il fut battu par Raïssa à poids égal.

Au Bois de Boulogne, sur 3.000 mètres en terrain lourd, il courut mal. A Marseille, sur 3.000 mètres il fut battu facilement par Serpentine, qui lui rendait sept livres, et il courut mal, le dernier jour, sur 3.000 mètres.

Nogaret, quatre ans, par Montargis et Ma Normandie, bai zain, est un très fort cheval, bien charpenté et solidement membré. Il est tout à fait construit en sauteur de bel avenir et il prend bien le métier ; son entraîneur lui a déjà fait franchir des tas de petits arbres en forêt ; il se complait dans cette envolée. Sa qualité a été assez affirmée en courses plates, pour qu'il ait chance de bien réussir en courses d'obstacles.

En 1888, il débuta à Vincennes par une victoire sur Dauphin ; il le battit de trois quarts de longueur, sur 2.000 mètres en bon terrain. Dans le Grand Prix de Bruxelles, sur 1.700 mètres, il fut placé quatrième derrière Faust, Athos et Verveine. A Nantes, sur 2.200 mètres, il n'arriva que troisième derrière Amiral et Jeudi ; sur la même piste, il glana un méchant prix spécial. Il courut mal à Chantilly, sur 1.000 mètres en bon terrain, et au Bois de Boulogne, sur 2.000 mètres en bon terrain ; puis, sur 1.600 mètres en terrain dur, il tomba.

A Fontainebleau, sur 2.200 mètres, il se déroba. A Maisons-Laffitte, sur 1.000 mètres en bon terrain, il arriva troisième derrière Master Albert et Faust ; sur la même piste, en 1.600 mètres, il gagna aisément, et sur 2.200 mètres, il battit Carafon ; à Deauville, sur 1.000 mètres en bon terrain, il fut devant Le Cordouan et Frapotel, mais sur 2.400 mètres, Carafon le devança d'une tête. A Maisons-Laffitte, sur 2.200 mètres en bon terrain, il arriva premier, mais il ne battit Reine que d'une courte encolure, en lui rendant six livres. A Vincennes, sur 2.400 mètres en bon terrain, il courut mal et encore plus mal dans l'Omnium au Bois de Boulogne, bien qu'il fût monté par F. Barrett. Il termina l'année en subissant trois défaites.

Nogaret a le caractère un peu difficile, mais il est probable que cela se modifierait en le mettant sur les obstacles. Nos lecteurs savent, sans doute, que les Irlandais choisissent de préférence les chevaux ayant un peu de mauvais vouloir pour en faire des sauteurs, et leurs sauteurs sont les premiers entre tous.

Franc, quatre ans, par Bay Archer et Flamme, bai zain, est très fort de partout et s'emploie toujours bien dans les courses ; il a vraiment du cœur à l'ouvrage, et il est regrettable que sa qualité ne soit pas un peu plus élevée. Il appartient à la catégorie des rudes pur sang, qui peuvent courir toute l'année sans que leur santé ni leurs membres en souffrent. Il va très bien sur la montée de Vincennes, comme beaucoup de produits de Bay Archer.

Il fut second à Vincennes derrière Saint Martin, sur 2.500 mètres en terrain lourd ; non placé à Maisons-Laffitte, sur 2.000 mètres en bon terrain ; non placé sur la même piste, en 2.200 mètres et terrain lourd ; troisième, au Bois de Boulogne, derrière Doria et Képhir, sur 2.200 mètres en bon terrain ; battu d'une tête à Nantes, sur 1.600 mètres, par la vieille Vienne ; vainqueur du prix de la Ville de Nantes, sur 1.700 mètres, il arriva premier quatre autres fois de suite : à Angers sur 2.500 mètres, puis sur 2.400 mètres ; à Fontainebleau sur 2.200 mètres ; à Saint-Ouen, sur 2.300 mètres en bon terrain. Non placé dans le Grand Prix de Beauvais, sur 3.000 mètres par un temps pluvieux, il gagna aisément à Valenciennes, sur 2.000 mètres en bon terrain.

A Chalon, il arriva deux fois second dans le prix de la Société d'Encouragement, le premier jour, et dans le prix de la Ville de Chalon, la deuxième journée. A Saint-Ouen, sur 2.300 mètres en bon terrain, il fut battu d'une encolure par Halbran, qui lui rendait huit livres. Au Pin, sur 2.400 mètres, il arriva second à deux longueurs de Melbourne. A Caen, sur 2.200 mètres en bon terrain, il succomba derrière Place d'Armes. A Dieppe, sur 2.500 mètres en bon terrain, il arriva troisième derrière Young Georges et Prédestinée. Non placé à Saint-Ouen, sur 2.000 mètres en bon terrain, il fut second au Bois de Boulogne, sur 2.400 mètres en bon terrain, à une longueur de Nanie. A Craon, sur 3.000 mètres en terrain dur, il battit N. de Tunisie, parce que celui-ci se déroba. A Tours, sur 2.200 mètres, il arriva troisième ; à Maisons-Laffitte, sur 2.400 mètres en bon terrain, il ne fut pas placé. A Marseille, sur 2.000 mètres, il arriva troisième derrière Serpentine et Bouvreuil II.

Chevaux de trois ans

Alvarado, par Montargis et Adalgise, bai avec une petite étoile en tête, est le propre frère d'Arlay. Je ne crois pas qu'il soit aussi bon que son aîné. Il s'est présenté quatre fois en courses l'année dernière, et quatre fois il a mal couru.

Tantale, par San Stephano et Tartane, bai zain, ressemble énormément à sa mère Tartane, qui était une bonne jument, et à son grand-père Dollar, qui fut un excellent cheval. Il est resté petit, mais la force de ses avant-bras est extraordinaire, comme celle de Saint-Gall ; il a un rein superbe, des jarrets très puissants et est très près de terre. C'est un admirable type de futur étalon de premier ordre pour faire des demi-sang. Il peut supporter beaucoup de travail et de luttes de courses, mais son excellent entraîneur n'est pas homme à abuser de lui ; il sait que l'année est longue et les réunions de courses nombreuses.

Il ne fut pas placé à Caen dans le prix du Premier Pas, sur 900 mètres en bon terrain. Dans le Grand Prix de Dieppe, sur 1.000 mètres en bon terrain, il arriva second derrière May-Pole. A Fontainebleau, sur 1.100 mètres en terrain sablonneux, il gagna aisément de trois longueurs. A Vincennes, sur 1.000 mètres en bon terrain, il battit Chopine d'une demi-longueur. Dans le Grand Critérium, au Bois de Boulogne, sur 1.000 mètres en bon terrain, il fut bousculé et mis hors de course dès le départ. A Chantilly, dans le prix de la Salamandre, sur 1.400 mètres en terrain un peu dur, il arriva tête à tête avec Reine des Prés, et il aurait gagné si celle-ci ne l'avait bousculé.

Les courses de Tantale sont très bonnes, comme on vient de le voir. Ceux qui lui accorderont confiance, en 1889, s'en trouveront bien.

Heurteloup, par San Stephano et Heurtebize, alezan avec une étoile et une lice en tête prolongée jusque sur les lèvres, deux balzanes à gauche. C'est un magnifique cheval; aucun hunter n'a plus de force et plus de gros aux bons endroits, mais il est plutôt cheval de chasse et de parade que champion de courses. Le jour où le général Boulanger voudra remplacer son cheval noir, il pourra acheter Heurteloup en toute confiance.

Après avoir couru trois fois sans être placé, l'année dernière, Heurteloup arriva troisième à Maisons-Laffitte, sur 1.400 mètres en bon terrain, puis il gagna un petit prix à Châteauroux sur 1.800 mètres. Lorsqu'il courra sur un terrain détrempé et boueux, il s'en sortira bien, grâce à ses pieds larges età sa grande force.

Miquelet, par Narcisse et Michelette, bai brun avec une petite étoile en tête, est un peu commun et a des tendances à prendre trop de gros; il ne sera bien en possession de tous ses moyens que dans sa quatrième année, mais il vaut la peine d'être attendu jusque là; il a beaucoup de force dans son devant comme dans son arrière-train, et le rein est bon. Il ferait un splendide cheval de chasse, et pourrait porter un cavalier du plus gros poids.

J'ai admiré sa ferrure. Il est aussi à l'aise que s'il avait des pantoufles légères, au lieu d'être gêné dans de gros souliers. Tous les chevaux de Ch. Pratt sont fort bien fe rrés; il s'adresse pour cette besogne à un ouvrier normand.

Targette, par Narcisse et Tarlatane, baie zain, est commune et a beaucoup trop de poids dans son devant; il faut sans cesse la purger pour l'empêcher de devenir obèse.

Bellini, par Montargis et Belle-Croix, alezan zain, a couru sept fois sans succès. S'il m'appartenait, je le mettrais immédiatement sur les obstacles. Il a le rein aussi fort que celui d'un mulet, et est de tout point charpenté pour bien sauter.

Olympe, par Ladislas et Cybèle, baie, a pris part à quatre courses, a remporté trois victoires et a été placée troisième la seule fois où elle a été battue. Elle a bon caractère, est ardente à la lutte et se comportera bien pourvu qu'on ne l'engage pas dans une classe supérieure à ses moyens.

Rose-d'Or, par San Stefano et Roscoff, alezane zain, a les membres très forts; les oreilles sont longues et pendantes comme celles d'un lapin russe. Pour le corps, elle ressemble beaucoup à son père. L'année dernière elle a couru cinq fois sans être placée.

Mousse II, par Stracchino et Mosquée, alezane, a couru trois fois et est arrivée chaque fois quatrième. Elle ne doit pas dépasser la catégorie des prix à réclamer.

Chevaux nés en 1887

Alouette, par Saltéador et l'Hirondelle, alezane avec une étoile en tête et deux balzanes par derrière, est bien faite et bien membrée.

Yellow, par Dutch Skater et Miss Hannah, alezan, avec une étoile en tête et une petite raie blanche prolongée jusqu'aux lèvres, deux balzanes par derrière, a été acheté 8.000 francs au Tattersall. Ce grand et fort poulain aura besoin de beaucoup de travail pour être mis en condition de bien courir, mais il a des membres assez solides pour bien supporter cela ; son rein est remarquable.

Hercule, par Plutus et Herzégovina, bai avec une balzane à la jambe gauche de derrière, n'est pas encore bien développé, parce qu'il a été élevé en petite cour, suivant la méthode Moreau-Chaslon, au lieu d'être élevé en prairie, mais il paraît bon.

La Fileuse, par Jonville et La Boulaie, baie, avec une lice allant du front au nez et deux balzanes par devant, devra avoir de la vitesse, mais elle est un peu trop enlevée, comme beaucoup de produits de Jonville.

Le Chat, par Bruce et La Romanerie, bai, avec une petite étoile en tête et deux balzanes par derrière, a été réformé par M. Edmond Blanc et vendu bon marché au Tattersall. Il me semble qu'il devra gagner des courses; son arrière-train est très puissant.

Witikind, par Julius et Cœsar et Wild Girl, alezan avec une étoile en tête et une balzane à la jambe gauche de derrière, est un peu commun, mais a des points de force remarquables.

Fiord, par Moorlands et Feuille-de-Frêne, alezan avec une petite étoile en tête, a pour lui une bonne recommandation, c'est d'être le demi-frère de Folie. Ch. Pratt l'aime beaucoup, parce que sa mère Feuille-de-Frêne est petite-fille de Gontran, avec lequel l'habile entraîneur-jockey gagna son premier Derby français. Fiord est remarquable surtout par la force de son arrière-main.

Boulangère, par Tristan et Bossette, est d'un bai trop pâle et doit être lymphatique.

Adieu, par Montargis et Adalgise, est propre frère d'Alvarado et d'Arlay. Il a quelques grands engagements, et devra gagner des courses.

Glandée, par Montargis et Glencara, baie avec une étoile en tête, est très forte par devant et par derrière. Comme beaucoup des produits de Montargis, elle sera bonne pour gagner des courses sur la montée de Vincennes.

Brise, par Farfadet et Ballerine, baie avec une petite étoile en tête et quatre balzanes, vient de chez le marquis de Tracy ; elle est bien construite en future bonne jument de courses, et l'on trouve dans son œil le feu sacré de la vaillante race de Monarque.

L'entraîneur Ch. Pratt.

J'ai dit plus haut combien les couleurs du comte de Juigné étaient respectées sur le turf, et de quelle sympathie le public des courses entourait son entraîneur Ch. Pratt. Ch. Pratt en est digne ; c'est un excellent homme et un honnête homme.

Venu en France dans l'année 1852, il débuta comme jockey chez M. Fasquel, à Courteuil. Après y être resté dix-huit mois, il entra chez M. Henri Jennings qui, dès l'année suivante, le fit monter en courses pour le comte des Cars et le prince de Beauveau. Il devint ensuite jockey du baron Nivière et du comte de Lagrange. En 1862 il s'occupa d'entraînement en même temps qu'il montait, et cela pour la grande association Lagrange et Nivière. En cette qualité, il eut l'honneur de mettre au dressage le célèbre Gladiateur. Lorsque M. Charles Laffitte, beau-père du marquis de Galliffet eût acheté l'écurie Nivière, il garda Ch.

Pratt comme entraîneur et jockey. Dès l'année suivante, en 1864, il remporta le prix du Jockey-Club avec Gontran, et en 1870 il enleva avec Sornette et Bigarreau, le prix de Diane, le prix du Jockey-Club et le Grand Prix.

Aucun autre jockey n'a été passionné pour son métier comme Ch. Pratt. Je n'ai connu, montant avec autant de tact et de connaissance du train, que Wheeler, T. Lane et Dodge en France, que Fordham et T. Cannon en Angleterre. Il gagnait plusieurs courses avec le même cheval sans le fatiguer. Avec sept ou huit chevaux appartenant au major Fridolin, il put tenir tête aux autres écuries qui comptaient des champions beaucoup plus nombreux.

Je prétends que pour être bon jockey il convient de posséder d'abord et avant tout l'intuition du train, puis d'être doux avec les chevaux.

Si un jockey ne possède pas ces deux qualités primordiales, il peut être aussi vigoureux qu'il voudra et répéter l'arrivée foudroyante, il ne gagnera jamais autant d'épreuves que celui qui s'entendra avec sa monture et saura lui demander, sans brutalité ni fatigue, un effort prolongé. Ch. Pratt possédait à l'extrême ces deux moyens d'action. C'était en outre un excellent serviteur, très attaché à son devoir. Le fait suivant, souvenir de ma prime jeunesse, en est une preuve.

Dans les premiers jours de septembre 1857, Henri Jennings avait fait partir Ch. Pratt directement du champ de courses de Bade, l'envoyant monter d'autres chevaux à Pompadour, dans la Corrèze. Le chemin de fer n'allait que jusqu'à Nexon; le reste du trajet devait être effectué en voiture publique. Le jeune jockey ne trouva pas de place. Il demanda simplement :

— Quelle distance y a-t-il d'ici à Pompadour?

— Soixante kilomètres, lui fut-il répondu.

— Il faut que j'arrive quand même ; je les ferai à pied.

Et il se mit en route, sans hésiter.

Heureusement pour Ch. Pratt, le baron de Nexon était là. Il obtint du conducteur une place pour le jockey parisien, sous la bâche de la voiture très bondée de voyageurs ; le soleil dardant sur la bâche s'était chargé de faire cuire un peu Ch. Pratt, lui tenant lieu de bain de vapeur, ce qui ne l'empêcha pas de gagner deux courses en arrivant à destination. Combien de jockeys modernes auraient envoyé promener le patron et Pompadour.

Si, en 1876, la pouliche Bamboula n'avait pas brisé la jambe de Ch. Pratt, en se jetant contre un poteau sur l'hippodrome de Reims, le jockey-entraîneur de Sornette monterait encore aujourd'hui dans nos courses.

La victoire qu'il remporta avec Sornette dans le Grand Prix de Paris est la plus probante en faveur de son admirable connaissance du train. Lui seul pouvait avoir l'audace et assumer la responsabilité de galoper en tête d'un bout à l'autre du parcours, dans une épreuve aussi sévère.

Ce tour de force reste comme un fleuron de gloire à la renommée de Ch. Pratt jockey, car il convenait d'avoir le jugement assez sûr, assez infaillible pour prendre l'avance sans écœurer une jument aussi impressionnable que l'était Sornette ; il fallait surtout gagner la course, car la défaite aurait amené un blâme universel. Ch. Pratt monta avec autant de sang-froid que s'il eût disputé une épreuve secondaire ; il avait le calme des forts, et ce fut, pendant toute sa carrière de jockey, le secret d'un très grand nombre de ses succès, conquis sans cruauté d'éperons, sans contorsions de cravache. Il obtenait tout par les aides naturelles ; c'est la seule bonne manière, la seule impeccablement puissante.

Si la Société d'Encouragement veut faire une œuvre vraiment utile, elle n'a qu'à créer une école de jockeys et à en donner la direction à Charles Pratt.

La manière adoptée par l'entraîneur de Sornette pour préparer ses chevaux est conforme aux préceptes de son maître Henri Jennings. Il est l'ennemi du surmenage ; voilà pourquoi il peut tenir ses champions longtemps en bonne ligne de lutte. C'est le mode adopté par le judicieux Gibson, et le très soigneux Count.

Le jockey R. Hartley.

R. Hartley, le gendre de Pratt, est le premier jockey de l'écurie du prince d'Arenberg et du comte de Juigné. Né à Manchester, le 25 août 1859, il a fait son apprentissage sous la magistrale direction de T. Jennings ; après être demeuré là pendant sept années et avoir monté plusieurs fois dans les courses anglaises, il vint en France dans le courant de l'année 1878 chez Georges Cunnington, qui entraînait alors une partie des chevaux du comte de Lagrange. Sa monte comme jockey de poids léger fut appréciée à juste titre. M. Michel Ephrussi l'engagea comme premier jockey et il passa ensuite au service du prince d'Arenberg et du comte de Juigné. Lorsqu'il n'a pas de chevaux à monter dans une course pour ses premiers patrons, il se met en selle pour d'autres ; ses services sont très recherchés, parce qu'il connaît bien son métier et qu'il s'est toujours montré très honnête.

En 1867, il eut la grande satisfaction de gagner le Prix du Jockey-Club avec Monarque, mais M. Aumont eut le toupet, on ne sait par quel mobile, de lui faire monter, dans le Grand Prix de Paris, le même Monarque, devenu infirme. L'exhibition fut des plus piteuses.

Combien il eut préféré monter Ténébreuse, et faire ainsi coup double dans les épreuves capitales de la même année. Comme compensation, il avait eu l'honneur et le plaisir de mener Plaisanterie à la victoire dans le Cesarewitch et le Cambridgeshire. Par cela même, son nom est assuré de passer à la postérité hippique.

Hartley a pu voir, en 1888, que son honnêteté lui a conquis la très grande sympathie du public. Lorsqu'il s'est cassé le bras l'an dernier en montant Nogaret, à Longchamps, les témoignages d'estime populaire ne lui ont pas manqué. C'est la juste récompense de sa bonne tenue. Aujourd'hui il est très bien remis de son accident, et il est probable qu'il continuera la série de ses victoires en courses.

Ce petit coin de la Morlaye en résumé, se trouve des plus intéressants, car tous, propriétaire, entraîneur et jockey jo uissent de la sympathie et de l'estime générales.

A CHANTILLY

M. H. GIBSON

Propriétaire-Entraîneur

CHEVAUX A L'ENTRAINEMENT :

Chevaux de quatre ans

MONTAGNARD, pn b., par Pilgrim et Modone. (Page 313.)

SALADIN, pn al., par Bay Archer et Serpolette. (Page 313.)

Chevaux de trois ans

BORÉE, pn al., par Castillon et Baguenaude. (Page 313.)

FALIERO, pn bb., par Castillon et Fanny. (Page 314.)

FLATTEUR, pn al., par Bay Archer et Flamme. (Page 314.)

JEANNE D'ALBRET, pche b., par Coq du Village et Jeanne Hachette. (Page 314.)

MARIGNAN, pn al., par Saint Léger et Modanè. (Page 314.)

SOUES, pn b., par Bay Archer et Souveraine. (Page 314.)

Chevaux de deux ans

CONSUL, pn b., par Bay Archer et Costanza. (Page 315.)

DERVICHE, pn b., par Bay Archer et Deer Filly II. (Page 315.)

ECLAIREUR, pu b., par Vignemale et Eulalie. (Page 315.)

JEAN SANS PEUR, pn b., par Coq du Village et Jeanne Hachette.(P. 315.)

MARINO, pn b., par Vignemale et Modane. (Page 316.)

VALENTIN, pn al., par Vignemale et Viola. (Page 316.)

Nous voici en présence d'une personnalité hippique. Au point de vue sportif, Henri Gibson est véritablement quelqu'un, comme le vénérable M. Lupin, comme le baron Finot, comme Charles Pratt, c'est-à-dire qu'il est allé aux pur sang par goût et par vocation. Il est doué.

Ses parents étaient riches, mais ils essuyèrent plusieurs revers, et le jeune Henri fut placé en apprentissage chez un pâtissier. La confection des gâteaux n'était pas du tout son affaire. Un jour de Derby, il jeta son tablier et son bonnet par-dessus le sucre et grimpa derrière une voiture qui se rendait à Epsom. Il entra au service de lord Berners, à Didlington, et eut le plaisir de voir son maître remporter le Derby en 1837, avec Phosphorous.

En 1840, Henri Gibson fut engagé dans l'écurie française de lord Seymour; à la vente des chevaux du grand initiateur des courses en France, il entra au service de Th. Carter, entraîneur du baron Nathaniel de Rothschild. Puis il alla chez Henri Jennings, qui avait les chevaux du prince de Beauveau, et qui le prit comme garçon de voyage. Jennings ne tarda pas à reconnaître en lui assez de qualités pour ne pas hésiter à le placer comme entraîneur chez M. Agie; il resta là de 1845 à 1848. En 1847, M. Agie réclama pour 2.000 fr. une pouliche nommée Commerce, à laquelle il sut faire gagner le prix du Roi, une des épreuves importantes de l'époque. A la fin de la saison, M. Agie vendit ses chevaux, et ce fut H. Gibson qui acheta Commerce. En 1848, il gagna deux courses avec cette jument, et il remporta le Derby de Gand avec Alexandrine, à M. Rivière. Puis il revint en France et s'établit entraîneur public. Il eut pour maître principal le baron Daru, dont il fit triompher les couleurs en 1862, avec Mazeppa; il entraîna pour M. Balensi des chevaux qui se transformèrent grâce à ses soins.

De 1870 à 1883, il fut entraîneur particulier pour le compte du baron Roger et du baron Raymond Seillière.

En 1884, il eut des chevaux pour M. de Fayolle, mais depuis cette époque, il n'a plus voulu en avoir que pour son propre compte.

Parmi les meilleurs sujets entraînés par lui, il faut citer Mars, qu'il fit acheter à M. Rivière pour 17 fr. 50 ; ce pur sang à si bon marché partagea un prix National de 6.000 fr. avec La Clôture, à M. Aumont, en 1850, distança ses adversaires dans un autre prix National, à Bordeaux, et gagna plusieurs autres courses ; Mazeppa, gagnant de l'Omnium en 1862, Foudre de Guerre vainqueur du même prix en 1874 et Joûteur en 1886. Ces trois chevaux ont remporté le grand Handicap d'Automne à douze ans d'intervalle les uns des autres. Je crois que Henri Gibson n'attendra pas douze années nouvelles pour triompher dans cette course, qui lui plaît et qu'il a souvent visée.

Citons aussi Prince-Régent, qu'il avait payé 1.000 fr. au baron de Schickler et qui gagna neuf courses consécutives en 1866; Rabagas, un animal de dimension telle qu'il était obligé de voyager à pied, par la raison qu'il ne pouvait entrer dans les wagons des chemins de fer; Rabagas gagna le prix Seymour, le prix du Cèdre et ne fut battu que d'une courte tête par Perplexe dans le Saint-Léger de France, où il devança Saint-Cyr, en 1875; Valentin, qui a été sans contredit son meilleur cheval, mais qui, par suite d'un accident, n'a pu faire ses preuves dans sa troisième année.

H. Gibson a toujours aimé à acheter des chevaux pour les prix les plus minimes, et à leur faire gagner des courses. C'est sa passion. Il jubile lorsqu'il peut prouver qu'il est capable de faire avec un cheval ce que d'autres ne feraient pas.

Son triomphe fut de préparer le pur-sang Triboulet à courir un match contre l'excellent demi-sang trotteur Tambour Battant.

Voici quelles étaient les conditions de cette épreuve.

La distance était de quarante kilomètres sur la route macadamisée qui entoure l'hippodrome de Longchamp. Tambour Battant avait droit de marcher à l'allure qui lui conviendrait le mieux; Triboulet, s'il quittait l'allure du galop un seul instant, avait course perdue.

On ne peut se figurer les difficultés que présentait cette audacieuse entreprise, et le baron Finot lui-même, qui avait tenu le pari en faveur du pur-sang, n'avait pas prévu ce qui pouvait arriver.

L'entraînement du cavalier était tout aussi difficile que celui du cheval, mais le jockey Gardener se prépara avec le plus grand soin, et Henri Gibson sut donner au galop de Triboulet une exactitude aussi bien réglée que le balancier d'une horloge. Tout allait bien sur les pistes gazonnées ou sur le sable, mais sur le dur macadam ce devait être différent. Henri Gibson prévit le danger et y porta remède.

Dans ce galop sur quarante kilomètres, les fers devaient forcément devenir chauds en battant le sol, et la sole du pied pouvait être brûlée ; le cheval aurait été ainsi forcé de tomber au champ de lutte.

H. Gibson fit mettre des semelles de cuir entre la corne et les fers, en acier de premier choix. Le pari fut gagné. Tambour Battant avait dû s'arrêter à moitié route, tandis que Triboulet fit quarante-quatre kilomètres au lieu de quarante.

Le parcours avait été effectué en soixante-dix-huit minutes et trois secondes.

Triboulet n'était pas du tout à bout de force, et il ne fut nullement lésé dans son organisme ; aujourd'hui il fait la monte dans les Haras de l'Etat, et bien qu'il soit déjà vieux, il est encore plein de vigueur. Lorsqu'il s'arrêta, il était blessé aux pieds ; des gouttelettes de sang suintaient de la couronne, et les fers étaient affilés comme un rasoir en plusieurs endroits.

Ainsi fut détruit pour toujours, et avec un cheval d'ordre médiocre, le préjugé bourgeois et antiprogressiste, qui faisait reprocher aux pur-sang d'être bons seulement à servir de jouets sur un hippodrome. La preuve était irréfutable.

A ceux qui voudraient prétendre que Triboulet était une exception, j'offre de tenir le pari suivant :

Je parie vingt mille francs à quiconque voudra m'offrir la cote de 5/1, que je prendrai un pur-sang anglais de qualité ordinaire, et que ce pur-sang, marchant à l'allure que je voudrai, fera soixante kilomètres en deux heures, sur le gazon ou sur le sable (1).

J'aurai le droit de faire accompagner le pur-sang, qui devra,

(1) Si je demande à faire courir sur le gazon ou sur le sable, c'est parce que je ne me crois pas le droit de faire souffrir un aussi noble animal que le pur sang, et que la dureté du macadam, sur soixante kilomètres à fournir en aussi peu de temps, serait pour lui le supplice des pieds.

lui seul, fournir les soixante kilomètres en deux heures, par un ou deux chevaux de relai.

Celui ou ceux qui voudront tenir ce pari auront le droit d'amener contre le pur-sang anglais un cheval de n'importe quelle race ; si ce cheval peut arriver avant le pur-sang anglais, le pari sera perdu pour moi.

Je ne demande pas que le pur-sang porte un petit poids dans le parcours ; je fixe moi-même ce poids à soixante kilos, et si l'on veut me donner le pari à la cote de 10/1, j'accepte le poids de soixante-dix kilos pour le pur-sang qui devra fournir les soixante kilomètres en deux heures.

En cette année d'Exposition universelle, l'épreuve ne manquerait ni d'intérêt ni de spectateurs.

Que les détracteurs des pur-sang anglais relèvent ce défi, s'ils l'osent.

*
* *

Henri Gibson a quelques chevaux de courses d'obstacles, mais nous n'avons pas à nous en occuper dans ce volume.

Comme chevaux de quatre ans en courses plates, il a Montagnard et Saladin.

Montagnard, par Pilgrim et Modone, bai avec deux balzanes à droite, est de petite taille, mais fort bien proportionné et très musclé. Demi-frère de Mauléon, l'excellent sauteur, il a chance d'être mis sur les obstacles.

Saladin, par Bay Archer et Serpolette, noir, est trop court de lignes mais a de bons membres ; la corne des pieds est trop blanche et la qualité de Saladin s'est trouvée mise hors de combat par une malencontreuse seime. Aujourd'hui le mal est pallié sinon guéri complètement.

A Maisons-Laffitte, sur 2.000 mètres en bon terrain, Saladin gagna. A Chantilly, sur 2.400 mètres en terrain dur, il fut battu par Folie. A Maisons-Laffitte, sur 2,200 mètres en bon terrain, il battit Phocéen d'une demi-longueur. A Saint-Ouen, sur 2.300 mètres en bon terrain, il arriva troisième derrière Achéron et

Phocéen. A Maisons-Laffitte, Phocéen rendait quatre livres à Saladin ; à Saint-Ouen, les deux chevaux étaient à poids égal.

Chevaux de trois ans.

Borée, par Castillon et Baguenaude, alezan avec une pelote en tête, trois courtes balzanes et des traces de balzane à la jambe droite de derrière, est un poulain tardif, dont les aplombs sont très bien établis ; il est bien membré, a une bonne longueur, et peut devenir un bon cheval sur les obstacles.

Flatteur, par Bay Archer et Flamme, alezan avec une lice en tête et deux balzanes par devant, est grand et fort, son encolure est allongée, son poitrail est large, son épaule développée. Long dans son dessous, un peu haut sur jambes, il a la croupe un peu ravalée ; mais il est bien musclé dans les fesses. Il couvre beaucoup de terrain en galopant et son action est très légère. Il est engagé dans le prix du Jockey Club et dans le Grand Prix de Paris. Il a couru cinq fois sans être placé.

Faliéro, par Castillon et Fanny, bai brun avec une étoile en tête et une balzane à la jambe gauche de derrière. Bien marqué de feu, il est chargé de poids dans les épaules et pèche beaucoup par ses canons, qui sont trop minces. L'ensemble a bonne apparence ; il a de la longueur et de grandes lignes. S'il supporte l'entraînement, il n'est pas dépourvu de qualité et il pourrait bien avoir du succès dans les épreuves secondaires.

Jeanne d'Albret, par Coq du Village et Jeanne Hachette, baie avec une lice en tête, est grande et distinguée. L'épaule est très belle, le garrot un peu court, l'arrière-main très puissante, mais elle est un peu haute sur jambes et droite sur son devant, comme Korrigane. Elle porte le cou très droit. A Chantilly, sur 1.200 mètres, elle est arrivée seconde derrière Anita et devant un lot d'assez bons chevaux. A Vincennes, sur 1.000 mètres en bon terrain, elle aurait dû gagner, mais le starter laissa faire une douzaine de faux départs, et elle s'épuisa inutilement. La course fut disputée dans l'obscurité ; le juge plaça Jeanne d'Albret seconde ; mon opinion est que personne n'avait pu rien voir. Pour mon compte, je ne distinguai rien nettement. En plein jour, il me semble que Jeanne d'Albret fera mieux rendre justice à sa qualité, et que l'année 1889 lui sera favorable.

Marignan, par Saint Léger et Modone, alezan avec une lice en tête et quatre balzanes, est trop léger et manque de muscles.

Soues, par Bay Archer et Souveraine, bai avec deux petites balzanes par derrière, est un énorme poulain. Son entraîneur a agi fort sagement en ne le faisant pas courir dans sa deuxième année ; il devra être récompensé de sa patience. La tête est commune comme celle de son père ; les avant-bras ont une force énorme, les canons et les paturons sont à toute épreuve, l'épaule est développée, le garrot très sorti et l'arrière-main très musclée. Sa croupe un peu ravalée et sa crinière ondulée lui donnent l'aspect d'un carrossier. Ses mouvements sont légers, son action est puissante et allongée. Il doit avoir beaucoup de fond.

Il est engagé dans le Grand Prix de Paris. Vous souririez si je disais qu'il est capable d'y figurer bien. Ce n'est pourtant pas impossible.

Chevaux de deux ans.

Consul, par Bay Archer et Constanza, alezan avec une étoile en tête et une balzane à la jambe gauche de derrière, est venu tard. La tête est busquée. L'avant-main n'est pas encore développée, mais les épaules sont bien faites et en bonne direction, les avant-bras sont forts, les canons sont courts. Il a une bonne longueur et il est remarquable par son arrière-main, d'une puissance extraordinaire. Le poitrail est large et bien musclé. C'est un poulain d'avenir, mais qui ne sera lui-même, qu'à la fin de sa troisième année, et surtout à quatre ans.

Derviche, par Bay Archer et Deer Filly, bai, est petit mais très bien fait et très distingué. Il saura se rendre utile. Son action est très coulante et il a très bon caractère.

Éclaireur, par Vignemale et Eulalie, bai avec une pelote en tête, est fait en cheval vite. Il a de grandes lignes, de bons membres, un large poitrail, mais il est un peu étroit dans son arrière-main. Son action est trop haute; si elle devient coulante, il fera parler de lui.

Jean Sans-Peur, par Coq du Village et Jeanne Hachette, bai avec une lice qui va des naseaux en s'élargissant sur la lèvre supérieure, et une balzane à la jambe gauche de devant, est le propre frère de Jeanne d'Albret; il boit dans son blanc. Son aspect n'est pas séduisant pour le quart d'heure, mais on pres sent qu'il y a en lui l'étoffe d'un bon poulain.

Marino, par Vignemale et Modone, bai avec une tache blanche sur le nez, a le cachet de son grand-père Dollar. On retrouve chez lui les excellentes lignes des chevaux de M. Lupin. Il est long dans son dessous et a une belle arrière-main. L'avant-main n'est pas encore bien détachée, mais son épaule est bien faite et ses avant-bras sont puissants.

Valentino, par Vignemale et Viola, alezan avec une étoile en tête. C'est le type parfait du cheval de course. La tête est intelligente; l'encolure allongée et un peu courbée, le rein court et bien fait, la croupe est large, les fesses bien musclées, les avant-bras robustes, les canons courts et solides; et tout ça couvert d'une robe d'un alezan des plus rares; l'alezan vainqueur.

Valentino est engagé dans le prix du Jockey-Club et dans le grand prix de Paris. Rappelez-vous-le. Il y a peu de reproches à lui faire, et il a été admiré par tous les connaisseurs qui l'ont vu. Je désire, j'espère et je crois qu'il couronnera dignement la carrière d'Henri Gibson, et qu'il fera triompher ses couleurs dans quelque grande course. Dès à présent il est calme comme un vieux cheval; c'est lui qui marche en tête du peloton comme un vétéran, lorsque les chevaux de son maître vont à la promenade, au lieu d'être encadré par les autres comme un conscrit. C'est là un présage et presque une garantie de victoire.

A CHANTILLY

ÉDOUARD BARTHOLOMEW

Entraîneur public

Voici les états de service d'Edouard Bartholomew.

En 1865, il fut envoyé en apprentissage chez G. Balchin, en Angleterre. La première pouliche qu'il monta à Epsom était une fille de Vedette. En 1866, il vint monter en France et gagna le prix des Ecuries à Chantilly, avec Ambassadeur. Il remporta ensuite presque tous les handicaps d'automne avec Eglantine et Côte-d'Or. Il fut vainqueur dans le Derby belge, en montant Belle-Etoile.

Engagé comme jockey par W. Planner, il pilota plusieurs vainqueurs, entre autres Horace Vernet, Cromwell, Bouton d'Or, Murillo.

Après être resté avec son père au service du baron de Rothschild, il devint entraîneur du comte de Nicolay. Impossible de débuter sous un meilleur maître. Le succès ne se fit pas attendre. Edouard Bartholomew eut l'honneur de battre Louis d'Or avec Nickel, le jour du Derby de Chantilly. Il conquit le Grand Prix de Beauvais avec Royaumont, et remporta une série de courses avec Vestale, Turbine, Ma Perle, Agenda, Biscuit, Charmeuse et Jahel.

Lorsque le comte de Nicolay voulut s'amuser à avoir des chevaux de courses d'obstacles, Edouard Bartholomew eut les chevaux du marquis de Mac-Mahon. Il fit gagner pas mal de courses à N. de Steppe.

Aujourd'hui, il a une bonne pouliche, dont il saura tirer parti. C'est *Balle,* par Clocher et Bataille, baie brune zain.

En 1888, non placée à Maisons-Laffitte, sur 1.200 mètres en bon terrain, elle arriva seconde au Bois de Boulogne sur 1.600 mètres en terrain lourd, et ne fut pas placée à Chantilly sur 1.000 mètres en bon terrain.

Je n'ai vu aucune pouliche qui ait autant profité que celle-ci. Elle est forte et a l'air très calme. Les avant-bras débordent de vigueur musculaire, et les cuisses ont la longueur qui donne la puissance de l'envolée galopante. Elle est soignée comme une véritable princesse, et elle le mérite.

Malheureusement je n'ai pas vu dans cette petite écurie d'autres pensionnaires marquants. C'est grand dommage, car l'entraîneur est jeune, actif, soigneux, et connaît bien son métier. Il est de nature droite et loyale, comme son père que j'ai en grande estime, et sur lequel je vais donner quelques détails biographiques.

Il a eu sous ses ordres Georges Rothera, l'excellent entraîneur de M. Lupin, les jockeys Storr, Tunley, T. Barker, Benson, Horan.

Il a pris sa retraite, pour cause de rentes, en 1883, dans sa villa Reiset à Chantilly. Sa plus grande distraction est le sérieux jeu du whist. Il y est poursuivi par une déveine agaçante; ça ne le met pas toujours de bonne humeur. Quand on lui dit :

— Papa Jim, il vaut mieux que vous perdiez que tout autre ; le dieu du hasard sait bien où est l'argent.

Il répond :

— Vous n'entendez rien à cela; on joueroit la gale qu'on voudrait la gagner; la perte ne peut m'être sensible, puisque l'enjeu n'est pas fort, mais ça m'ennuie de ne pas avoir le meilleur.

Papa Jim se console en ne cessant de monter des pur sang. Sous ce rapport, le propriétaire entraîneur Henri Gibson et Jim Bartholomew demeurent étonnants de vigueur et de jeunesse.

Au mois de septembre 1884, malgré ses 59 ans, il voulut monter lui-même le bon petit pur sang Mon Premier, et il lui fit gagner plusieurs courses. A Périgueux, il amena Mon Premier dans une triple arrivée tête à tête, sur le long parcours d'un prix national. Je publiai alors, dans l'*Entraîneur,* le journal créé par moi et que je viens de vendre récemment, l'article qui va suivre.

Papa Jim est un novateur. Il vient d'inventer la triple arrivée tête à tête. Le fait s'est passé sur l'hippodrome de Périgueux.

Georges Bartholomew était obligé d'aller monter à Craon pour le comte de Nicolay, et William Bartholomew désirait envoyer Mon Premier courir à Périgueux. A qui le confier et par qui le faire monter?

— J'irai et je le monterai moi-même, s'écria le père Jim. Ce sera l'occasion de faire un whist avec mon ami Middledich et son neveu W. Sargent, l'excellent entraîneur du baron de Nexon. Il me gagnera peut-être moins outrageusement que mes confrères de Chantilly. Et puis j'ai une idée que le pays des truffes va me donner une nouvelle jeunesse.

Papa Jim se mit en route gaiement. Avoir donné sa démission d'entraîneur pour cause de rentes, reprendre le métier par le premier bout, c'est ravigotant.

Vient le jour des courses. Le soleil resplendit et Jim Bartholomew a la volonté de vaincre devant l'élégante galerie de jolies femmes, qui sont venues apporter à la fête hippique l'attrait de leur charme grisant.

Middledicht fait remarquer à l'ami Jim combien la race féminine est belle en Périgord (des pur sang, des vrais pur sang, dit-il avec admiration), et les deux compères se mettent à sourire en véritables connaisseurs, j'allais presque écrire en vrais gourmets, mais mon vieux Middledicht doit être aux environs de la septentaine, et... chut!

Je crois qu'une sottise est au bout de ma plume,

comme rythmait Alfred de Musset.

A vingt mètres du poteau de victoire, Jim Bartholomew, un Jim d'une vigueur mâle et puissante, a le désavantage, tandis que Onglette, montée par Pantal, et Malibran II, montée par

Green, luttent avec acharnement sans pouvoir se dépasser. Il calcule si bien son arrivée et mesure si bien les forces de son cheval que, sur l'énergie d'un dernier appel, il parvient à faire un trio de tête à tête.

Ce qu'on a applaudi est inénarrable. Les dames s'en faisaient mal aux mains. Elles ont accueilli de leurs plus gracieux sourires, la victoire de papa Jim, lorsqu'il a gagné très habilement à la seconde épreuve.

Middledicht n'a pas manqué de faire remarquer au vainqueur qu'il recevait ainsi la plus douce des récompenses.

— J'ai envie de remonter moi aussi, a-t-il ajouté dans son enthousiasme. Il le peut, car il est demeuré absolument jeune.

Voici le cas de rappeler la carrière de Jim Bartholomew, comme jockey et comme entraîneur.

Né en 1825, il est venu en France en 1840, et est entré chez M. Fasquel du temps de Silhouette et de Minuit. Puis il alla chez les princes d'Orléans, mais il fut obligé de quitter pour cause de révolution politique. Il émigra en Belgique, où il obtint maints succès pour les couleurs de la comtesse Duval.

Rentré en France, il demeura chez le père Carter de 1853 à 1857, où M. Reiset désira lui confier ses chevaux, et il devint entraîneur. Jusqu'en 1869, époque fatale de la mort de M. Reiset, l'entente fut parfaite entre maître et entraîneur. L'attachement et l'affection dévouée étaient réciproques. Les dernières paroles de M. Reiset furent celles-ci :

— N'aie aucune crainte, Jim ; après ma mort je te ferai encore du bien.

Ce fut alors que le comte de Nicolay se décida à faire courir, et qu'il choisit Jim Bartholomew comme entraîneur. Il avait peu de chevaux, et Pasteur, l'un d'entre eux, semblait voué à la seconde place, mais le comte de Nicolay a toujours eu la plus grande considération pour l'homme dont il avait fait choix.

En 1871, le baron de Rothschild suivit l'exemple de M. Reiset et donna ses chevaux à entraîner à Jim Bartholomew, qui les a gardés jusqu'en 1883. Le baron financier n'eut jamais qu'à se louer de l'honnêteté de son habile et soigneux entraîneur.

Voici un aperçu des courses gagnées par Jim Bartholomew, soit comme jockey, soit comme entraîneur.

Le Prix du Jockey-Club

1854 Gagnant lui-même avec Celebrity, à M. Reiset ;
1863 Troisième lui-même avec Faust, à M. Reiset ;
1869 Troisième monté par Ed. Bartholomew avec Pandour, à M. Reiset ;
1876 Gagnant avec Kilt, à M. le baron de Rothschild ;
1879 Deuxième avec Commandant, à M. le baron de Rothschild.

Le Saint-Léger de France

1865 Troisième avec Tancrède, à M. Reiset ;
1874 Gagnant avec Biéville, à M. le baron de Rothschild ;
1876 Gagnant avec Kilt, à M. le baron de Rothschild ;
1877 Gagnant avec Strachino, à M. le baron de Rothschild ;
1879 Gagnant avec Commandant, à M. le baron de Rothschild ;
1881 Deuxième avec Forum, à M. le baron de Rothschild.

Le Prix de Diane

1859 Troisième avec Panique, montée par lui-même, à M. Reiset;
1878 Gagnant avec Brie, à M. le baron de Rothschild.

La Coupe

1865 Gagnant avec Tancrède, à Fontainebleau, à M. Reiset ;
1875 Deuxième avec Biéville, à Paris, à M. le baron de Rothschild ;
1877 Gagnant avec Strachino, à Paris, à M. le baron de Rothschild ;
1879 Gagnant avec Brie, à Paris, à M. le baron de Rothschild ;
1855 Prix du Cadran, avec Rémunérateur, à M. Reiset ;
1856 Grand Prix de la ville de Boulogne, avec Vermeille, à M. Reiset ;
1857 Prix de la Société d'Encouragement à Caen, avec Monarchiste, à M. Reiset ;
1861 Grand Prix de la ville de Marseille, avec Panique, a M. Reiset ;
1865 Grand Prix de la ville de Marseille, avec Tancrède, à M. Reiset ;

1865 Handicap libre, avec Bannière, à M. Reiset;

1867 Handicap, ville de Caen, Eglantine, à M. Reiset (Cette jument a toujours été montée par Ed. Bartholomew ;

1868 Grand Prix du Conseil général, à Moulins, avec Eglantine;

1867 Prix de la ville de Deauville, avec Eglantine ;

1868 Grand Prix du Conseil général, à Nevers, avec Eglantine ;

1869 Prix de Longchamps, à Paris, avec Pandour, à M. Reiset ;

1872 Prix de la ville de Caen, avec Montabart, à M. le baron de Rothschild ;

1874 Prix du Cèdre, à Paris, avec Biéville, à M. le baron de Rothschild ;

1874 Dix-septième Prix Biennal (1873-1874), avec Biéville, à M. le baron de Rothschild ;

1875 Dix-septième Prix Biennal (1874-1875), avec Biéville, à M. le baron de Rothschild ;

1874 Prix d'Ispahan, avec Biéville, à M. le baron de Rothschild;

1875 Prix de Rieussec, avec Enchanteur, à M. le baron de Rothschild ;

1875 Grand Prix de Vichy, avec Damoiseau, à M. le baron de Rothschild ;

1875 Grand Prix du Havre, avec Enchanteur, à M. le baron de Rothschild ;

1876 Grand Prix du Printemps, avec Kilt, à M. le baron de Rothschild ;

1877 Troisième dans le Grand Prix de Paris, avec Strachino, à M. le baron de Rothschild ;

1876 Gagnant dans le Royal Oak, avec Kilt, à M. le baron de Rothschild ;

1877 Gagnant du Prix de la Seine, avec Strachino, à M. le baron de Rothschild ;

1877 Gagnant du Grand Prix de Lyon, avec Kilt, à M. le baron de Rothschild ;

1877 Gagnant du prix de la Forêt, avec Kilt, à M. le baron de Rothschild;

1877 Gagnant du prix de Seine-et-Marne, avec Strachino, à M. le baron de Rothschild ;

1878 Gagnant du Grand Prix de Vichy, avec Le Marquis, à M. le baron de Rothschild ;

1879 Gagnant du Prix de S. M. le roi, à Bruxelles avec Séréno, à M. le baron de Rothschild.

1879 Gagnant du Prix de Dangu avec Brie, à M. le baron de Rothschild.

1879 Gagnant du Prix de la Société d'Encouragement avec Commandant, à M. le baron de Rothschild.

1879 Gagnant du Prix de la Société d'Encouragement avec Le Marquis, à M. le baron de Rothschild.

1880 Gagnant du Prix de la Ville de Caen avec Commandant, à M. le baron de Rothschild.

1881 Gagnant du Grand Prix de Lyon avec Forum, à M. le baron de Rothschild.

1881 Gagnant du Prix du Nabob avec Forum, à M. le baron de Rothschild.

1881 Gagnant du Prix du Lac avec Louis d'Or, à M. le baron de Rothschild.

Courses de deux ans

1853 Gagnant le Grand Criterium avec Celebrity, à M. Reiset.

1878 Deuxième dans la Grande Course des Produits avec Brie à M. le baron de Rothschild.

1878 Gagnant le Grand Criterium avec Commandant, à M. le baron de Rothschild.

1879 Deuxième dans le Grand Criterium avec Louis d'Or, à M. le baron de Rothschild, après le dead heat avec Basilique.

1879 Deuxième dans le Prix de Deux ans, à Dieppe, avec Louis d'Or, à M. le baron de Rothschild.

1879 Gagnant du Prix de Villers, à Deauville, avec Louis d'Or, à M. le baron de Rothschild.

1879 Gagnant du Grand Prix de Deux ans, à Deauville, avec Louis d'Or à M. le baron de Rothschild.

1880 Gagnant du Grand Prix de Deux ans, à Deauville, avec Strelitz, à M. le baron de Rothschild.

1880 Deuxième dans le Grand Prix de Deux ans, à Dieppe, avec Strelitz, à M. le baron de Rothschild.

1880 Deuxième dans le Grand Criterium, à Paris, avec Strelitz, à M. le baron de Rothschild.

Jim Bartholomew a toujours dit que Strelitz était le meilleur cheval qu'il eut jamais eu entre les mains, mais il a été victime d'une foule d'accidents qui ont empêché de pouvoir l'entraîner.

On a pu voir ce que Mon Premier entraîné et monté par lui a fait en 1884.

Il est un titre tout intime qui doit faire honorer et rechercher Jim Bartholomew; c'est la manière dont il a élevé ses fils. Il leur a donné de l'instruction et l'amour du travail. Chez eux, la politesse n'est pas de l'obséquiosité, parce qu'elle provient des bons sentiments et de la bonne éducation. Il leur a appris à être d'excellents serviteurs tout en n'ayant jamais l'allure de laquais. C'est la nuance si difficile à saisir. Il a voulu de plus qu'ils eussent le cœur bien français.

Ses fils du reste n'ont qu'à marcher sur ses traces et à suivre son exemple. Ils seront toujours en droit chemin.

A CHANTILLY

M. A. JOREL

Entraîneur particulier : G. PARFREMENT. — *Jockeys* : A. JOHNSON, HORAN, LOCH, RASVDEN

M. Jorel a deux titres pour figurer dans cette galerie des propriétaires des chevaux de courses ; le premier, c'est que ses chevaux gagnent très souvent, puisque, depuis neuf ans qu'il fait courir, les prix remportés par ses champions montent à un million et demi ; la seconde, c'est qu'il s'occupe de son affaire avec beaucoup d'activité et d'intelligence.

Comme tous ceux qui réussissent dans n'importe quelle carrière, M. Jorel a des envieux ; c'est la preuve qu'il est quelqu'un. J'ai entendu dire beaucoup de bien de lui, et beaucoup de mal. Je n'ai pas à m'occuper de cela. Comme homme de courses, il est correct ; ses chevaux courent bien pour gagner, puisqu'ils triomphent plus souvent que les autres. C'est tout ce qui m'intéresse ici.

*
* *

Je n'ai pas à m'occuper ici des chevaux de courses d'obstacles ; je dirai simplement que je les ai trouvés en parfaite condition ; je crois qu'ils seront vainqueurs plus d'une fois, et que d'ici à peu de temps leur maître sera en droit de viser les courses importantes. Voici les chevaux de courses plates.

Sergent Major, quatre ans, par Castillon et Sensitive, bai brun, est dans une condition resplendissante. Il a pris de la chair et s'est musclé dans les reins. En 1888, il débuta par deux victoires, et termina l'année par un succès. L'année 1889 ne devra pas lui être défavorable.

Chateaudun, trois ans, par Bay Archer et Confiture, bai, a subi l'application du feu ; il est beau cheval et pourra être utile.

Pilote, trois ans, par Bay Archer et Picciola, alezan, a beaucoup profité cet hiver et est taillé en galopeur d'assez bon ordre. Il a des boulets qui laissent à désirer, mais ils semblent solides et résistent au dur travail de l'entraînement. Non placé, au Bois de Boulogne, sur 1.600 mètres en terrain lourd, il arriva quatrième à Chantilly, sur 1.200 mètres en terrain dur ; à Compiègne, sur 900 mètres en terrain lourd, il ne courut pas bien ; à Vincennes, sur 1.000 mètres en bon terrain, il fut placé premier, mais cette course, disputée dans l'obscurité, me laisse des doutes sur son exactitude ; la casaque rose de M. Jorel pouvait mieux impressionner l'œil du juge, que celles de ses adversaires ; quatre chevaux se trouvaient à peu près sur la même ligne ; plusieurs d'entre eux s'étaient épuisés dans une douzaine de faux départs, tandis que Pilote était demeuré tranquille. Malgré cette restriction, je dois dire que Pilote me plaît beaucoup, surtout à mesure que la distance augmentera dans les courses auxquelles il devra prendre part.

National, trois ans, par Castillon et Nuncia jeune, bai brun, est un très beau et très fort poulain ; comme étalon, il vaudra beaucoup d'argent. Son propriétaire l'a très judicieusement réservé pour les courses de trois ans ; il devra être récompensé de sa patience.

Parmentier, trois ans, par Mauhourguet et Patrie, alezan, a couru six fois en 1888, et n'a pu mieux faire que d'obtenir deux secondes places ; à Vincennes, sur 1.000 mètres en terrain dur, il fut battu d'une tête par Olympe ; à Saint-Ouen, sur 1.300 mètres en bon terrain, il fut battu d'une demi-longueur par Mousse, à laquelle il rendait huit livres. Il a l'air d'avoir un peu mauvaise tête, mais il est taillé en galopeur.

Cerfvolant, deux ans, par Castillon et Cendrinette, bai brun, est un peu petit, mais bien fait.

Courrier, deux ans, par Vignemale et Ciboule, bai brun, est un très beau poulain. Plus je vois de produits de Vignemale, plus je suis persuadé que cet étalon de la race Lupin fera parler de lui, comme reproducteur.

Saint Just, deux ans, par Castillon et Sensitive, bai, est le propre frère de Sergent Major ; à ce titre il est fort choyé dans la maison.

Fusilier, trois ans, par Beaurepaire et Fair Helen, alezan, est beau cheval, et je crois qu'il sera très utile.

Division, baie, trois ans, par Coq du Village et Duchesse Anne ; *Ile de France*, alezane, trois ans, par Coq du Village et Irlande ; *Lutin*, bai brun, trois ans, par Castillon et Lutine, sont déjà bien dressés sur les obstacles. Lutin peut dès à présent servir de maître d'école aux vieux chevaux. C'est la meilleure preuve que les riches allocations, offertes par la Société des Steeple-chases aux chevaux de courses d'obtacles, portent bons fruits. On se prépare à cueillir les plantureuses timbales, et l'on sait que pour cela il faudra être mieux armé que par le passé. Salut à ces progrès.

L'entraîneur choisi par M. Jorel est Georges Parfrement ; c'est un jeune et un travailleur. Il a été élevé en Angleterre à la grande école de I. Anson. Son principe est de veiller à l'excellente nourriture des chevaux, et de ne pas les surmener de travail. Il réussit on ne peut mieux, étant donné le nombre et la classe da ses pensionnaires.

Parfrement est en France depuis sept ans, et il y a six ans qu'il est au service de M. Jorel, soit comme premier garçon, soit comme entraîneur. Il a épousé une Française et est père d'un petit garçon qu'il idolâtre.

Les chevaux sont traités par lui avec la plus extrême douceur ; aussi plusieurs d'entre eux ont changé de caractère à leur avantage, en passant sous sa direction presque paternelle. Il serait à souhaiter que partout l'on agit de même ; les pur sang difficiles à manier disparaîtraient complètement.

Les entraîneurs Richard CARTER, de Royallieu
et R. COUNT, de Chantilly

Il m'est pénible de ne pas parler, dans ce volume d'observation sérieuse, des pensionnaires confiés à deux des entraîneurs que je considère comme les plus capables et les plus dignes d'estime ; mais, après un examen attentif des chevaux de Richard Carter, j'ai vu que mes notes prises sur place constataient une médiocrité presque uniforme chez ces pur sang. *Achille* seul fait un peu exception, mais ce fils de Tristan est demeuré trop petit.

Quant à Count, il n'avait guère que *Catharina*, et l'on est forcé de lui mettre le feu aux jambes de devant.

Dans mon second volume des *Haras de France*, que je ferai paraître au mois de mai prochain, je publierai une étude sur *The Bard*, l'étalon importé en France par M. Say, et je parlerai de Richard Carter, qui doit entraîner les produits de The Bard.

Quant à mon ami Count, il attendra jusqu'à l'année prochaine, c'est-à-dire jusqu'à ce que je publie *Les Chevaux de courses en* 1890.

A CHANTILLY

ÉCURIE PAUL AUMONT

Entraîneur : Fred. CARTER

LES CHEVAUX TERRIBLES

Je regrette d'être obligé de passer sous silence les sujets à l'entraînement chez M. Aumont; mais il n'y a pas à parler de ces pur sang, assez peu dignes de leur grande race, pour être incapables de fournir deux courses de suite, sans entrer en contradiction avec eux-mêmes.

Que d'autres s'efforcent de refaire une virginité à ces chevaux terribles, bien qu'ils se conduisent sur le turf comme *des hommes de joie*, je ne trouve point cela mauvais, parce que j'admets toutes les opinions, mais je demande à ne pas prendre au sérieux leurs fantaisies passées à l'état de peste chronique.

Je veux croire qu'il n'y a pas lieu de mettre en doute la bonne foi du propriétaire, ni celle de l'entraîneur qui est riche et actif. Il me semble, du reste, que ces pur sang en décadence ont une excuse ; ils sont très souvent pourris de jardons prêts à couler, et leur tête, beaucoup trop lourde au lieu d'avoir des reflets d'intelligence affinée, présente plusieurs points d'idiotie ou de bestialité. A leur aspect, l'on est tenté de crier gare : 1° aux éleveurs, pour qu'ils ne mêlent pas ce sang dangereux à celui de leurs chevaux ; 2° aux sportsmen, qui veulent faire des paris raisonnés, au lieu de se laisser aller à jouer à l'aveuglette.

Je dis cela sans aucune antipathie personnelle contre M. Aumont, que j'évite de mettre en cause ; j'use simplement de mon droit d'écrivain hippique ; j'énonce mon jugement, basé sur des faits, et je parle de ces champions d'hippodrome comme un critique parle des acteurs d'un théâtre.

M. Aumont aurait besoin d'infuser du sang plus noble et plus généreux dans les veines de ses produits devenus mous et communs. Au lieu de cela, il garde comme étalon le malade Fra Diavolo, qui se conduisit en véritable fumiste sur le turf.

Je crois que c'est une grave faute, et les amis de M. Aumont lui rendraient plus de service en le lui faisant comprendre, qu'en chantant ses louanges comme les bienheureux du Paradis psalmodient celles du Seigneur.

A CHANTILLY

RICHARD CARTER JUNIOR

Entraîneur public

Je ne connais pas de jeune entraîneur plus aimable, ni mieux élevé, ce qui ne l'empêche pas de savoir et de faire très bien son métier. Du reste, il a été à la double école de son oncle Tom Jennings à Newmarket, de 1873 à 1875, et de son père, l'académique entraîneur de l'écurie Delamarre, de 1875 à 1878 ; impossible d'avoir fait de meilleures classes.

De 1878 à 1882 il entraîna les chevaux de M. Lefèvre ; c'est lui qui prépara Beauminet, gagnant du prix du Jockey-Club en 1880, et Versigny gagnante du prix de Diane, la même année. Il eut Tristan dans sa deuxième et troisième année.

Aujourd'hui il est entraîneur public à Chantilly. Voici les chevaux qu'il a présentement.

AU BARON DE MARSAY

Narcisse II, 3 ans, bai zain, par Kilt et Niobé, est très fort et très joli, mais d'un petit modèle. Il est un peu panard ; ce n'est point ce qui peut l'empêcher de réussir comme cheval d'obstacles, car les chevaux panards sont très adroits et tombent peu. L'année dernière il a gagné deux courses en province.

Papillon, 3 ans, par Saxifrage et Esmeralda, bai avec une petite lice en tête et deux balzanes par derrière, est grand et bien moins commun que les produits ordinaires de Saxifrage. Il a un bon rein et une assez belle arrière-main ; les boulets sont défectueux ; il a couru trois fois, sans succès, en 1888.

Colomba, 3 ans, par Eusèbe et Caroline, alezane avec une pelote en tête, est grande et légère, avec d'assez belles lignes. Elle a couru six fois en 1888, sans gagner ; sa catégorie ne doit pas être au-dessus de celle des prix à réclamer.

Talboisière, 3 ans, par Mourle et Alberte, demi-sœur de Palatine, baie zain, est une forte jument, près de terre, bien membrée, ayant un large poitrail ; doit galoper un peu. Elle a gagné, en 1888, une course à Lille sur 1.500 mètres.

Nemrod, 2 ans, par Albion et Niobé, bai, avec des traces de balzane à la jambe gauche de derrière, est le demi-frère de Narcisse II. Il est serré dans son arrière-main ; le reste est assez bon.

Poupée, 2 ans, par John Day et Pastille, alezane, a la tête commune ; elle est très brassicourt et ses jarrets laissent à désirer.

A M. DE VILLAMIL

Milly Amy, 3 ans, par Vermout et Miss Anna, baie, avec une petite lice en tête et une balzane par derrière, a le cachet de la race Vermout. C'est une belle jument, bien membrée ; son arrière-main est bonne quoique sa croupe soit un peu ravalée. Elle doit galoper. Elle a couru quatre fois, sans succès, en 1888.

L'*Américain,* 2 ans, par Plutus et Lacryma, bai, avec une lice sur les naseaux et trois petites balzanes, est un beau poulain, bien développé quoiqu'étant né tard. Bien musclé par devant et par derrière ; il devra galoper.

A M. DELAMARRE

Paccaret, 3 ans, par Prologue et Palmyre, bai, avec une lice prolongée jusque sur les naseaux, est bâti en hercule ; très beau mais trop petit ; c'est grand dommage, car il réunit la force et l'élégance dans son petit corps, couvert d'une robe mouchetée, comme celle d'un léopard. Il n'a pas couru à 2 ans.

Viguier, 3 ans, par Prologue et Vignole, alezan, avec une lice en tête et une balzane, est bien membré et bien fait pour galoper. Il a couru cinq fois, sans pouvoir gagner, en 1888.

A M. LE COMTE DE LAURISTON.

L'*Ozanne*, 3 ans, par Zut et la Réole, alezane avec une petite marque blanche en tête et deux petites balzanes, est une très jolie jument. Très musclée aux bons endroits, d'une grande taille, mais pas trop enlevée de terre, et n'ayant pas beaucoup de viande à porter. Elle ne doit pas manquer de qualité. Elle n'a pas couru à deux ans.

A M. PIERRE.

Lorraine, 2 ans, par Orchid et Maljugée, alezane, vient d'avoir une fluxion de poitrine ; ça l'a rendue un peu ensellée ; elle est très longue dans son dessous, très musclée et bien membrée ; elle devra être bonne.

LE MEILLEUR SYSTÈME D'ABATTAGE

Lorsqu'on est obligé de faire subir une opération douloureuse à un cheval, soit castration, soit application du feu, soit toute autre chose, il faut le mettre dans l'impossibilité de résister. Pour cela on le jette violemment à terre sur un lit de paille, lorsque l'on suit les us et coutumes de la vieille école; on le couche sur un matelas où il se trouve suspendu sans avoir eu la moindre violence à supporter, lorsque l'on a souci d'apporter des améliorations au dur métier d'opérateur.

Examinons les deux systèmes et voyons lequel est le meilleur.

Pour abattre un cheval sur un lit de paille, il faut au préalable lui ramener les quatre jambes ensemble et les lier, comme on fait pour un chevreau que l'on veut porter au marché. Puis on fait tirer brusquement sur ces attaches, de manière à faire perdre l'équilibre au patient, et à le projeter violemment à terre.

L'épine dorsale est ainsi mise en ligne courbe, et comme de la ligne courbe à la ligne brisée, il y a peu de différence, les accidents mortels sont fort à craindre.

Le système du matelas que nous avons vu fonctionner chez M. Garcin, l'excellent médecin vétérinaire, toujours prêt à adopter ce qui peut éviter des brutalités aux animaux, consiste à coucher le cheval sans qu'il s'en aperçoive.

La seule précaution à prendre est de lui bander les yeux; puis on le place à côté d'un panneau recouvert du matelas; on lui passe des sangles l'assujettissant à l'appareil, et à l'aide d'un petit engrenage, l'on fait passer le matelas de la position verticale à la position horizontale.

Le patient se trouve ainsi couché avec autant de douceur, qu'on en met à installer une jeune mariée sur le lit nuptial, suivant l'expression d'un philosophe de mes amis.

Il n'y a aucun accident à craindre, aucune violence à faire subir.

C'est le progrès le plus conforme aux sentiments d'humanité qu'on puisse trouver. Ce système a été adopté par M. Garcin, tout d'abord à Paris, puis à une ferme qu'il possède aux environs de la capitale pour lui servir d'hôpital vétérinaire. Dix ou douze de ses confrères parisiens s'en servent avec la réussite la plus complète.

Croiriez-vous que l'école d'Alfort est demeurée hostile à la chose, et ne veut pas l'adopter, déclarant que l'appareil coûte dix-sept cents francs, et que ce prix d'achat est au dessus des moyens pécuniaires de la plupart des vétérinaires de province?

Elle est bien bonne, n'est-ce pas?

Je serais curieux de connaître ce que peuvent alléguer les gros bonnets de l'armée, pour ne pas prescrire cet emploi dans notre cavalerie.

Quoi qu'il en soit, il faut remercier M. Garcin d'avoir donné le bon exemple à ses confrères, et d'avoir vulgarisé, de son initiative privée, un appareil aussi utile à tous les points de vue.

C'est à un Marseillais qu'est due l'invention; c'est au plus chercheur des vétérinaires parisiens que reviendra l'honneur de faire remplacer en France, vis à vis des chevaux, le plus souvent victimes des hommes, la violence et la brutalité par la douceur.

Nous engageons tous ceux qui ont des opérations à faire faire à leurs chevaux, à aller voir fonctionner le système d'abattage de M. Garcin, dans son établissement de la rue Cambacérès, n° 15.

LE HARAS DE SURESNES

Le rêve de la plupart des commerçants, qui ont conquis une honorable fortune par leur travail, est de se faire bâtir un château moderne pour éblouir leurs voisins, ou d'acheter une vieille masure plus ou moins gothique pour se donner des airs de hobereau.

Chacun a le droit d'avoir son goût, de se passer ses fantaisies à sa guise, et de choisir son genre de luxe. Je suis trop amant de toutes les indépendances, excepté de celle du cœur, pour trouver mauvaise la passion de devenir châtelain, qui est la tarentule d'un grand nombre de commerçants enrichis, mais je demande qu'on me permette de trouver bon qu'un homme de la valeur de M. Henri Hawes se donne le plaisir de créer un haras à la porte de Paris, et de le mettre sous la protection immédiate du majestueux fort du Mont-Valérien.

Le haras de Suresnes, confié à la direction de M. Louis, l'un des hommes de cheval les plus connus et les plus estimés du Tout Paris hippique, peut recevoir tous les jours le coup d'œil du maître ; des Champs-Élysées on s'y rend en une demi-heure, par la gracieuse route du Bois de Boulogne. C'est un plaisir fort hygiénique ; l'air est des meilleurs et des plus fortifiants sur le plateau élevé, où les bâtiments du haras ont été construits et les herbages établis à coups de billets de mille francs.

J'ai demandé à M. Henri Hawes les principales raisons qui l'avaient engagé à se payer le luxe de ce haras parisien ; il m'a répondu :

1° Ça m'ennuierait d'être obligé de faire déménager mes chevaux en cas de guerre, et, pour ne pas courir risque d'avoir cet inconvénient, je les ai placés sous la haute protection du Mont-Valérien. Les Prussiens ne viendront jamais les chaparder dans ce rayon de trois à quatre cents mètres autour d'une place forte aussi formidable ; 2° si j'avais un haras placé seulement à quinze lieues de Paris, je n'irais presque jamais voir mes chevaux, tandis que là je viens chaque jour ; ça me fait plaisir et ça me fait du bien ; 3° c'est une annexe de ma maison commerciale de la rue François Ier.

M. Hawes a conservé son magnifique cheval Maxico comme étalon au haras de Suresnes. Aucun autre des représentants de la race Monarque (pas le pataud d'aujourd'hui, le Monarque aristocratique, le vrai pur-sang) ne ressemble autant à Trocadéro, qui est son grand'père. C'est la meilleure de toutes les recommandations, et M. Hawes a eu grandement raison de ne pas vouloir vendre Maxico au prix de 80.000 francs, que j'ai été moi-même chargé de lui offrir pour expédier le cheval en Amérique.

On ne saurait trop engager les éleveurs à faire saillir leurs bonnes poulinières par Maxico, qui réunit la force à la distinction.

HARAS DE SURESNES

Maxico, Alezan, par Narcisse et Mab, né en 1884.

1887

1	Prix Fould, 2.500 mètres, à Paris	8.900
1	Prix des Acacias, 2.400 mètres, à Paris	29.175
2	Prix du Cèdre, 2.200 mètres, à Paris	1.000
1	Omnium (54 kilos), 2.400 mètres, à Paris	25.400
2	Prix du prince d'Orange, 2.400 mètres, à Paris	1.000
1	Grand Prix de Bruxelles, 1.700 mètres	24.050
	Total	89.525

Maxico est au haras de Suresnes, route de Saint-Cloud, à Rueil (Seine-et-Oise).

Le prix de la saillie est fixé à 300 fr. Pour les inscriptions, s'adresser à M. Henri Hawes, 26, rue François Ier, à Paris, ou à M. Louis Gasselin au haras de Suresnes.

LES ENTRAINEURS FRANCAIS

Ch. L'Hoste, Lainel, Baresse, Eugène Chassagne, Pariche

Depuis que j'ai l'honneur de tenir une plume sportive, je n'ai cessé de demander aux éleveurs et aux propriétaires de chevaux, qu'ils essayent franchement d'employer, comme entraîneurs et comme garçons d'écurie, des hommes de naissance française au lieu de se mettre à la merci des étrangers. Vis-à-vis des jockeys on pourra faire de même plus tard, mais pour cela il faut commencer par augmenter les poids que doivent porter les chevaux sur nos hippodromes. Du reste, je traiterai cette question une autre fois. Aujourd'hui je veux simplement montrer, en m'appuyant sur des faits, que les entraîneurs de race française sont capables d'aussi bien préparer les pur-sang à la victoire, que les entraîneurs anglais.

Depuis que M. Edmond Blanc a confié ses chevaux à M. Charles L'Hoste, il s'en trouve on ne peut mieux, et il a vu plusieurs chevaux, achetés par lui dans d'autres écuries, s'améliorer beaucoup en entrant dans la sienne.

Les chevaux amenés sur les champs de courses par Lainel, que M. Dervillé garda, comme entraîneur, après la mort du regretté Tom Wigginton, ne sont jamais de grande qualité, car leur propriétaire n'aime pas à dépenser beaucoup d'argent pour les acheter. Malgré cela, ils sont si bien soignés qu'ils gagnent beaucoup de courses ; la preuve, c'est que l'écurie Dervillé, depuis qu'elle est sous la direction de Lainel, c'est-à-dire depuis quatre ans, est arrivée trois fois seconde et une fois troisième sur la liste des propriétaires gagnants.

M. Archdeacon n'a pas beaucoup de chevaux, mais le français Eugène Chassagne en tire si bon parti que le succès est constant.

Si M. Fould n'est pas extrêmement satisfait de la maestria avec laquelle Baresse entraîne ses champions de courses, c'est qu'il est par trop difficile à contenter. D'ici à peu de temps les couleurs du jeune M. Fould pourront rivaliser avec succès avec celles du terrible baron Finot, qui prouve par lui-même qu'un Français a le coup d'œil hippique aussi sûr qu'un Anglais peut l'avoir, car rien ne se fait dans son écurie sans son ordre et sans sa permission.

Le Français qui s'occupe d'entraînement depuis le moins longtemps, c'est M. Pariche. Il a peu de chevaux et gagne plus de courses que plusieurs entraîneurs anglais, auxquels on en confie un grand nombre.

Par conséquent, l'on peut prendre des Français comme entraîneurs, avec l'espérance de bien réussir.

Nous avons chez nous beaucoup d'Anglais qui sont absolument Français de cœur et même de tempérament ; ils sont beaucoup plus capables que les autres demeurés trop anglo-saxons, et leurs chevaux sont plus souvent vainqueurs.

A PAU, Pierre LAVIGNE, entraîneur public

Son établissement est appelé au plus bel avenir. Il comprend trois parties : les plus grandes écuries et le logement de Pierre Lavigne se trouvent à la sortie de la ville de Pau, rue Montpensier, sur la route qui conduit à l'hippodrome ; le second quartier des boxes est situé en face ; les chevaux, que M. Closmann vient de confier à l'entraîneur béarnais, sont installés dans la propriété Dupont, sur la route de Bordeaux, à un kilomètre de la demeure de Lavigne. Il y a là quatorze boxes avec une belle prairie attenante, et beaucoup d'emplacement pour construire de nouvelles écuries.

Pierre Lavigne fit son apprentissage hippique, en qualité de gentleman, chez feu Pierre Prunet, entraineur à Pau. Il monta pendant dix ans les chevaux de papa Trouilh. Il se mettait alors aisément en selle au poids de 65 kilos, et il gagna beaucoup de courses. Aujourd'hui il a pris du ventre comme un bourgeois anglais, et on le voit rarement à cheval.

Ce Français a toujours dit avec son accent de fin et fier Béarnais : « Nous avons d'aussi bons chevaux que nos maîtres d'Outre-Manche ; il ne s'agit que d'en tirer parti. »

Pour les hommes de courses, son opinion est la même. Tous ses employés sont Français ; il a formé et il formera de bons jockeys de naissance française ; son élève Mousset a prouvé, sur l'hippodrome d'Auteuil, qu'il n'est pas nécessaire d'être Anglais pour se bien tenir en selle et gagner des courses avec des chevaux que des jockeys anglais avaient déjà montés, beaucoup moins bien que lui, et sans pouvoir gagner.

Le principe de Lavigne est de faire peu de bruit pour beaucoup d'ouvrage. Il est bien moins bavard, bien moins hâbleur qu'un grand nombre de gens du Nord. Il est toujours très sérieux dans son métier et ne se vante jamais.

On peut connaître aussi bien les chevaux que lui, mais pas mieux. Lorsqu'il les examine, il ferme un œil comme s'il voulait tirer un coup de fusil. Cette inspection au visé est d'autant plus curieuse qu'il ne s'aperçoit pas de sa posture extra-attentive.

Il ne s'en rapporte à personne pour surveiller le travail de ses chevaux. Lui seul a la clef de l'avoine et fait distribuer cette panacée chevaline ; c'est le meilleur moyen de se rendre compte, chaque jour, de la condition de ses pensionnaires ; s'il ne peut rien en tirer de bon, il n'y a certainement pas de sa faute.

Pendant l'exercice, soit petit galop, simple trot ou galop sérieux, Lavigne est toujours à son poste d'observation avec son œil de tireur à la cible.

Après avoir monté, comme gentlemann, pendant une dizaine d'années, les chevaux de ses voisins, il eut des pur-sang pour son compte, les entraîna et les monta lui-même.

Il y a dix-huit ans, lorsque la trentaine venait de sonner pour lui, il s'établit à Pau comme entraîneur public ; il a préparé à la victoire des demi-sang comme des pur-sang, des trotteurs comme des galopeurs. des champions de courses plates comme des lauréats de courses d'obstacles. Chaque année, plusieurs propriétaires lui envoient des chevaux, pour les préparer à être présentés comme étalons à l'administration des Haras.

Je connais peu de nature hippique aussi complète et aussi bien douée que celle de Pierre Lavigne. C'est le Henri Gibson et le Charles Pratt du Midi. Il viendra sur les hippodromes parisiens, avec ses élèves les jockeys Mousset et Lacassie, prouver que j'ai raison de le nommer ainsi, et qu'il n'est pas besoin d'avoir humé l'air des brouillards d'Angleterre pour être un homme de cheval très remarquable.

LE BIEN ET LE MAL

Il est de notoriété internationale que notre élevage français se trouve en très grand progrès depuis quinze ans, c'est-à-dire depuis que le goût des courses, sous l'influence des paris, s'est pleinement développé chez nous.

Les étrangers convoitent nos étalons et nos poulinières; ils apportent des tas de billets de banque aux éleveurs de chevaux de demi-sang comme aux éleveurs des vaillants pur-sang.

C'est le résultat des *espèces sonnantes et trébuchantes*; les épiciers eux-mêmes ne sauraient y demeurer insensibles.

Naguère nous étions obligés d'exporter de l'argent de France, pour acquérir des chevaux; aujourd'hui ceux que nous pouvons vendre, sans porter préjudice à nos races, font entrer de beaux flots d'or dans les coffres des éleveurs. Ce renversement de la question ne peut avoir rien de désagréable. Il n'y a qu'à persévérer dans une aussi bonne voie, mais c'est le moment de signaler un écueil.

Si l'on n'y prend garde, nous serons bientôt accablés par l'embarras des richesses; les hommes feront défaut, non seulement pour monter les chevaux, mais aussi pour les soigner. Il faut chercher sérieusement un remède à ce mal, qui vient menacer le bien.

Nous allons donner successivement l'avis de plusieurs entraîneurs choisis parmi les plus expérimentés, et celui d'un de nos éleveurs le plus justement considéré. Ces avis sont opposés, en quelques points; de cette façon, nos lecteurs connaîtront le pour et le contre.

1° Quelques entraîneurs demandent la création d'une école de jockeys et d'hommes d'écurie, où les apprentis soient soumis à une salutaire discipline et formés d'après des principes aussi justes que sévères.

La Société d'Encouragement et la Société des Steeple-Chases, d'une part; la Société du Demi-Sang, d'autre part, doivent prendre en main cette grave question et ne l'abandonner qu'après l'avoir résolue à la satisfaction de tous.

Les deux premières n'ont qu'à confier à Charles Pratt le soin de former des jockeys et des garçons d'écurie pour les chevaux de galop; Charles Pratt possède à La Morlaye un excellent emplacement pour cela.

De son côté, la Société du Demi-Sang peut s'adresser à Jules Basile, qui n'a pas à faire ses preuves comme excellent cavalier. Elle vient de voir combien chez elle il y a pénurie de jockeys, puisqu'elle a été obligée d'en punir un qui avait trouvé à signer deux engagements contradictoires.

Pour ces cavaliers des demi-sang, il y aurait peut-être avantage à rattacher leur école à l'Académie d'équitation, que le baron de Vaux va créer prochainement. C'est une chose à voir, et je prie mon ami le baron de Vaux de l'étudier.

Ce qui est certain, c'est qu'il est temps d'agir.

Cinq ou six de nos entraîneurs les plus recommandables m'ont dit :

— Nous ne sommes plus maîtres chez nous. Le seul moyen de nous faire obéir était de distribuer quelques taloches aux gamins, que nous devons régenter; nous ne pouvons plus l'employer sans que les gamins nous menacent des gendarmes, en vertu des principes de 89. Aussitôt que l'un d'eux a gagné deux ou trois courses, il devient plus inabordable qu'un ténor adulé du public; par conséquent, lorsque nous avons reconnu chez les moins mauvais de nos élèves l'étoffe de bons serviteurs, nous sommes obligés de ne pas les faire monter en courses pour pouvoir les conserver.

— Pourquoi forme-t-on de bons jockeys en Angleterre?

— Parce qu'il y a beaucoup plus d'entraîneurs publics que chez nous. Les apprentis sont employés à monter fréquemment sur les hippodromes; ils ne peuvent devenir bons jockeys, sans avoir perdu des courses par leur faute, mais comme ces fautes se commettent au détriment de plusieurs au lieu de porter préjudice à un seul, on les emploie. En France, les propriétaires n'hésitent pas à débourser l'argent nécessaire à se procurer de bons étalons et des poulinières d'excellente origine, mais lorsqu'il s'agit de risquer de perdre une course pour donner une bonne leçon à un apprenti, ils ne veulent pas tenter l'aventure.

— Qu'y a-t-il à faire?

— Si l'on ne veut pas fonder une école de jockeys et d'hommes d'écurie, il faut faire paraître au *Bulletin officiel* la note suivante : « A chaque réunion de courses, les apprentis jockeys seront seuls admis à monter dans la première épreuve. » (1).

De cette façon, tous les propriétaires seront intéressés à ce que leur entraîneur s'occupe sérieusement des apprentis, et ils lui en donneront l'ordre au lieu de se désintéresser de la chose, ou souvent de l'entraver.

— Comment l'entravent-ils?

— En refusant de laisser monter les apprentis, alors même que l'entraîneur leur dit qu'ils montent bien.

— Croyez-vous que les apprentis d'origine française puissent devenir bons jockeys?

— Parfaitement, mais à la condition qu'ils veuillent s'astreindre à la discipline indispensable et au régime sévère qu'il faut adopter. Si la Société d'Encouragement augmentait un peu les poids et les portait à 58 kilos, ou même à 60, dans les épreuves

(1) Demandez à M. Franconi, le très compétent directeur des Deux Cirques, comment il s'y prend pour former de bons écuyers; il vous répondra : « Je commence par les exhiber dans le premier numéro du programme, pour lequel l'indulgence du public est toujours grande. Puis, à mesure qu'ils prennent de l'assurance et du savoir, je les fais monter en grade. »

Il n'y a qu'à appliquer cette méthode aux apprentis jockeys.

classiques, on pourrait avoir de bons jockeys français. Lorsque deux ou trois d'entre eux auraient réussi à se faire un nom et une belle position, beaucoup d'autres s'adonneraient au métier. Les Français apprennent vite à monter à cheval, mais ils ne persévèrent pas. Il est vrai que jusqu'à présent l'on n'a rien fait pour les engager à persévérer.

2° Voici maintenant l'opinion du très honorable éleveur dont j'ai parlé :

En principe, il est contraire à tout ce qui devient administration, et il prétend que l'initiative privée est plus puissante à bien faire, qu'une administration quelconque. Il n'aime pas le système des taloches vis-à-vis des apprentis, et croit qu'avec une fermeté calme et du raisonnement, on obtient de meilleurs résultats que par la force.

Il désire l'augmentation des poids dans les courses classiques et dans les handicaps, parce que l'on trouve difficilement à faire bien monter les chevaux qui portent un poids léger.

Il voudrait beaucoup voir un grand nombre d'apprentis français dans les écuries, et il est persuadé que, si on les encourageait sérieusement à devenir bons jockeys, on recruterait parmi eux plus d'un sujet remarquable. Il est partisan de réserver un assez grand nombre d'épreuves aux apprentis-jockeys en général, et à ceux d'origine française en particulier.

Je n'ajouterai aucun commentaire à ce résumé des conversations multiples et contradictoires, que j'ai eues avec nos plus distingués entraîneurs, et avec un éleveur dont le nom mérite respect et autorité ; je veux présenter à messieurs les commissaires des courses la vérité sans aucun fard.

Puissent-ils l'écouter et agir en conséquence. C'est pour eux le meilleur moyen de bien mériter de la cause de l'élevage et de celle de la France (1).

(1) Il faut croire que ma demande a sa raison d'être, puisque la Société d'Encouragement a porté les poids à 60 kilos dans le prix de Fontainebleau, pour chevaux de trois ans, et que la Société sportive d'Encouragement les a élevés à 58 kilos dans toutes ces épreuves. Toutes les autres sociétés doivent suivre ce bon exemple.

UN CONFLIT ANORMAL

Le bon sens le plus élémentaire commande de venir en aide à ceux qui travaillent dans l'intérêt de la patrie et de la prospérité nationale. Il paraît que les militaires, plus ou moins haut placés, sous la jalouse autocratie desquels l'hippodrome de Vincennes est asservi, sont réfractaires à ce simple bon sens.

C'est triste et d'autant plus anormal que la Société du Demi-Sang, en offrant des courses sur l'hippodrome de Vincennes, rend les plus signalés services, non seulement aux éleveurs, mais aux hommes de défense gauloise et française.

Il m'est facile de le prouver en relatant ce que le colonel Guttin, l'éminent officier supérieur des remontes de l'armée, me disait l'année dernière, quelques mois avant de mourir ; jamais mort ne fut plus regrettable ni plus regrettée par tous ceux qui l'ont connu. Je cite ses propres paroles :

« J'affirme qu'aujourd'hui, grâce au développement donné depuis dix ans aux courses en général et aux courses au trot en particulier, nous pouvons acheter des chevaux beaucoup mieux conformés et mieux nourris que par le passé ; nous sommes assurés qu'en cas de guerre nos régiments de cavalerie seront bien plus capables de résister et plus aptes à vaincre qu'ils ne l'étaient lors de la terrible surprise de 1870 ; il y a déjà 40 0/0 de différence. Mais il ne faut pas qu'on s'arrête dans cette excellente voie, car il reste encore beaucoup à faire, et les bonnes dispositions des éleveurs disparaîtraient vite, si les causes qui les ont fait naître venaient à décroître au lieu de progresser. »

Si le très compétent et très honorable colonel Guttin me parlait ainsi avec sa magistrale expérience, c'est qu'il savait : 1° que le seul mode de se procurer des étalons aptes à produire de bons chevaux de service et de bons chevaux de guerre, c'est la sélection par la lutte en course ; 2° que le seul moyen d'engager les petits éleveurs, qui sont le nombre et la force vitale du pays, à mieux nourrir tous leurs poulains et toutes leurs pouliches, c'est de leur donner l'espérance de vendre cher quelques-uns de ces produits aux riches propriétaires qui font courir.

La Société des courses de Vincennes, en appuyant son existence et son principal objectif sur l'élevage du cheval de demi-sang, mérite donc avant tout le concours et l'appui de l'autorité militaire ; aussi semble-t-il vraiment étrange de voir celle-ci lui chercher noise.

L'année dernière, l'ombrageuse et tracassière administration du Génie militaire refusa à la Société l'autorisation de construire des boxes pour abriter les chevaux en cas de mauvais temps. Ces boxes devaient être beaucoup moins élevés que les tribunes de courses ; M. Legoux-Longpré offrait de prendre l'engagement de faire enlever cette petite construction dans les vingt-quatre heures, sur simple réquisition. L'incroyable commandant, poussé par je ne sais quel sentiment, opposa son *veto* solennel, prétendant que ces boxes minuscules gêneraient la défense de Paris, en cas de guerre. Et les tribunes ne gênaient pas ! La réponse dépasse l'absurde ; elle est ridicule et c'est un comble de malveillance.

J'ai le plus grand respect pour l'armée, parce que chez elle, surtout aujourd'hui, on doit trouver l'esprit de patriotisme et le cœur gaulois ; je suis véritablement navré lorsque je vois l'un de ses chefs se laisser aller à un de ces actes d'autocratie routinière et mesquine, qui ont permis à mon ami Charles Leroy de créer le type de l'honnête mais burlesque colonel Ramollot. J'estime qu'un conflit entre la Société du Demi-Sang, qui est la féconde génératrice du cheval de troupe, et l'autorité militaire, constitue une monstruosité et ressemble à une guerre fratricide.

J'ai commencé par traiter la question avec mansuétude à

l'*Auteuil-Longchamp* et au *Rappel*, mais si les X des armes spéciales ne reviennent pas à de meilleurs sentiments et ne veulent pas se rendre à la raison, je demanderai à mon maître et mon ami Bapaume, le Jupiter olympien du généreux *Tam Tam*, l'hospitalité dans ses colonnes, comme on dit à Brives-la-Gaillarde, patrie du général Egérie Brugère, et, nom d'un bon cheval, nous verrons si je ne mettrai pas les rieurs du bon côté, comme je l'ai fait plus d'une fois.

En attendant, voici la preuve que j'ai pris les plus sérieuses informations sur ce sujet fort important.

J'ai demandé l'avis d'un de nos plus remarquables généraux, qui est fort bien disposé pour les courses et qui en apprécie l'utilité. Il avait fait lui-même une démarche pour atténuer l'interdit canonné sur l'hippodrome de Vincennes. Voici les principaux arguments des adversaires des box et des courses.

« Chaque année, disent-ils, la Société de Vincennes nous demandait un plus grand nombre de journées ; les Normands, comme les flots, sont de naturel envahisseur, et nous avons voulu élever une digue ; d'un autre côté, nous devons faire travailler les soldats plus que naguère, par cela même qu'ils restent moins longtemps au régiment. Le mieux serait qu'on nous accorde un autre terrain pour faire travailler nos hommes, et que l'on réserve le magnifique emplacement de Vincennes pour les courses. La chose est faisable, et nous y applaudirions de tout cœur ».

C'est en haut lieu que cette réponse a été faite ; par conséquent la Société de Vincennes ne doit pas désespérer de mater les petites persécutions des officiers secondaires, qui ont voulu se donner vis-à-vis d'elle des attitudes superbes et avoir l'air de vouloir tout manger.

Une entente doit être proche, l'intérêt général la commande, le patriotisme l'exige ; sans cela reprenant pour notre compte le cri de douleur historique : « Varus qu'as-tu fait de nos légions ? » nous dirons au général qui a l'honneur de gouverner Paris :

— Général, nous aurons un jour à soutenir une guerre sainte contre les démembreurs de notre chère patrie ; il nous faudra combattre ces chiens qui hurlent parce qu'ils sont pauvres, alors que nous sommes riches, qui regardent avec envie notre prospérité grandissante, alors qu'ils crèvent la faim sous l'implacable talon du militarisme à outrance, et que la froide misère de leur sol les soulève fatalement contre nous. Il faut songer sans cesse, à toute minute, non à l'attaque, mais à la défense. Le rôle de la cavalerie est devenu primordial dans la guerre moderne, de même celui de l'artillerie légère.

— Général, si vous ne voulez plus que les uhlans prussiens trouvent devant eux des cavaliers français mal montés et battus d'avance, comme en 1870 ; si vous ne voulez plus que notre artillerie soit dans l'impossibilité de lutter de vitesse contre les batteries allemandes, il faut songer à l'élevage et préparer de bons chevaux. Pour cela, n'empêchez pas les courses, ne ruinez pas des sociétés comme celle de Vincennes, ne permettez pas à vos subalternes de se livrer à des excès de zèle militaire, et de tuer dans son germe le grand principe de défense nationale en empêchant la production des bons chevaux. Que si vous faites cela, si vous prenez en main cette cause sacro-sainte en faisant comprendre à vos officiers l'utilité des nombreuses réunions de courses au point de vue national, général, vous aurez rendu un grand service à votre pays en favorisant le meilleur, et peut-être le seul moyen d'organiser la victoire.

UN EXCELLENT EXEMPLE

Dans la très grave et très importante question de la règlementation des paris de courses, la lumière pourrait bien nous venir de Belgique. Le bon ordre a chance d'être obtenu, grâce aux précautions prises contre les bookmakers indignes ou fraudeurs, nos lecteurs vont pouvoir en juger.

STATUTS DU SPORTING-CLUB

CHAPITRE I

Composition

Art. 1. — Il est constitué à Bruxelles, sous le titre de SPORTING CLUB, une société ayant pour but de soutenir l'institution des courses, en encourageant l'élevage du cheval pur-sang et en moralisant les paris sur le turf.

CHAPITRE II

Art. 1. — La Société se compose d'un nombre illimité de membres.

CHAPITRE III

Commission

Art. 1. — Le Comité est composé d'un Président, Vice-Président, Secrétaire, Trésorier et d'un Membre.

Art. 2. — Il est élu chaque année avec désignation des différents titres, à l'Assemblée générale de février.

Les membres sortants sont rééligibles.

CHAPITRE IV

Admission

Art. 1. — Toute personne désirant faire partie de la Société doit adresser sa demande écrite au Comité.

Art. 2. — Son nom sera affiché pendant quinze jours consécutifs dans la salle des réunions et publié dans les journaux suivants : *le Sport belge* et *la Belgique sportive.*

Art. 3. — Toutes les objections contre la candidature doivent être adressées au local de la Société, au Président, et présentées dans le délai susindiqué. A l'expiration de ce délai le postulant sera ballotté par l'Assemblée.

Art. 4. — La majorité des deux tiers des voix suffira pour l'admission du postulant, toutefois celle-ci ne sera définitive qu'après paiement de la cotisation et apposition de la signature du membre sur un registre contenant les dispositions réglementaires en vigueur.

Art. 5. — Par cette signature, le membre s'engage à se conformer auxdites dispositions et à supporter les conséquences de leur non-observation.

Art. 6. — Quiconque n'a pas payé ses entrées, forfaits ou paris, ou a pris part directement à une fraude ou tromperie reconnue par le Jockey-Club Belge en matière de course ou de paris, le tout à quelque époque ou en quelque lieu que ce soit, ne peut être admis comme membre ; le postulant qui n'aura pas été admis ne pourra se représenter qu'à l'Assemblée générale du mois de février.

Cet article n'est pas applicable aux personnes qui auraient satisfait à leurs entrées, forfaits ou paris qu'ils avaient contracté antérieurement.

Art. 7. — Les membres du Salon des Courses de Paris, du Betting-Club de Paris et du Tattersall de Londres et les donneurs des pays étrangers présentés par le Comité du Sporting-Club, pourront être admis temporairement; mais s'ils fonctionnent à plus d'une réunion, ils devront se soumettre au ballottage et devenir membres de la Société.

CHAPITRE V

Démission

Art. 1. — Toute démission, pour être valable, doit être adressée par lettre recommandée au Président de la Société avant le 1er janvier de chaque année. A défaut de cette formalité, la cotisation sera due intégralement; un membre ne peut par l'envoi de sa démission, se soustraire aux rigueurs du règlement lorsqu'il les a encourues.

Art. 2. — Les membres démissionnaires ou exclus, ainsi que les ayant droit des membres décédés, ne peuvent élever aucune prétention au sujet de l'avoir de la Société.

CHAPITRE VI

Cotisation

Art. 1. — La cotisation annuelle est fixée à 100 francs.

Art. 2. — Les donneurs étrangers admis à fonctionner à une réunion paieront une somme de 25 francs.

CHAPITRE VII

Assemblées

Art. 1. — Une Assemblée générale obligatoire aura lieu chaque année le premier Samedi du mois de Février; dans cette Assemblée, il sera procédé à la vérification des comptes de l'exercice écoulé, à la réélection du Comité et à la désignation des pouvoirs de celui-ci pour ce qui concerne l'administration de la Société.

Art. 2. — Le Président est tenu de convoquer la Société chaque fois qu'un vote est nécessaire pour l'admission d'un membre, qu'une affaire importante doit être décidée par les sociétaires, ou que cinq membres lui en font la demande par lettre recommandée.

Art. 3. — Toutes les convocations devront, même en cas d'urgence, parvenir aux membres trois jours avant la date fixée pour la réunion.

CHAPITRE VIII

Attributions

Art. 1. — Le Comité est chargé de l'observation, de l'exécution du règlement, et se prononce dans le cas où son intervention est prévue.

Art. 2. — Il est chargé de s'entendre avec les sociétés de courses pour les conditions auxquelles les membres du Sporting-Club seront admis à fonctionner.

Art. 3. — En ce qui concerne l'administration intérieure de la Société, ses pouvoirs, comme il est dit plus haut, sont fixés par l'Assemblée générale obligatoire.

Art. 4. — Pour les décisions à prendre par le Comité, il faudra au moins trois membres présents : en cas de parité des voix, le vote du Président ou du membre qui le remplace est prépondérant.

Art. 5. — Le Trésorier ne peut solder aucun compte sans que celui-ci soit approuvé par le Président et revêtu de son visa.

Art. 6. — En cas de différend avec un preneur, pour tous cas non prévus, le membre devra admettre la décision des arbitres choisis de commun accord.

Art. 7. — Les membres devront se soumettre sans appel aux décisions du Comité pour les différends qui s'élèveraient entre eux.

Le Comité ne pourra prendre aucune décision sous ce rapport sans une enquête contradictoire ; le membre qui refuserait de comparaître perdrait tous ses droits.

Art. 8. — Les membres devront se prêter à toute enquête faite par le Jockey-Club Belge, ayant pour but de découvrir une fraude dans les courses.

CHAPITRE IX

Encaisse

Art. 1. — Si les ressources le lui permettent, le Sporting-Club allouera à une ou plusieurs sociétés de courses du pays, soumises au règlement du Jockey-Club belge, des sommes destinées à être données en prix avec la désignation du donateur.

Les prix offerts par le Sporting-Club devront être exclusivement destinés aux chevaux nés et élevés en Belgique.

Les membres de la Société désigneront la réunion qui bénéficiera de l'allocation, mais ils laisseront aux commissaires des courses le soin de fixer les conditions de l'épreuve.

CHAPITRE X

Réglementation

Art. 1. — Pour la réglementation des paris, la Société adopte le règlement du Salon des courses de Paris.

CHAPITRE XI

Pénalités

Art. 1. — Tout membre qui n'aura pas acquitté le montant de sa cotisation à l'Assemblée générale du mois de février paiera en outre une amende de 20 francs.

Il ne pourra fonctionner avant d'avoir payé la cotisation et l'amende.

Art. 2. — Tout membre qui n'assistera pas à l'Assemblée générale annuelle sans fournir un motif plausible de son absence sera puni d'une amende de 10 francs.

Art. 3. — Tout membre, ne fonctionnant pas sous son véritable nom ou laissant fonctionner sous son nom une personne ne faisant pas partie de la Société, sera passible d'une amende de 500 francs.

Art. 4. — Tout membre déjà inscrit qui sera signalé comme n'ayant pas payé ses entrées, forfaits ou paris, sera exclu immédiatement si le fait est reconnu constant.

Art. 5. — Dans le cas où le membre qui ne règle pas ses paris prouverait d'une façon évidente qu'il est dans l'impossibilité de payer, parce que des preneurs ne s'exécutent pas, un délai pourra lui être accordé, et le Comité se chargera de la rentrée de ses créances. Pendant ce délai le membre ayant des paris en souffrance ne pourra pas fonctionner.

Art. 6. — Tout membre qui fera la cote à l'avance sur les courses belges ou étrangères sera passible d'une amende de 1.000 francs par infraction constatée; cette disposition ne sera pas applicable à celui qui recevra des ordres par correspondance ou sur le champ de courses.

Art. 7. — Tout membre qui fonctionnera sur un hippodrome belge où serait admis des donneurs ne faisant point partie de la Société sera passible d'une amende de 500 francs.

Art. 8. — Aucun membre de la Société ne peut prendre à son service, au champ de courses, en qualité d'employé, aide, etc., un donneur ayant des paris en souffrance, soit pour son compte personnel, soit pour celui des tierces personnes dont il était commandité, sous peine d'une amende de 500 francs.

Art. 9. — Sur la plainte des commissaires de courses ou de toutes personnes intéressées, le Comité, après enquête, pourra infliger une pénalité pour les cas non prévus.

Dans les cas graves, il devra soumettre la peine à l'approbation des sociétaires.

En cas de récidive, les amendes seront doublées, et, à la troisième infraction, l'exclusion pourra être prononcée.

Art. 10. — Aucun membre ne pourra fonctionner s'il n'a payé ses amendes.

Art. 11. — Le refus de payer une amende, quelle que soit son importance, entraîne l'exclusion du sociétaire.

L'exclusion sera au moins de douze mois, et le membre exclu ne pourra être réadmis qu'après paiement des amendes qu'il a encourues. Celui qui aura été exclu pour n'avoir pas réglé des paris devra, en outre, payer une amende de 200 francs.

CHAPITRE XII

Insertion

Art. 1. — La liste des membres du Sporting-Club sera publiée dans les journaux de sport suivants : le *Sport belge* et la *Belgique sportive,* aussi souvent que la chose sera utile pour instruire le public.

CHAPITRE XIII

Modifications

Art. 1. — Nul changement ne pourra être fait au présent règlement que dans l'Assemblée générale et obligatoire de chaque année.

Art. 2. — Par dérogation à l'article 1er du chapitre V, si, dans l'Assemblée générale obligatoire et annuelle du mois de février, il était fait des modifications aux statuts, le membre qui ne voudrait pas en assumer la responsabilité pourra donner sa démission sans devoir payer sa cotisation, et, dans le cas où elle serait payée, elle lui serait remboursée.

Art. 3. — Tout projet de changement devra être présenté avant le 15 janvier et adressé au président de la Société.

Dans la première réunion, qui a eu lieu le 10 février 1889, il a été procédé à la nomination des membres de la Commission :

Président,	François Wygaerts ;
Vice-président,	Edmond Seygysels,
Secrétaire,	Ernest Degraux ;
Trésorier-économe,	Léopold Platz ;
Membre délégué,	Léon Clément.

Membres fondateurs

François Wygaerts. — Edmond Sergysels. — Ernest Degraux. Léopold Platz. — Léon Clément. — Fidèle Lagae. — Henri Dassonville. — Michel Cytron. — Emmanuel Geffens. — Camille Fastrée. — Henri Bourguignon. — Benjamin Harris. — Eugène Devolder.

Ainsi fait en séance, le 10 février 1889.

Le Secrétaire, Ern. Degraux.

Le Président, F. Wygaerts.

LE DROIT DES COMMISSAIRES DES COURSES

Voici ce qui s'est passé tout récemment sur l'hippodrome de Colombes :

Dans un de ces prix à réclamer, qui sont la plaie et souvent la honte des courses, les commissaires de Colombes avaient oublié les deux mots *en outre*, qui permettent aux chevaux d'accumuler les décharges. Ils prévinrent, avant la course, tous les intéressés que ces deux mots devaient être considérés comme existants, et ils autorisèrent les propriétaires de Belle Image et de La Madeleine à bénéficier de la double décharge.

Dans cette épreuve, le vicomte de Jumilhac fit partir Altesse et J. Barker mit en ligne Cyanite ; ces deux chevaux n'avaient pas droit à la susdite double décharge.

Belle Image gagna, La Madeleine arriva seconde ; Altesse et Cyanite furent archi-battus.

Le vicomte de Jumilhac formula une réclamation contre Belle Image et La Madeleine, et la porta devant le comité de la Société des Steeple-chases, qui n'avait aucun droit d'en connaître, comme on dit en langage d'avocassier, puisque les commissaires de Colombes n'avaient pas porté eux-mêmes la question devant lui.

Je fis paraître dans l'*Auteuil-Longchamp* la petite étude suivante :

Un très honorable et très sympathique propriétaire de chevaux de courses a porté récemment, devant le comité de la Société des Steeple-Chases, une réclamation contre la décision prise dans le prix de Grammont par les commissaires des courses de Colombes. Il y a conflit parce que les commissaires d'Auteuil, dédaignant les usages ayant force de loi et renversant la jurisprudence établie, ont accueilli cette réclamation d'un tiers.

Voici mon avis :

Les conditions prêtaient à équivoque. En les rédigeant, l'on avait oublié de mettre les mots *en outre* pour les diverses décharges, et le règlement général des courses dit que les décharges ne peuvent s'accumuler, lorsque ces susdits deux mots ne le spécifient pas. Malgré le règlement et en vertu de leur pouvoir discrétionnaire, aussi absolu que celui d'un président de cour d'assises, les commissaires de Colombes ont décidé, *avant la course*, et annoncé officiellement que les propriétaires auraient droit d'accumuler ces décharges, et ils ont refusé d'admettre les réclamations contraires, formulées par ceux dont les chevaux n'avaient pas droit à la double décharge indiquée. La question de bonne foi ne peut donc être mise en doute. Après la course, les mêmes commissaires, usant de leur pouvoir draconien, mais incontestable, et ainsi qu'ils l'avaient annoncé, ont maintenu le prix à Belle-Image, arrivée première, et la place de seconde à La Madeleine.

Les commissaires de Colombes avaient-ils le droit de trancher la question à leur gré et de prendre la décision qu'ils ont prise?

Oui, suivant moi, et cela pour plusieurs raisons.

De même que charbonnier est maître chez soi, les commissaires des courses sont, selon moi, absolument maîtres chez eux, et si parfois ils font abnégation momentanée de leur souveraineté de juges sans appel, c'est par pure déférence pour le Comité d'une des trois grandes Sociétés de courses, mais s'ils ne soumettent pas eux-mêmes un cas embarrassant à l'appréciade l'un des Comités, le cas doit être considéré comme jugé définitivement, et les réclamations des particuliers deviennent nulles et non avenues (1).

Ici, les commissaires de Colombes avaient prévenu les propriétaires faisant courir dans le prix de Grammont, qu'ils les autori-

(1) Cela est si vrai, que le Comité des steeple-chases l'a reconnu lui-même l'an dernier. Il resta longtemps sans s'occuper du *cas Barnard*, autrement grave que le cas d'Altesse, sous prétexte que la chose ne lui avait pas encore été soumise par les commissaires de Nice.

saient à accumuler les décharges, comme si les deux fameux mots *en outre* se trouvaient inscrits dans les conditions du programme. C'était l'interprétation par l'esprit, qui est l'œuvre des natures pensantes, au lieu d'être le coup d'assommoir par la lettre, qui a toujours un cachet trop retors, trop mesquin ou trop jaloux. Après cette déclaration si nette, je pensais qu'il n'y avait plus à ergoter et que ceux qui mettaient leurs chevaux en ligne, sans bénéficier de l'accumulation des décharges, savaient parfaitement ce qu'ils faisaient. Je pourrais nommer un concurrent que son maître n'a pas voulu faire partir dans cette épreuve, parce que Belle-Image et La Madeleine avaient reçu permission de profiter des cinq livres de décharge supplémentaire; aussi grand a été mon étonnement, lorsque après la course, j'ai vu porter les choses plus loin, et qu'un propriétaire sérieux et estimé a réclamé le prix, malgré l'archidéfaite de son représentant.

Au point de vue de l'équité, qui suivant moi doit tout primer, la décision des commissaires de Colombes est inattaquable ; au point de vue de la chicane, tout point est discutable, mais pourquoi convertir les faits du sport en matières à ergoterie ?

Pourquoi surtout le Comité des Steeple a-t-il créé un précédent en admettant la plainte, sans que les commissaires de Colombes l'en aient saisi ?

Je suppose un instant que ce soit J. Barker propriétaire de Cyanite qui soit allé porter sa réclamation aux commissaires d'Auteuil, en place du vicomte de Jumilhac propriétaire d'Altesse : croyez-vous que la réclamation de J. Barker eût été écoutée ?

Je ne le pense pas.

Personnellement, j'ai la plus grande sympathie pour la personne du vicomte de Jumilhac; c'est un gentilhomme de vieille, noble et haute race. De plus, j'ai fait un pari assez important sur Altesse, dans le prix de Grammont; je ne serais point fâché d'en toucher le montant, mais si le Comité d'Auteuil tranche la question, cela ne me paraît pas équitable, et je le dis sans réticence.

Si de plus le Comité d'Auteuil infirme la décision des Commissaires de Colombes, le fait devient encore plus grave, car, de par cette contradiction, il porte atteinte au crédit de tous les commissaires des hippodromes secondaires ; or, les commissaires des hippodromes secondaires n'ont pas besoin, je vous l'assure, de voir leur prestige amoindri surtout par ceux qui se trouvent au-dessus d'eux.

De plus quelle sera la situation du Comité d'Auteuil, lorsque demain tel propriétaire grincheux, battu et mécontent lui demandera de faire comparaître devant lui, pour fournir des explications, les commissaires de tel ou tel hippodrome qui auront rendu un jugement défavorable contre son cheval?

Demain ils seront un, dans huit jours ils seront dix, l'année prochaine ils seront mille.

Voilà pour moi le point capital de la question.

En déclarant avant la course, aussi nettement qu'ils l'ont fait, leur intention, les commissaires de Colombes ne pouvaient pas se déjuger après; leur bonne foi se trouve hors de cause, quel que soit le jugement du Comité de la rue de Castiglione; ils ont fait acte d'hommes droits et francs.

Auteuil-Longchamp citait, hier matin, trois exemples de réclamations basées sur les mêmes motifs; eh bien! pour moi, ces cas ne sont pas similaires, car dans aucun d'eux les commissaires n'avaient autorisé les propriétaires à accumuler les décharges, contrairement à l'esprit des règlements. On a disqualifié ces chevaux-là, et on a bien fait.

A Colombes, les commissaires ont assumé sur eux la responsabilité de la chose en en faisant la déclaration avant la course, au vu et au su de tous; il n'y a donc rien de similaire avec les trois exemples indiqués.

Je vais même plus loin. Que ces Messieurs de Colombes aient pris un droit qu'ils n'avaient pas, je ne le pense pas, mais je l'admets, ils sont passibles de blâme de la part du Comité de la rue de Castiglione, c'est possible, mais qu'ils soient déjugés dans un acte aussi net, sur la demande d'un particulier, non, cent fois non, c'est impossible pour la dignité de tous, surtout lorsqu'il y a une question de paris en jeu.

LA

GUERRE AUX FAIBLES & AUX PETITS

(Suite du chapitre précédent)

L'article, que j'avais fait paraître sur *le droit des commissaires des courses,* et que l'on a pu lire aux pages précédentes, frappa si fort les foudres de guerre aux faibles, qui pontifient dans le Comité des Steeple-Chases, qu'ils furent tout décontenancés. Ils avaient annoncé, presque à son de trompe, que les commissaires de Colombes seraient, non pas jugés mais châtiés; leurs indiscrétions haineuses et jalouses avaient permis à plusieurs initiés de faire de nouveaux paris en faveur d'Altesse; il ne fallait pas avoir le dessous.

Voici ce qu'on imagina.

Les commissaires de Colombes, sous peine d'excommunication majeure, furent forcés de soumettre le cas d'Altesse au Comité des Steeple-Chases, et le Comité, tout ce qu'il y a de plus supérieur, devint maître de la situation.

Jamais abus de pouvoir n'a été plus cyniquement commis.

La décision suivante parut au *Bulletin officiel,* qui, dans cette affaire, joua le rôle de l'échafaud pour les condamnés de l'hippodrome de Colombes :

« SOCIÉTÉ DES STEEPLE-CHASES DE FRANCE

» Les commissaires de la Société des Steeple-Chases de France, agissant en vertu de la délégation du Comité, en date du 28 mars 1888,

» Vu la lettre du 13 mars 1889, par laquelle MM. les Commissaires des courses de Colombes déférent au Comité la décision à prendre sur la réclamation faite par M. le vicomte de Jumilhac, relativement aux poids portés par les juments *Belle-Image* et *La Madeleine,* dans le prix de Grammont (steeple-chase, à réclamer), couru à Colombes, le samedi 9 mars,

» Vu les conditions de la course,

» Faisant application de l'article 54 du Code des steeple-chases,

» Admettent la réclamation de M. le vicomte de Jumilhac. »

* * *

Ce fut l'étranglement sommaire et laconique.

La force prima le droit.

Les grands et les riches du turf purent toucher le montant, pas trop bien acquis, de leurs paris en faveur d'Altesse, tandis que les petits et les pauvres furent victimes.

Les bookmakers opérant au pesage s'étaient formellement refusés à payer les paris faits sur Belle-Image, tandis que, sur la pelouse, les pauvres diables, ayant peu d'argent dans leur sacoche, avaient été forcés de payer le jour même, et ils se sont trouvés obligés de payer en surplus les paris faits sur Altesse.

Il n'est point étonnant que les sacrifiés aient protesté contre cette guerre aux faibles et aux petits.

Mettons d'abord sous les yeux de nos lecteurs quelques échanges de lettres publiées dans l'*Auteuil-Longchamp :*

« M. Mathieu, directeur des courses de Colombes, nous demande l'insertion de la lettre suivante :

« 12 mars 1889.

» Monsieur le Directeur,

» Dans son numéro de ce matin, le *Jockey* insère l'article ci-dessous :

« Les membres du Syndicat des donneurs et du Betting-Club, opérant sur la pelouse, nous demandent l'insertion de la note suivante :

» C'est sur un avis signé de la Direction de Colombes, et qui estresté affiché jusqu'à la fin de la journée, que le règlement des paris au comptant engagés sur la pelouse a été opéré conformément au résultat constaté par le juge en faveur de Belle-Image, première, et La Madeleine, deuxième, dans le prix de Grammont. »

» Je proteste énergiquement contre cette note, attendu qu'aucun avis, *signé de la Direction*, n'a été affiché.

» Le seul avis affiché et s'adressant aux preneurs du pari mutuel était ainsi conçu :

» Prix de Grammont. Les commissaires ont déclaré :

Belle-Image........ 1
La Madeleine....... 2

» Or, toute signature apposée au bas de cet avis ne peut être que l'œuvre d'un faussaire ou d'un mauvais farceur.

» Agréez, Monsieur le Directeur, etc.

» MATHIEU. »

*
* *

Réponse à M. Mathieu :

« Le président du Syndicat des Donneurs est venu nous apporter la lettre suivante au nom des *Donneurs de la pelouse*, en nous en demandant l'insertion :

» Monsieur le Directeur,

» Les Donneurs de la pelouse croient devoir constater que la lettre même qui vous a été adressée par la Direction des Courses de Colombes le 13 mars, reconnaît que les commissaires des Courses ont fait afficher une décision en réponse à la réclamation soulevée par le vicomte de Jumilhac.

» Il est incontestable que ce n'est pas sur le poteau d'affichage que les commissaires ou la Direction des Courses ont apposé une signature, mais il est évident que puisque ces messieurs déclarent avoir fait afficher, ce ne peut être qu'en vertu d'une délibération portée à un procès-verbal qui doit, suivant le règlement des Courses, être dressé à la suite d'une réclamation.

» La décision affichée est donc bien, d'après les termes même de la lettre de M. le Directeur des Courses de Colombes, la suivante :

Prix de Grammont

» Les commissaires ont déclaré :

Belle-Image....... 1
La Madeleine...... 2

» C'est en face de cette décision maintenue, affichée jusqu'à la fin de la journée, que le public, et *c'était son droit,* a exigé le paiement des paris faits sur Belle Image première et La Madeleine deuxième. Il est superflu d'ajouter qu'il n'est venu à la pensée de personne que cette décision pouvait concerner le pari mutuel, qui avait réglé ses opérations dès l'affichage par le juge à l'arrivée, d'autant plus qu'au lieu d'être affichée au bureau de répartition du pari mutuel, cette décision a été portée sans aucune restriction au poteau des chevaux gagnants. »

» Il ne reste donc des deux lettres, fort différentes, du reste, dans leur teneur, adressées par M. le Directeur des Courses de Colombes aux journaux *Auteuil-Longchamp* et le *Jockey*, qu'un fait bien évident : l'affichage par les soins de la Direction ou des Commissaires des Courses de Colombes, d'une décision à la suite d'une réclamation, et il demeure évident que c'est en face de cette décision que les Donneurs de la pelouse ont été forcés par le public de régler.

Belle Image................ 1re
La Madeleine............... 2e

« Agréez, Monsieur le Directeur, etc. »

» Nous ajouterons qu'une lettre identique a été adressée par ces messieurs à la Société des Steeple-Chases de France, leur expliquant comment ils ont été forcés et contraints par le public de la pelouse de payer Belle Image quand même, alors qu'ils avaient l'intention de réserver les paris, ainsi que l'ont fait leurs collègues du pesage. »

*
* *

Troisième note aggravant l'imbroglio :

« Pour répondre aux nombreuses réclamations qui lui sont faites, la Direction de Colombes nous prie d'insérer les articles suivants de son règlement du Pari Mutuel :

» Article 1er. — Toute personne qui fait un pari au totalisateur s'engage à se soumettre aux dispositions du présent règlement :

» Art. 7. — Le paiement des billets gagnants commence dès que, les calculs de la totalisation terminés, le juge du pesage a donné le signal autorisant le paiement. A partir de ce signal, le paiement *est définitif, même dans le cas où une décision ultérieure viendrait à modifier l'ordre d'arrivée des chevaux.* »

***

De tout cela il résulte qu'en l'état actuel le turf est sous la férule d'une autocratie révoltante, et qu'il y a urgence de modifier les décrets auxquels les faibles sont soumis; il est temps de rendre moins terribles les armes des grands contre les petits.

Le moyen est tout indiqué, c'est d'enlever aux Sociétés, trop égoïstes et trop tyranniques, le monopole de la publication des programmes de courses dans le *Bulletin officiel*. Il est beaucoup plus logique de donner cette capitale attribution soit au ministre de l'agriculture, soit au ministre de la guerre.

Je traiterai à fond ce sujet dans mon second volume sur les *Haras de France*, que je prépare en ce moment.

Le mot de la fin du triste incident, dont j'ai voulu mettre les pièces sous les yeux du public, est assez caractéristique.

Dans sa décision acariâtre contre les commissaires de Colombes, et humiliante pour eux, le Comité des Steeple-chases n'a songé qu'à Altesse, appartenant au vicomte de Jumilhac, qui est *persona grata*, et il a complètement négligé Cyanite, qui appartient au prolétaire J. Barker. Pourtant Cyanite avait tout aussi bien droit à la seconde place, qu'Altesse à la première.

Si quelqu'un veut m'expliquer cette sentence absolument en contradiction avec elle-même, je lui promets un cheval de pur sang aussi extraordinaire que Stuart.

Et pourtant, j'ai entendu un des amis des membres du Comité des Steeple-chases donner l'explication de cette contradiction dans l'ukase dont s'agit.

Cet ami est un des marguilliers de la chapelle du Comité. Il prétend que, si la seconde place n'a pas été octroyée à Cyanite, c'est par pur oubli, mais que l'oubli est réparable, et il a eu le toupet de dire : « *Si j'avais eu des paris sur Cyanite placé, je me serais arrangé de manière à avoir droit de les toucher.* »

Ça, par exemple, c'est du cynisme dans le régime du bon plaisir. Tant mieux, parce que la guerre aux faibles et aux petits prendra fin par ses excès mêmes (1).

* * *

A la suite de ces divers incidents, je reçus la protestation suivante :

« Monsieur Cavailhon,

» De tous les journaux de sport, *Auteuil-Longchamp* est le seul qui, par votre plume autorisée, ait traité la question Belle Image et Altesse dans son véritable sens.

» Messieurs les membres du comité des steeple-chases, ergotant sur les mots ont cru pouvoir accorder le prix à Altesse, à la suite de la réclamation de M. de Jumilhac. Encore ne se sont-ils point conformés en tous points à l'article 70 du Code des courses, puisqu'il y est dit que, EN AUCUN CAS, les décharges et surcharges ne peuvent être accumulées.

» Partant de ce principe, et d'après le servelage *à la lettre*, les mots *en outre* ajoutés aux conditions d'une course ne donneraient pas le droit de faire bénéficier d'une décharge spéciale.

» C'est pourtant ce qui a lieu chaque jour.

(1) Cyanite, sur la pression tardive d'un ami des membres du Comité, excessivement supérieur, des steeple-chases, a été placé comme second, huit jours après la première décision. Dire que de pareilles fantaisies sont scandaleuses serait peut-être exagéré ; contentons-nous de constater leur étrangeté et de la regretter.

» Dans le cas qui nous occupe, l'esprit des conditions de la course était tel que les mots *en outre* n'auraient rien ajouté à la clarté du programme, et c'est ce que Messieurs les commissaires des courses de Colombes ont eu le soin d'expliquer, avant la course, au propriétaire réclamant.

» Donc, à l'avenir, une réclamation sera toujours pendante, lorsqu'il y aura une décharge ou une surcharge à accumuler.

» La question est tranchée pour cette fois et au pesage cela n'a fait aucune difficulté, les paris ayant été réservés ; mais, sur la pelouse, ce n'est point du tout la même chose ; la décision prise par les commissaires de Colombes, ayant été affichée au tableau des réclamations, tous les donneurs, ne soupçonnant pas qu'il pouvait être fait appel de cette décision devant le comité des Steeple-chases, ont payé les paris faits sur Belle Image.

» Doivent-ils être forcés de payer les paris faits sur Altesse ?

» Il me semble que le simple bon sens fait écarter cette solution.

» Ne pourrait-on pas, dans ce cas particulier, faire exception pour les donneurs de la pelouse, et maintenir la décision prise par les commissaires de Colombes, en ce qui regarde les paris faits sur cette course, comme ils ont été maintenus au Pari Mutuel.

» Confiant dans votre équité et votre bienveillance envers les victimes, j'ai l'honneur de vous soumettre ce cas, qui est intéressant puisqu'il s'agit des plus humbles dans la grave question des paris, question vitale pour les courses, l'expérience en a été faite il n'y a pas bien longtemps.

» Veuillez agréer, etc.

» E. Popineau. »

*
* *

Mon avis est que les donneurs de la pelouse, comme ceux du pesage, doivent payer les paris faits sur Altesse. C'est très malheureux, et il n'est pas possible de victimer davantage les gens, mais chacun est responsable de ses fautes.

Les donneurs de la pelouse ont commis une imprudence, en payant les paris faits sur Belle Image; ils n'ont qu'à s'exécuter en payant ceux faits sur Altesse.

Mais je trouve tout naturel et fort équitable, qu'ils aient un recours complet contre les commissaires de Colombes et la direction de l'hippodrome, et cela pour deux raisons.

La première, c'est que si les commissaires de Colombes n'avaient pas fait acte de soumission auprès du Comité des Steeple-Chases, en portant eux-mêmes la question devant lui, le Comité était impuissant à réformer la première sentence.

La seconde, c'est que la Direction a reconnu la faute commise par elle, en payant le montant du Prix de Grammont à Belle-Image, aussi bien qu'à Altesse.

Je défie qui que ce soit, même un avocassier opportuniste, de répondre avec raison à ces deux arguments.

Les principaux coupables ont le devoir, et l'honnête charge, de réparer le mal qu'ils ont fait.

Les commissaires de Colombes étaient parfaitement en droit de prendre la décision qu'ils ont prise; ils n'avaient qu'à la maintenir, et tout eût été dit.

Malgré leur envie de lancer la foudre, les Jupiters de la Société des Steeple-Chases auraient été forcés de se tenir cois, et de rengainer leur abus de pouvoir.

Rappelez-vous les conditions d'un prix d'Auteuil, où l'année dernière les commissaires des courses ont donné à leur prose l'étrange interprétation suivante :

L'épreuve était réservée aux chevaux n'ayant pas gagné un prix de 10.000 francs; ils ont admis à courir un cheval ayant remporté un prix de 14.000 fr.; le cheval a gagné et nulle réclamation n'a été admise. C'était pourtant un cas de révolte contre le bon sens, contre l'arithmétique et contre l'axiome : Qui peut le plus, peut le moins.

Je pourrais citer plusieurs autres cas analogues, prouvant que le comité des steeple-chases n'est pas très bien à cheval sur la grammaire française. Je me borne à invoquer l'exemple de la Société d'Encouragement, qui mérite d'être prise beaucoup plus au sérieux, sous tous les rapports, que l'entreprise de sauteries publiques, organisée sous le nom de Société des Steeple-chases de France.

Depuis plus de trente ans, il existe dans les programmes de la Société d'Encouragement, des prix réservés aux chevaux n'ayant pas gagné telle ou telle somme, et, suivant jurisprudence établie, cela veut dire n'ayant pas gagné jusqu'au moment de l'engagement.

Il y a là cinq mots sous-entendus, au lieu des deux mots *en outre*, que les commissaires avaient oubliés dans le prix de Grammont, et qu'ils ont rétabli, avant la course, au vu et au su des propriétaires.

Il me semble qu'il n'y avait pas lieu de percer, d'outre en outre, les malheureux commissaires de Colombes, auxquels les faits, la jurisprudence établie et le raisonnement donnnient gain de cause.

De pareilles chicanes sont malsaines, et fort nuisibles à l'élevage comme aux courses. Le moyen d'y mettre un terme est de refaire en entier le suranné code des courses, et de rendre le ministre de l'agriculture, ou celui de la guerre, seul grand maître dans les questions hippiques, qui sont capitales pour la prospérité publique et pour la bonne remonte de notre armée.

Il ne faut plus qu'un comité, aussi honorable qu'il soit, ait en main un pouvoir dont il peut faire abus.

Dans le cas d'Altesse, il y a eu pression des forts contre les faibles ; il y a eu condamnation de la franchise, de la droiture et de l'équité.

Le turf lui aussi a besoin de sa revision.

Il l'obtiendra, parce que, sur cette terre, c'est du mal et de l'abus de l'autocratie, libérâtre ou liberticide, aristocratique ou pseudo-républicaine, mais toujours affolée et mesquine, que surgit le bien.

TABLE DES MATIÈRES

www.ingramcontent.com/pod-product-compliance
Ingram Content Group UK Ltd.
Pitfield, Milton Keynes, MK11 3LW, UK
UKHW012152240726
13966UKWH00002B/281